工业和信息产业职业教育教学指导委员会“十二五”规划教材

全国高等职业教育计算机系列规划教材

网页编程技术

丛书编委会

電子工業出版社
Publishing House of Electronics Industry
北京 · BEIJING

内 容 简 介

本书全面系统地介绍了用HTML、CSS和JavaScript制作网页的编程技术。以技术讲解+案例演示的方式，选取网页开发过程中的典型案例，循序渐进地介绍使用HTML、CSS和JavaScript语言开发网站的方法和技巧。全书内容分3篇共17章。HTML语言篇（第1～4章）：内容包括HTML基础、HTML进阶和HTML高阶，从浅到深详细介绍各种HTML标签的定义及其具体应用。CSS语言篇（第5～7章）：内容包括CSS的语法、分类等基础知识以及CSS的属性和具体应用。JavaScript语言篇（第8～17章）：内容包括JavaScript编程基础、事件及事件处理程序、各种常用的对象和正则表达式等。

每章都安排一个综合案例，将所学的知识点综合运用在实际的网页设计中。为便于教学，每章均附有上机练习题，使读者可以检查对知识的掌握情况。

本书配有电子课件、案例源码等资源，有需要的读者可登录华信教育资源网（www.hxedu.com.cn）免费下载。本书可作为高等院校本、专科各专业动态网页制作、网页编程技术等课程的教材，也可用做电子商务、电子政务的辅助培训教材，还可以作为从事网站建设和网页设计制作的专业人士参考书。

图书在版编目（CIP）数据

网页编程技术/《全国高等职业教育计算机系列规划教材》丛书编委会编. —北京：电子工业出版社，2012.1
（工业和信息产业职业教育教学指导委员会“十二五”规划教材　全国高等职业教育计算机系列规划教材）
ISBN 978-7-121-14953-5

Ⅰ. ①网…　Ⅱ. ①全…　Ⅲ. ①网页制作工具－高等职业教育－教材　Ⅳ. ①TP393.092

中国版本图书馆CIP数据核字(2011)第222584号

策划编辑：左　雅
责任编辑：郝黎明
印　　刷：北京天宇星印刷厂
装　　订：三河市皇庄路通装订厂
出版发行：电子工业出版社
　　　　　北京市海淀区万寿路173信箱　邮编　100036
开　　本：787×1 092　1/16　印张：19.75　字数：505.6千字
印　　次：2012年1月第1次印刷
印　　数：4000册　定价：35.00元

凡所购买电子工业出版社图书有缺损问题，请向购买书店调换。若书店售缺，请与本社发行部联系，联系及邮购电话：(010)88254888。

质量投诉请发邮件至zlts@phei.com.cn，盗版侵权举报请发邮件至dbqq@phei.com.cn。

服务热线：(010)88258888。

丛书编委会院校名单

（按拼音排序）

前　　言

随着 Internet 的飞速发展，网络对人类的各种活动产生了深刻的影响，已经成为这个时代最重要的信息传播手段。因此，基于 Internet 的开发已经成为现今软件开发的主流，甚至大量传统的信息系统也已经开始向新的运行模式进行移植。所以，网页设计人员必须掌握网页开发中所需的基础理论和实际应用技术，包括网页设计语言 HTML、网页外观控制技术 CSS、客户端脚本编程语言 JavaScript 等技术。

本书具有以下特点。

循序渐进：适合初级学者逐步掌握复杂的网页编程技术，实现网页前台的开发应用。

案例丰富：所有实例都具有代表性，着重解决网页设计工作中的实际问题。

强化动手操作：每章后都附有针对性的上机练习，通过实训巩固每章所学的知识。

内容翔实：对网页编程技术涉及的 HTML、CSS、JavaScript 技术都进行了详细的讲解。

本书分 3 篇共 17 章，循序渐进地讲述了网页编程技术，包括：HTML 负责页面结构，CSS 负责外观样式，JavaScript 负责页面的动态行为。结合典型案例，加强读者的动手操作能力，使读者在学习知识的同时强化专业技能训练，每一章节都通过一个完整的案例，带领读者学习如何将各个知识点应用于一个实际网站中，培养读者的实践开发能力。本书的结构安排如下。

第一篇：HTML 语言篇

第 1 章：HTML 基础，重点介绍 HTML 设计和开发所需了解的基本概念和基本机构，以及 HTML 的基本标签，包括头部标签、内容标签、格式标签、字体标签和超链接标签。

第 2 章：HTML 进阶，介绍表格、图像和多媒体在页面开发中的应用。

第 3 章：HTML 高阶，重点讲解表单元素及框架在页面中的具体应用。

第 4 章：HTML 综合案例，通过一个完整的页面实例，将所学到的 HTML 内容综合运用到实践开发中。

第二篇：CSS 语言篇

第 5 章：CSS 基础，主要讲解 CSS 的基本语法和具体的分类。

第 6 章：CSS 的属性及应用，主要讲解字体属性、颜色属性、背景属性、文本属性、边框属性和滤镜特效，通过本章内容的学习，使学生掌握 CSS 样式各种属性的定义和具体的应用。

第 7 章：CSS 综合案例，通过一个完整的实例，将所学习到的 CSS 知识应用到实践页面设计中。

第三篇：JavaScript 语言篇

第 8 章：JavaScript 简介，主要介绍 JavaScript 的特点，编写工具，JavaScript 程序的运行和调试等基本操作步骤。

第 9 章：JavaScript 编程基础，介绍数据类型、变量与常量、表达式与运算符、程序语

句和函数。

第 10 章：事件与事件处理，主要介绍 JavaScript 中的常用事件，结合案例进行描述。

第 11 章：常用内置对象，介绍 JavaScript 的常用内置对象，包括数学对象、日期对象和数组对象。

第 12 章：常用的窗口对象与框架对象，主要介绍窗口对象和框架对象。

第 13 章：常用文档对象，主要介绍 Document 对象、Images 对象、锚对象和 Cookie 的使用。

第 14 章：表单对象，重点讲解各种表单元素的概念及其在实践开发中的具体应用。

第 15 章：其他对象，包括历史对象、网址对象和浏览器对象。

第 16 章：正则表达式，介绍正则表达式的定义、常用的元字符、正则表达式对象，并通过一些很有实用价值的案例介绍常用的正则表达式。

第 17 章：JavaScript 综合案例，通过一个完整的案例，系统介绍网站开发中的具体应用。

本书由曲伟峰、金明日、马春艳主编，祖宝明、化松收、王晶晶副主编。编写分工如下：第 1、2、3、4 章由大连工业大学职业技术学院曲伟峰编写，第 5、6、7、8 章由金明日编写，第 13、14、15 章由马春艳编写，第 11、12 章由苏州经贸职业技术学校祖宝明编写，第 9、10 章由化松收编写，第 16、17 章由王晶晶编写。全书由曲伟峰统稿。

由于编者水平有限，书中难免会有错误之处，敬请广大读者批评指正，以便下次修订时完善。

编　者

目　　录

第一篇　HTML 语言篇 1

第 1 章　HTML 基础 3

1.1　HTML 简介 3
1.2　HTML 文件的基本结构 5
1.2.1　HTML 文件结构 5
1.2.2　HTML 的使用要点 6
1.2.3　HTML 的标签及属性 6
1.3　HTML 的基本标签 8
1.3.1　头部标签 8
1.3.2　内容标签 10
1.3.3　格式标签 10
1.3.4　字体标签 15
1.3.5　超链接标签 17
1.4　上机练习 21

第 2 章　HTML 进阶 22

2.1　表格标签 22
2.1.1　表格标签<Table> 23
2.1.2　表格的行<Tr> 25
2.1.3　表格的单元格<Td> 27
2.1.4　表格列标题<Th> 28
2.1.5　表格标题<caption> 29
2.2　图像标签<IMG> 30
2.3　多媒体 32
2.3.1　多媒体标签<embed> 33
2.3.2　背景声音<bgsound> 34
2.3.3　插入 Java 小程序 35
2.4　页面实例——表格、图片与 Flash 动画的综合应用 36
2.5　上机练习 42

第 3 章　HTML 高阶 44

3.1　表单标签 44
3.2　输入元素 46
3.2.1　单行文本框 47

3.2.2 密码框 48
3.2.3 单选按钮 50
3.2.4 复选框 51
3.2.5 按钮 52
3.2.6 文件域 52
3.2.7 隐藏域 54
3.3 多行文本框 54
3.4 下拉列表和列表框 55
3.5 框架标签 56
3.5.1 框架集<frameset> 57
3.5.2 框架标签<frame> 58
3.5.3 浮动框架<iframe> 59
3.5.4 不支援框架<noframes> 60
3.6 页面实例——制作注册页面 60
3.7 上机练习 63
第 4 章 HTML 综合案例 64
第二篇 CSS 语言篇 69
第 5 章 CSS 基础 71
5.1 CSS 简介 71
5.1.1 CSS 的特点 72
5.1.2 CSS 基本语法 72
5.2 CSS 的分类 74
5.2.1 内联样式表（Inline Style Sheet） 75
5.2.2 嵌入样式表（Internal Style Sheet） 75
5.2.3 外部样式表（External Style Sheet） 76
5.2.4 局部特定样式表 79
5.3 CSS 选择器分类 79
5.3.1 HTML 标签选择器 80
5.3.2 CLASS 类选择器 80
5.3.3 ID 类选择器 81
5.3.4 伪类选择器 83
5.3.5 CSS 样式表的优先级 83
5.4 页面实例——应用 CSS 样式的文件 84
5.5 上机练习 86
第 6 章 CSS 的属性及应用 87
6.1 字体属性 87
6.1.1 字体系列 87
6.1.2 字体风格 88
6.1.3 字体大小 88

6.1.4 字体加粗......88
6.1.5 字体变形......88
6.1.6 字体......89
6.1.7 页面实例——网页中的文字设置......89
6.2 颜色及背景属性......90
6.2.1 颜色......91
6.2.2 背景颜色......91
6.2.3 背景图像......91
6.2.4 背景重复......91
6.2.5 背景附件......92
6.2.6 背景位置......92
6.2.7 页面实例——网页中的文字和背景......93
6.3 文本属性......94
6.3.1 文字间隔......94
6.3.2 字母间隔......94
6.3.3 文本修饰......94
6.3.4 纵向排列......95
6.3.5 文本转换......95
6.3.6 文本排列......96
6.3.7 文本缩进......96
6.3.8 行高......96
6.4 边框（方框）属性......96
6.4.1 边框的宽度......96
6.4.2 边框的样式......97
6.4.3 边框的颜色......98
6.5 滤镜特效......99
6.5.1 透明 alpha 属性......99
6.5.2 模糊 blur 属性......99
6.5.3 阴影 dropshadow 属性......100
6.5.4 翻转 FlipH、FlipV 属性......101
6.5.5 发光 Glow 属性......101
6.5.6 灰度 Gray 属性......102
6.5.7 其他属性......102
6.6 页面实例——CSS 滤镜特效的应用......105
6.7 上机练习......106
第 7 章 CSS 综合案例......107
第三篇 JavaScript 语言篇......115
第 8 章 JavaScript 简介......117
8.1 JavaScript 语言简介......117

8.1.1 JavaScript 产生的原因......118
8.1.2 JavaScript 的特点......118
8.1.3 JavaScript 与 Java 的区别......119
8.2 JavaScript 的编写工具......120
8.3 在 HTML 中插入 JavaScript 的方法......120
8.3.1 在 HTML 代码中直接嵌入......121
8.3.2 在 HTML 代码中调用外部文件......121
8.4 JavaScript 示例......122
8.4.1 编写 JavaScript 程序......122
8.4.2 运行 JavaScript 程序......122
8.4.3 调试 JavaScript 程序......123
8.5 上机练习......124
第 9 章 JavaScript 编程基础......125
9.1 数据类型......125
9.1.1 数值类型......125
9.1.2 字符串类型......126
9.1.3 布尔类型......126
9.1.4 特殊类型......127
9.1.5 数组......127
9.2 常量与变量......127
9.2.1 常量......128
9.2.2 变量的声明......128
9.2.3 变量的命名......128
9.2.4 变量的赋值......129
9.2.5 变量的作用域......129
9.2.6 变量的类型转换......130
9.3 表达式与运算符......131
9.3.1 表达式与运算符介绍......131
9.3.2 赋值运算符......131
9.3.3 算术运算符......132
9.3.4 关系运算符......132
9.3.5 逻辑运算符......132
9.3.6 特殊运算符......133
9.3.7 运算符的优先级......134
9.4 程序语句......134
9.4.1 if 语句......134
9.4.2 switch 语句......138
9.4.3 while 语句......140
9.4.4 for 语句......141
9.4.5 for...in 语句......142

9.4.6 with 语句......143
9.5 函数......145
9.5.1 定义函数......145
9.5.2 调用函数......146
9.5.3 内置函数......147
9.6 页面实例——应用 JavaScript 的页面......150
9.7 上机练习......152

第 10 章 事件与事件处理......153

10.1 事件驱动与事件处理......153
10.1.1 事件的定义......153
10.1.2 事件的处理......154
10.2 鼠标事件......155
10.2.1 onMouseDown......155
10.2.2 onMouseMove......155
10.2.3 onMouseOut......156
10.2.4 onMouseOver......156
10.2.5 onMouseUp......156
10.2.6 onClick......157
10.3 键盘事件......158
10.3.1 onKeyDown......158
10.3.2 onKeyUp......158
10.3.3 onKeyPress......159
10.4 其他常用事件......159
10.4.1 onFocus 和 onBlur......159
10.4.2 onChange 和 onSelect......160
10.4.3 onSubmit 和 onReset......160
10.4.4 onLoad 和 onUnload......161
10.4.5 onError......161
10.5 页面实例——将事件应用于按钮中......162
10.6 上机练习......163

第 11 章 常用内置对象......164

11.1 面向对象编程基础......164
11.2 字符串（String）对象......165
11.2.1 String 对象的属性......166
11.2.2 String 对象的方法......166
11.3 数学（Math）对象......173
11.3.1 Math 对象的属性......173
11.3.2 Math 对象的方法......173
11.4 日期（Date）对象......176

11.5 数组（Array）对象 181
11.5.1 新建数组 181
11.5.2 数组的属性和方法 182
11.6 页面实例——万年历制作 186
11.7 上机练习 190
第 12 章 常用的窗口对象与框架对象 191
12.1 窗口（window）对象 191
12.1.1 常用的属性和方法 191
12.1.2 对话框 193
12.1.3 打开新窗口 197
12.1.4 关闭窗口 198
12.1.5 移动窗口 201
12.1.6 改变窗口的大小 203
12.1.7 定时功能 204
12.1.8 设置状态栏 205
12.2 框架（frame）对象 207
12.2.1 访问框架对象 207
12.2.2 框架间的相互引用 208
12.3 页面实例——窗口移动动画 212
12.4 上机练习 213
第 13 章 常用文档对象 215
13.1 document 对象 215
13.1.1 常用属性 215
13.1.2 常用方法 217
13.2 image 对象 219
13.2.1 常用属性 220
13.2.2 创建翻转图像 220
13.2.3 创建循环的广告条 222
13.2.4 在循环广告条中添加链接 224
13.2.5 幻灯片显示 225
13.3 超链接对象 228
13.3.1 常用属性 229
13.3.2 输出页面中的超链接对象 229
13.4 锚对象 230
13.5 Cookie 的使用 232
13.5.1 设置 Cookie 233
13.5.2 取出 Cookie 233
13.5.3 删除 Cookie 235
13.6 页面实例——课件首页 237

13.7 上机练习 239

第 14 章 表单对象 240

14.1 表单对象与表单元素对象..240
14.1.1 表单对象的属性 240
14.1.2 表单元素对象的属性 241
14.1.3 访问表单对象 242
14.1.4 访问表单元素对象 242
14.2 表单控件元素 242
14.2.1 文本框..242
14.2.2 按钮..244
14.2.3 单选框..246
14.2.4 复选框..248
14.2.5 下拉列表框 250
14.2.6 文件域..252
14.2.7 隐藏域..254
14.3 页面实例——表单应用综合实例..254
14.4 上机练习 257

第 15 章 其他对象 258

15.1 历史（history）对象 258
15.1.1 history 对象的属性 258
15.1.2 history 对象的方法 259
15.2 网址（location）对象..260
15.2.1 location 对象的属性 260
15.2.2 location 对象的方法 261
15.3 浏览器信息（navigator）对象..263
15.3.1 navigator 对象的属性 263
15.3.2 navigator 对象的方法 265
15.4 屏幕（screen）对象 266
15.5 页面实例——获取屏幕宽度及操作..269
15.6 上机练习 270

第 16 章 正则表达式..271

16.1 正则表达式简介 271
16.1.1 正则表达式概述 271
16.1.2 正则表达式定义 272
16.2 正则表达式的常用元字符..272
16.3 正则表达式对象 273
16.3.1 RegExp 对象 273
16.3.2 String 对象 275

16.4 常用的正则表达式 276
16.4.1 检测字符串是否为数字 276
16.4.2 检测字符串是否为英文字母 277
16.4.3 检测字符串是否为中文 279
16.4.4 检测邮政编码 280
16.4.5 检测电子邮件地址 281
16.4.6 检测身份证号码 283
16.4.7 检测国内电话号码 284
16.4.8 检测手机号码 286
16.5 页面实例——正则表达式应用综合案例 287
16.6 上机练习 291
第 17 章 JavaScript 综合案例 292
参考文献 302

第一篇

HTML 语言篇

HTML 语言是 HyperText Markup Language 的缩写，中文名称为“超文本标记语言”。HTML 是一种规范，一种标准，它通过标记符号来标记要显示的网页中的各个部分。本篇完整介绍了 HTML 文件的基本结构，常用 HTML 标签的定义以及在网页中的具体应用。本篇最后一章的综合案例将所有常用的 HTML 标签应用到一个具体的页面中，使读者能更熟练掌握 HTML 语言在网页设计中的具体用法。

第1章 HTML基础

【本章要点】

▲掌握 HTML 文件的基本结构

▲掌握 HTML 基本标记的含义、用法及属性设置

▲利用 HTML 标记创建网页中的基本元素

HTML 是网页文件的支持语言，通过 IE 浏览器看到的精美网页其实是 IE 执行网页的 HTML 代码的结果。超文本标记语言（HyperText Markup Language），它是 WWW 的描述语言。设计 HTML 语言的目的是为了能把存放在一台计算机中的文本或图形与另一台计算机中的文本或图形方便地联系在一起，形成有机的整体。我们只需使用鼠标在某一文档中单击一个链接，Internet 就会马上转到与此图标相关的内容上，而这些信息可能存放在网络的另一台计算机中。HTML 文本是由 HTML 命令组成的描述性文本，HTML 命令可以说明文字、图形、动画、声音、表格、链接等。HTML 的结构包括头部（Head）、主体（Body）两大部分，其中头部描述浏览器所需的信息，而主体则包含所要说明的具体内容。

1.1 HTML 简介

现在是互联网的世界，在互联网上有成千上万的网站，我们可以浏览到包含文字、声音、图片、视频等内容的网站，这些内容都是通过 HTML 语言表现出来的，HTML 是一种用于网页设计的语言。

- HTML 是超文本标记语言（HyperText Markup Language）的缩写
- HTML 不是一种编程语言，而是一种标记语言（Markup Language）
- 标记语言都会提供一套标记标签（Markup Tags）
- HTML 用标记标签来设计网页

HTML（Hypertext Markup Language）即超文本标记语言，是一种用来制作超文本文档

的简单标记语言。用 HTML 编写的超文本文档称为 HTML 文档，它能独立于各种操作系统平台，自 1990 年以来 HTML 就一直被用做 WWW（World Wide Web，也可简写 Web、中文叫做万维网）的信息表示语言，使用 HTML 语言描述的文件，需要通过 Web 浏览器显示出其效果。

所谓超文本，是因为它可以加入图片、声音、动画、影视等内容，事实上每一个 HTML 文档都是一种静态的网页文件，这个文件里面包含了 HTML 指令代码，这些指令代码并不是一种程序语言，它只是一种排版网页中资料显示位置的标记结构语言，易学易懂，非常简单。HTML 的普遍应用就是带来了超文本的技术——通过单击鼠标从一个主题跳转到另一个主题，从一个页面跳转到另一个页面与世界各地主机的文件链接。直接获取相关的主题。如下所示，通过 HTML 可以表现出丰富多彩的设计风格。

图片：<IMG SRC="文件名">

文字格式：<FONT SIZE="2 " COLOR="#00FFFF">文字</FONT>

超链接：<A HREF="文件名"></A>

音频：<EMBED SRC="声音地址" AUTOSTART=true>

视频：<EMBED SRC="视频地址" AUTOSTART=true>

从上面我们可以看到 HTML 超文本文件需要用到的一些标签。在 HTML 中每个用来当做标签的符号都是一条命令，它告诉浏览器如何显示文本。这些标签均由"<"和">"符号以及一个字符串组成。而浏览器的功能是对这些标签进行解释，显示出文字、图像、动画、播放声音等。这些标签符号用"<标签名字 属性>"来表示。

HTML 只是一个纯文本文件，创建一个 HTML 文档，只需要两个工具，一个是 HTML 编辑器，另一个是 Web 浏览器。HTML 编辑器是用于生成和保存 HTML 文档的应用程序。Web 浏览器是用来打开 Web 网页文件，提供给我们查看 Web 资源的客户端程序。可以使用任何文本编辑器来打开并编写 HTML 文件，例如 Windows 的“记事本”，范例 1.1.html，就是用记事本编写的一个 HTML 文件。

※ 范例代码 1.1.html

选择“开始→程序→附件→记事本”命令，打开记事本程序，输入代码，如图 1.1 所示。

※ 范例效果图

单击“另存为”命令，文件名改写为 1.1.html，然后双击该文件，可以在浏览器中看到最终的页面效果，如图 1.2 所示。

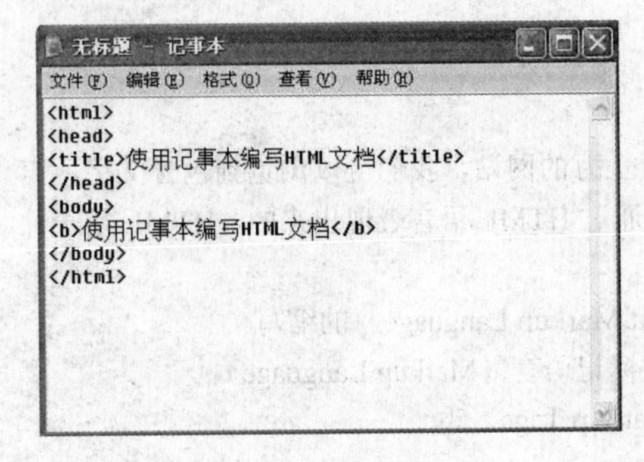

图 1.1 记事本文件中输入 HTML 文档

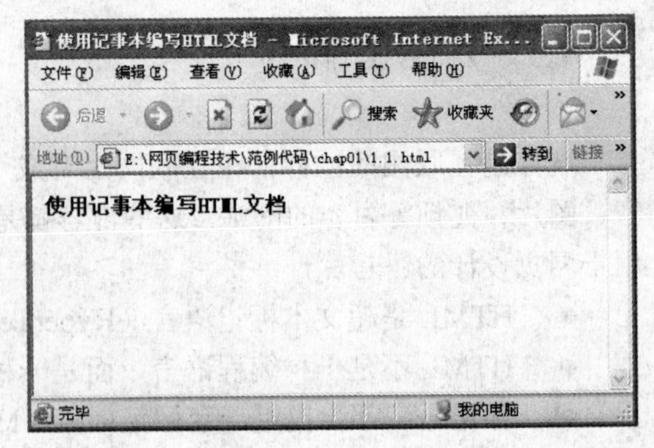

图 1.2 IE 中显示的页面效果

如果希望这一页是网站的首页（主页），想让浏览者输入网址后，就显示这一页的内容，可以把这个文件设为默认文档，文件名为 index.html 或 index.htm。

1.2 HTML 文件的基本结构

一个完整的HTML 文档是由一系列的元素和标签组成的，元素名不区分大小写，HTML 用标签来规定元素的属性和它在文件中的位置，HTML 超文本文档分文档头和文档体两部分，在文档头里，对这个文档进行了一些必要的定义，文档体中才是要显示的各种文档信息。

1.2.1 HTML 文件结构

下面通过范例 1.2.html，掌握 HTML 文件的基本结构，效果如图 1.3 所示。

※ 范例代码 1.2.html

```
<html>
<head>
<title>HTML 文件的基本结构</title>
</head>
<body>
这是一个网页!
</body>
</html>
```

※ 范例效果图

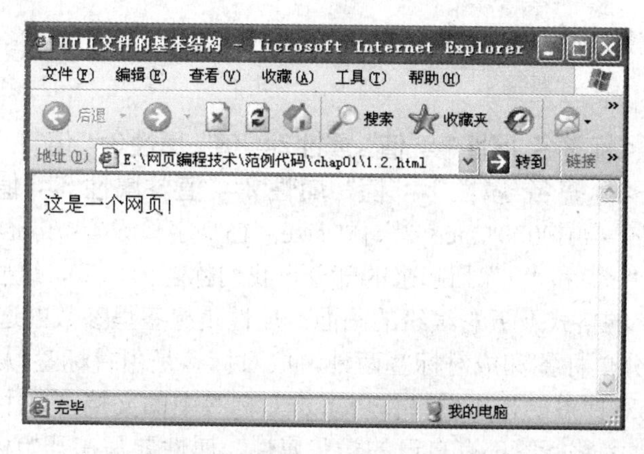

图 1.3 HTML 文件的基本结构

（1）<! doctype>标记指明本文档中 HTML 语言的版本，该标签必须位于 HTML 文件的第一行，用浏览器浏览网页时，此行内容并不显示在页面中，在编写 HTML 文档时也可省略。

（2）<html></html>在文档的最外层，文档中的所有文本和 HTML 标签都包含在其中，它表示该文档是以超文本标识语言（HTML）编写的。事实上，现在常用的 Web 浏览器都可以自动识别 HTML 文档，并不要求有<html>标签，也不对该标签进行任何操作，但是为

了使 HTML 文档能够适应不断变化的 Web 浏览器，还是应该养成不省略这对标签的良好习惯。

（3）<head></head>是 HTML 文档的头部标签，在浏览器窗口中，头部信息是不被显示在正文中的，在此标签中可以插入其他标记，用以说明文件的标题和整个文件的一些公共属性。若不需要头部信息则可省略此标记，良好的习惯是不省略。

（4）<title>和</title>是嵌套在<head>头部标签中的，标签之间的文本是文档标题，它被显示在浏览器窗口的标题栏。

（5）<body> </body>标签一般不省略，标签之间的文本是正文，是在浏览器中要显示的页面内容。

上面的这几对标签在文档中都是唯一的，<head>标签和<body>标签是嵌套在 HTML 标签中的。

1.2.2 HTML 的使用要点

（1）“<”和“>”是 HTML 任何标签的开始和结束。例：<body> </body>

（2）标签与标签之间可以嵌套。例：<center><a>大连工业大学</a></center>

（3）HTML 的标签和属性名不区分大小写。例：<html> <HTML> <Html>三个标签是一致的。

（4）HTML 代码中任何回车和空格在显示时不起作用（显示空格为“ ”）。为了使代码清晰，建议不同的标签之间用回车换行编写。

（5）HTML 标签中可以放置各种属性。例：<h1 align="center">标题 1</h1>

（6）在 HTML 源代码中的注释。<!-- 要注释的内容 --> 注释语句只出现在源代码中，不会在浏览器中显示。

1.2.3 HTML 的标签及属性

※ 基本语法：

成对标签 <标签名 属性1="值" 属性2="值" 属性3="值" …>内容</标签名>

单独标签 <标签名 属性 1="值" 属性 2="值" 属性 3="值" …>

例如：<font color="#ff0000" face="宋体" size="15">字体设置</font>

在 HTML 中用“<”和“>”括起来的部分，我们称它为标签，这些标签可以形成页面中文本的布局、文字的格式及五彩缤纷的画面。属性是标签里参数的选项。

HTML 的标签分单标签和成对标签两种。成对标签是由首标签<标签名> 和尾标签</标签名>组成的，成对标签的作用域只作用于这对标签中的文档,单独标签在相应的位置插入元素就可以了。大多数标签都有自己的一些属性，属性要写在开始标签内，属性用于进一步改变显示的效果，各属性之间无先后次序，属性是可选的，属性也可以省略而采用默认值。标签属性值如果是颜色值，HTML 中颜色值有两种表示形式，分别是：

① 使用颜色名称来表示。

② 使用十六进制格式数值#RRGGBB 来表示，RR、GG 和 BB 分别表示颜色中的红、绿、蓝三基色的两位十六进制数据。

常用的颜色值如表 1-1 所示。

表 1-1　常用颜色值

颜　色	名　称	十六进制值	颜　色	名　称	十六进制值
淡蓝	Aqua(cyan)	#00FFFF	海蓝	Navy	#000080
黑	Black	#000000	橄榄色	Oliver	#808000
蓝	Blue	#0000FF	紫	Purple	#800080
紫红	Fuchsia	#FF00FF	红	Red	#FF0000
灰	Gray	#808080	银色	Silver	#C0C0C0
绿	Green	#008000	淡青	Teal	#008080
橙	Lime	#00FF00	白	White	#FFFFFF
褐红	Maroon	#800000	黄	Yellow	#FFFF00

※ 范例代码　1.3.html

```
<html>
<head>
<title>世侨国贸公寓</title>
<meta  http-equiv="Content-Type"  content="text/html;  charset=
gb2312">
<style type="text/css">
<!—
p,td{font-size:9pt; line-height:16px}
.style1 {color: #FFFFFF}
-->
</style>
</head>
<body bgcolor="#FFFFFF" text="#000000" leftmargin="0" topmargin= "0"
marginwidth="0" marginheight="0">
…
</body>
</html>
```

※ 代码分析

<body>标签中属性 bgcolor 的含义是定义页面的背景色，值为#FFFFFF 表示白色，属性 text 表示页面中文字的颜色，值为#000000 表示黑色。

※ 范例效果图

范例效果如图 1.4 所示。

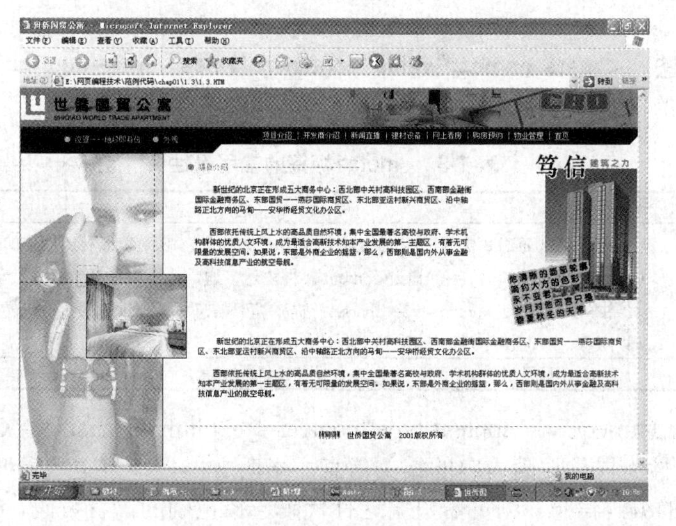

图 1.4　HTML 标签及属性的应用

注意 1：为了使读者有一个好的习惯，提倡全部对属性值加双引号。

注意 2：输入开始标签时，一定不要在“<”与标签名之间输入多余的空格，也不能在中文输入法状态下输入这些标签及属性，否则浏览器将不能正确识别括号中的标签命令，从而无法正确显示信息。

1.3　HTML 的基本标签

1.3.1　头部标签

HTML 头部标签是<head>，主要包含页面的一些基本描述语句，一般位于头部的内容不会直接显示在网页中，而是通过其他方式起到作用。表 1-2 列出了 HTML 常用的头部标签。

表 1-2　头部标签

标　签	描　述
<title>…</title>	设定显示在浏览器上方的标题内容
<meta>	有关文档本身的元信息，例如关键字、描述等
<style>…</style>	设定 CSS 层叠样式表的内容
<link>	设定外部文件的链接
<script>…</script>	设定页面中程序脚本的内容

1．标题标签<title>

在 HTML 文档中，标题文字位于<title>和</title>之间。

※　基本语法：<title>…</title>

例：<title>大连工业大学</title>

2．元信息标记<meta>

<meta>标签放置在文档头部，不包含任何内容，能够提供文档的关键字、作者及描述等多种信息。

※　基本语法：<meta name="value" content="value"　http-equiv="value">

<meta>标签的常用属性见表 1-3。

表 1-3　<meta>标签的常用属性

属　性	描　述
http-equiv 与 content	用于提供 HTTP 协议的响应头报文(MIME 文档头)，它是以名称/值形式的名称，http-equiv 属性的值所描述的内容(值)通过 content 属性表示，通常为网页加载前提供给浏览器等设备使用。其中最重要的是 content-type charset：提供编码信息，refresh：刷新与跳转页面，no-cache：页面缓存：expires：网页缓存过期时间
name 与 content	name 用于提供定义网页的关键字或者是描述信息，由 content 给出具体的值

例如：<meta http-equiv ="content-type" content="text/html"　charset="GB2312">

content 的属性为提供页面内容的相关信息，指明文档类型为文本类型。charset 定义字符集，提供网页的编码信息，浏览器根据这行代码选择正确的语言编码，GB2312 表示定义网页内容时用标准简体中文显示。

例如：<meta name="keywords" content="HTML,网页制作" >

定义本网页的关键字。搜索引擎可以让访问者根据这些关键字查找到网站主页，各关键字之间用逗号隔开。

例如：<meta http-equiv="refresh" content="5;url=http://www.baidu.com">

网页自动刷新。经过用户自定义设置的时间 5 秒后，页面自动跳转到 url 指定的位置。

例如：<meta name="description" content="本网站主要讲解 HTML 文档的具体应用 " >

描述本网页的主要内容。

> 注意 1：在 HTML 头部可以包括任意数量的<meta>标签。
> 注意 2：meta 标签只能放在<head></head>标签内。

※ 范例代码 1.4.html

```
<html>
<head>
<title>远航假期</title>
<meta http-equiv="Content-Type" content="text/html; charset=
gb2312">
<link href="css/all.css" rel="stylesheet" type="text/css">
<script language="JavaScript" type="text/JavaScript">
<!--
Javascript 脚本
//-->
</script>
</head>
<body bgcolor="#FFFFFF" topmargin="25">
…
</body>
</html>
```

※ 范例效果图

范例效果如图 1.5 所示。

图 1.5 头部标签

1.3.2 内容标签

在<body>与</body>之间的所有部分都被称做主体部分，在其中放置的是页面中的所有内容（文字、图片、链接、表格、表单、视频等）。

※ 基本语法：<body 属性 1="值 1" 属性 2="值 2" …>

表 1-4 列出了<body>标签的常用属性。

表 1-4 <body>标签的常用属性

属 性	描 述
text	设定页面的文本颜色
link	设定链接文本的颜色
vlink	设定活动链接的颜色，即单击下鼠标左键时链接文本所显示的颜色
alink	设定已访问过的链接文本的颜色
bgcolor	设定页面的背景颜色
background	设定页面的背景图像
leftmargin	设定页面的左边距
topmargin	设定页面的上边距

<body>里的属性可以同时使用。

例如：<body text="#000000" bgcolor="#F0F0F0" background="bg.gif" >

<body bgcolor="#FFFFE7" text="#ff0000" link="#3300FF" alink="#FF00FF" vlink="#9900FF">

> 注意：学习 HTML 语言需要记住的东西很多，但是我们并没有必要全部记住。我们需要做的是了解每个标签的功能及其属性。当看到一个网页时知道能用什么标签或者属性实现就可以了。当我们编辑网页时如果忘了可以查看资料。

1.3.3 格式标签

网页设计过程中，经常需要用到一些格式标签对网页的格式进行定义，特别是 HTML 不识别 Enter 键和空格键，所以定义格式标签十分重要，见表 1-5。

表 1-5 格式标签

标 签	描 述
<!--…-->	注释标签
 	换行标签，单独标签不需要有结束标签
<p>…</p>	分段标签，并自动换行
<div>…</div>	定位标签
<hr>	水平线标签

1. 强制换行

**※ 基本语法：文字
**

用 HTML 的标签来强制换行、分段。
放在一行的末尾，可以使后面的文字、图片、表格等显示于下一行，而又不会在行与行之间留下空行，即强制文本换行。

※ 范例代码 1.5.html

```
<html>
<head>
<title>强制换行</title>
</head>
<body>
无换行标记：登鹳雀楼  白日依山尽，黄河入海流。欲穷千里目，更上一层楼。
<br>有换行标记：<br>登鹳雀楼<br>白日依山尽，<br>黄河入海流。<br>欲穷千里目，<br>更上一层楼。
</body>
</html>
```

※ 范例效果图

范例效果如图 1.6 所示。

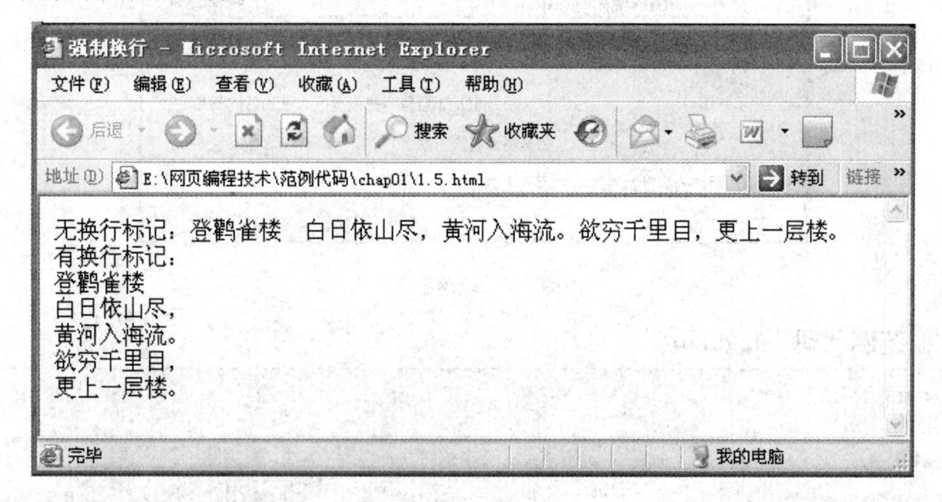

图 1.6 换行标签

2. 段落标签<p>...</p>

※ 基本语法：<p align="left|center|right"> 文字</p>

由<p>标签所标识的文字，代表同一个段落的文字。不同段落间的间距等于连续加了两个换行符，也就是要隔一行空白行，用以区别文字的不同段落。它可以单独使用，也可以成对使用。单独使用时，下一个<p>的开始就意味着上一个<p>的结束。良好的习惯是成对使用。

其中属性 align 用来设置段落文字在网页上的对齐方式：left（左对齐）、center（居中）和 right（右对齐），省略时默认为 left。格式中的“|”表示“或者”，即多中选一。

※ 范例代码 1.6.html

```
<html>
<head>
<title>段落标签</title>
</head>
<body>
<p>花儿什么也没有。它们只有凋谢在风中的轻微、凄楚而又无奈的吟怨，
就像那受到了致命伤害的秋雁，悲哀无助地发出一声声垂死的鸣叫。</p>
<p align="right">或许，这便是花儿那短暂一生最凄凉、最伤感的归宿。</p>
<p align=center>而美丽苦短的花期</p>
<p align="left">却是那最后悲伤的秋风挽歌中的瞬间插曲。</p>
</body>
</html>
```

※ 范例效果图

范例效果如图 1.7 所示。

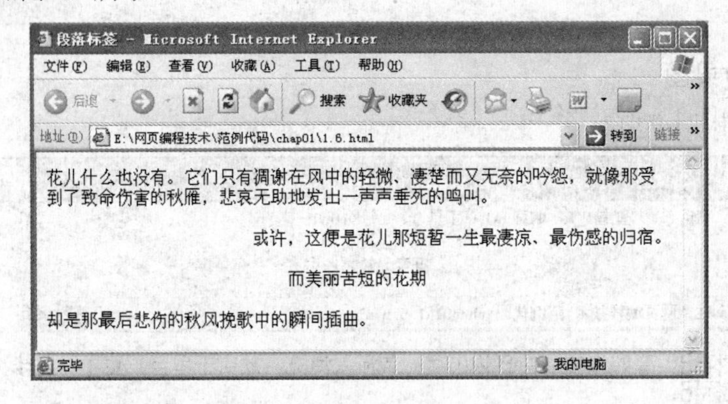

图 1.7 段落标签

※ 范例代码 1.7.html

```
<html>
…
<body leftmargin="70">
<p><img src="image/2-1.gif" width="230" height="52"><img src=
"image/2-2.gif" width="208" height="52"></p>
<p> <span class="text3">中国职工国际旅行社总社阜城门门市 <br>
  <br>
  地    址：北京市西城区阜外大街 1 号华利佳合商务楼 405 室 <br>
  负 责 人：王力仟 <br>
  联系电话：010-88375285/88375250/68318141/68318142 <br>
  传    真：010-68315534 </span></p>
<p><span class="text3"><br>
  <br>
  中国职工国际旅行社总社东四十条门市部 <br>
  <br>
  地    址：北京市东城区东四十条 21 号 1 层东厅 <br>
```

```
    负 责 人: 苏梦迦 <br>
    联系电话: 010-64050066/84031887 <br>
    传    真: 010-84032533 </span></p>
  <p><span class="text3"><br>
    <br>
    中国职工国际旅行社总社东高地门市部 <br>
    <br>
    地    址: 北京市丰台区六营门梅源小区 45 号楼 103 室 <br>
    负 责 人: 宫宇 <br>
    联系电话: 88530959 88530960 <br>
    传    真: 67974294 </span><br>
  </p>
  …
  </body>
  </html>
```

※ 范例效果图

范例效果如图 1.8 所示。

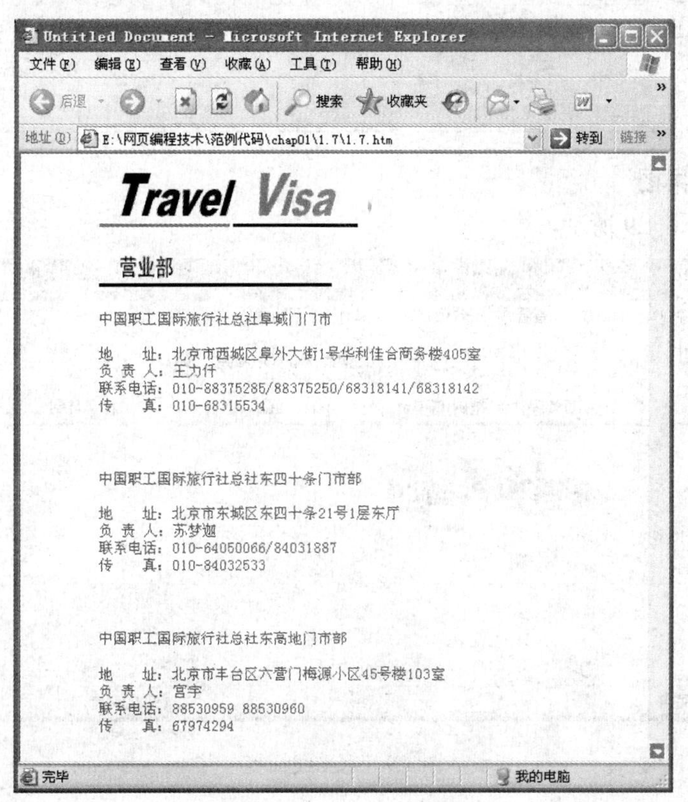

图 1.8　换行与段落标签

3. 定位标签<div>…</div>

※ 基本语法：<div align="left|center|right"> 文本、图像或表格</div>

设定文字、图像、表格的摆放位置。当在许多段落中设置对齐方式时，常使用

<div>…</div>标签。其中属性 align 用来设置文本块、一段文字或标题在网页上的对齐方式，省略时默认为 left。

4. 水平线标签<hr>

※ 基本语法：<hr align="left|center|right" size=" " width=" " color=" " noshade>

在页面中插入一条水平标尺线，可以使不同功能的文字分隔开，看起来整齐、明了。当浏览器解释到 HTML 文档中的<hr>标签时，会在此处换行，并加入一条水平线段。线段的样式由标签的属性参数决定。size 设定线条粗细，以像素为单位，默认为 2 像素。width 设定线段长度，可以是绝对值（以像素为单位）或相对值（相对于当前窗口的百分比）。color 设定线条色彩，默认为黑色。noshade 去掉水平线的阴影效果，设置水平线为一条实线。

※ 范例代码 1.8.html

```
<html>
<head>
<title>水平线标签</title>
</head>
<body>
<p align="center"><img src="images/logo.gif" alt="欢迎光临" ></p>
<hr width="600" size="1" color="#0000FF">
</body>
</html>
```

※ 范例效果图

范例效果如图 1.9 所示。

图 1.9 水平线标签

5. 注释标记<!--…-->

※ 基本语法：<!-- 注释内容 -->

注释并不局限于一行，长度不受限制。结束标记与开始标记可以不在一行上。

※ 范例代码 1.9.html

```
    <!--|定义 IE5.5 滚动条|11|此处为特效配置参数，删除或修改此行内容将导致特效运行不正常！删除或修改此行以下特效代码，当再次使用“有声有色”编辑特效时将会发生异常！-->
    <style>
    <!--
    BODY {SCROLLBAR-FACE-COLOR: #FFCC00; SCROLLBAR-HIGHLIGHT-COLOR: #FFFFFF; SCROLLBAR-SHADOW-COLOR: #FFFFFF; SCROLLBAR-3DLIGHT-COLOR: #FFFFFF; SCROLLBAR-ARROW-COLOR: #FFFFFF; SCROLLBAR-TRACK-COLOR: #FFFFE1; SCROLLBAR-DARKSHADOW-COLOR: #FFFFFF; }

    <!-- 此网页中的特别动态效果使用“有声有色 2004”软件编辑制作！-->
    <!-- “有声有色 2004”--最好的网页特效制作编辑软件，制作特效您只需轻点几下鼠标即可完成！ -->
    -->
```

※ 范例效果图

范例效果如图 1.10 所示。

图 1.10 注释标签

1.3.4 字体标签

文字是网页中非常重要的元素，通过文字来说明网页的具体内容，关于字体标签如表 1-6 所示。

表 1-6 字体标签

标 签	描 述
<h#>	#级标题标签
<font>	字体标签
<b>	设置粗体字
<i>	设置斜体字

续表

标　签	描　述
<u>	设置下画线
<sup>	设置文本为上标格式
<sub>	设置文本为下标格式
<tt>	设置打字机风格字体的文本
<em>	以强调形式格式化文本，通常显示为斜体
<address>	格式化地址信息，将文本设置为斜体字
<strong>	格式化需强调显示效果的文字，通常显示为斜体+粗体
<pre>	将文字排版按原格式显示，即把原文件中的空格、回车、换行等表现出来

1. 标题文字标签<h#>…</h#>

※ 基本语法：<h# align="left|center|right"> 标题文字 </h#>

在页面中，标题是一段文字内容的核心，所以总是用加强的效果来表示。可以通过设置不同大小的标题，使文章条理清晰。#用来指定标题文字的大小，#取 1～6 的整数值，取 1 时文字最大，取 6 时文字最小。属性 align 设置标题在页面中的对齐方式，省略时默认为 left。

2. 字体标签<font>...</font>

※ 基本语法：<font size="数字" face="字体名" color="色彩">被设置的文字</font>

在网页中为了增强页面的层次，其中的文字可以用不同的大小、字体、字型、色彩。用<font>标签设置字号（<font>被 W3C 列为不建议使用的标记，以后将学习用 CSS 来设定字体）。<font>标记可设定文字的字体、字号和色彩。size 用来设置文字的大小。数字的取值范围从 1～7，size 取 1 时最小，取 7 时最大。face 用来设置字体。如黑体、宋体、楷体_GB2312 等。color 用来设置文字色彩。

※ 范例代码　1.10.html

```
<html>
<head>
<title>文本标志的综合示例</title>
</head>
<body text="blue">
<h1>最大的标题</h1>
<h3>使用 h3 的标题</h3>
<h6>使用 h6 的标题</h6>
<p><b>黑体字文本</b> </p>
<p><i>斜体字文本</i> </p>
<p><u>下加一划线文本</u> </p>
<p><tt>打字机风格的文本</tt></p>
<p><cite>引用方式的文本</cite></p>
<p><em>强调的文本</em></p>
```

```
    <p><strong>加重的文本</strong></p>
    <p><font size="+1" color="red">size 取值"+1"、color 取值"red"时的文
本</font></p>
    </body>
    </html>
```

※ **范例效果图**

范例效果如图 1.11 所示。

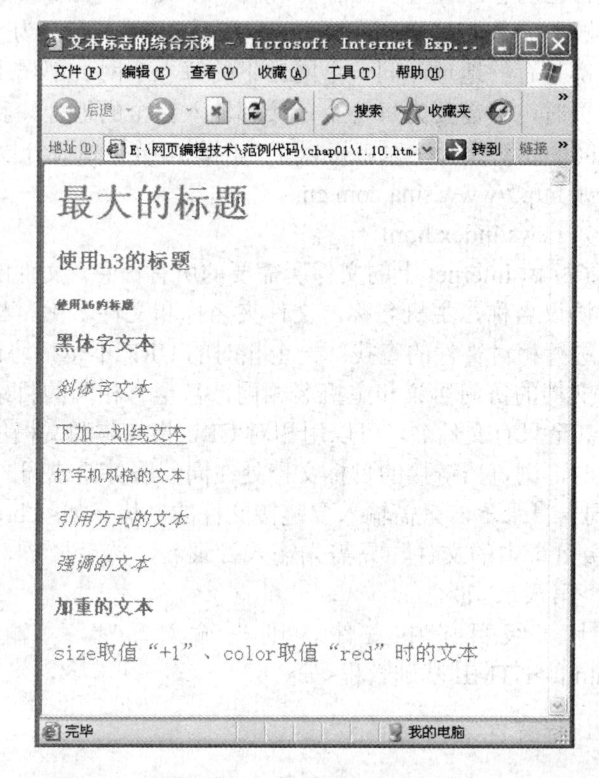

图 1.11　文本标志的综合示例

注意：网页中的文字样式主要是通过 CSS 样式来进行设置的，在后面章节中会讲解到，font 标签不提倡使用。

1.3.5　超链接标签

HTML 文件中最重要的应用之一就是超链接，超链接是一个网站的灵魂，Web 上的网页是互相链接的，单击被称为超链接的文本或图形就可以链接到其他页面。超文本具有的链接能力,可层层链接相关的文件，这种具有超级链接能力的操作，即称为超级链接。超级链接除了可链接文本外，也可链接各种媒体，如声音、图像、动画，通过它们我们可享受丰富多彩的多媒体世界。超链接标签<a>的属性如表 1-7 所示。

表 1-7 超链接标签<a>的属性

属　性	描　述	例　子
href	指定链接地址	<a href="http://www.baidu.com" >
name	给链接命名	<a name="abc" >
title	给链接提示文字	<a title="百度">
target	指定链接的目标窗口	<a target="_blank">

1. href 指定链接地址

每一个文件都有自己的存放位置和路径，理解一个文件到要链接的那个文件之间的路径关系是创建链接的根本。URL(Uniform Resource Locator)中文名字为“统一资源定位器”，指的就是每一个网站都具有的地址。同一个网站下的每一个网页都属于同一个地址之下，在创建一个网站的网页时，不需要为每一个链接都输入完全的地址，我们只需要确定当前文档同站点根目录之间的相对路径关系就可以了。因此，链接主要分以下两种：

- 绝对路径，如 http://www.sina.com.cn
- 相对路径，如 news/index.html

绝对路径：包含了标识 Internet 上的文件所需要的所有信息。文件的链接是相对原文档而定的。包括完整的协议名称，主机名称，文件夹名称和文件名称。相对路径是以当前文件所在路径为起点，进行相对文件的查找。一个相对的 URL 不包括协议和主机地址信息，表示它的路径与当前文档的访问协议和主机名相同，甚至有相同的目录路径。通常只包含文件夹名和文件名。甚至只有文件名。可以用相对 URL 指向与源文档位于同一服务器或同文件夹中的文件。此时，浏览器链接的目标文档处在同一服务器或同一文件夹下。

① 如果链接到同一目录下，只需输入要链接文件的名称。如<a href="8.html"></a>

② 要链接到下级目录中的文件，只需先输入目录名，然后加"/"，再输入文件名。如<a href="book/8.html">第八章</a>

③ 要链接到上一级目录中文件，则先输入"../"，再输入文件名。如<a href="../html/book/8.html">HTML 基础教程</a>

2. 设定链接的目标窗口

※ 基本语法：<a href="URL" target="VALUE">

target 属性值如表 1-8 所示。

表 1-8 target 属性值

值	含　义
_parent	上一级窗口中打开，一般使用在框架页面中（框架在后面章节中学习）
_self	在同一个窗口中打开，一般不用设置
_blank	在新窗口中打开
_top	在浏览器的整个窗口中打开，忽略任何框架

3. 锚点链接

浏览页面时，如果页面内容较多会使页面的长度很长，需要不断拖拉滚动条才能看到具体的内容，这样操作起来很不方便。定义锚点链接后，单击超链接就可以直接链接到页面中的具体位置。

※ **基本语法**：

<a name="锚点名称">文字</a>

<a href="#锚点名称">文字链接</a>

这里的两处 name 值保持一致。

> 注意 1：属性 name 是不可缺少的。
>
> 注意 2：href 属性赋的值若是锚点的名字，必须在锚点名前边加一个“#”号。

4. 空链接

所谓空链接是指光标指向链接文字后光标呈手形，但没有链接到任何页面，仍然停留在当前页面。

※ **基本语法**：**<a href="#">链接文字</a>**

5. 邮件链接

※ **基本语法**：**mailto:邮箱地址**

例如：mailto:abc@163.com

※ **范例代码　1.11.html**

```
    <html>
    <head>
    <title>链接标签的综合示例</title>
    </head>
    <body>
    <p   align="center"   style="font-size:9pt;color:yellow;background:
black"><br>
    <a name="Top"><font color="red">创建标签处</font></a><br>
    <br>
    <br>
    网页制作学习网站<br>
    <a href="http://xld.home.chinaren.net/" target="_blank">
    <font
color="lime">http://www.w3school.com/</font><br><br></a><br>
    <br>
    本网站的主要内容<br>
    <br>
    <a href="index_Html.htm" target="_blank">Html 教程</a><br>
    <br>
    <a href="../DHtml/index_DHtml.htm" target="_blank">动态 Html 教程
</a><br>
    <br>
    <a href="../ASP/index_ASP.htm" target="_blank">ASP 教程</a> <br>
    <br>
    JavaScript 教程<br>
```

```
    <br>
    VBScript 教程<br>
    <br>
    <a href="../yqlj/yqlj.htm" target="_blank">友情链接</a><br>
    <br>
    我要留言<br>
    <br>
    作者介绍<br>
    <br>
    <br>
    欢迎给我来信，我的 E-mail 是:
    <ahref="mailto:xiaolida@263.net"><font  color="lime">xiaolida@263.
net</font></a><br>
    <br>
    <a href="#Top"><font color="lime">点击此处回到标签处</font>
</a><br>
    <br>
    </p>
    </body>
    </html>
```

※ 范例效果图

范例效果如图 1.12 所示。

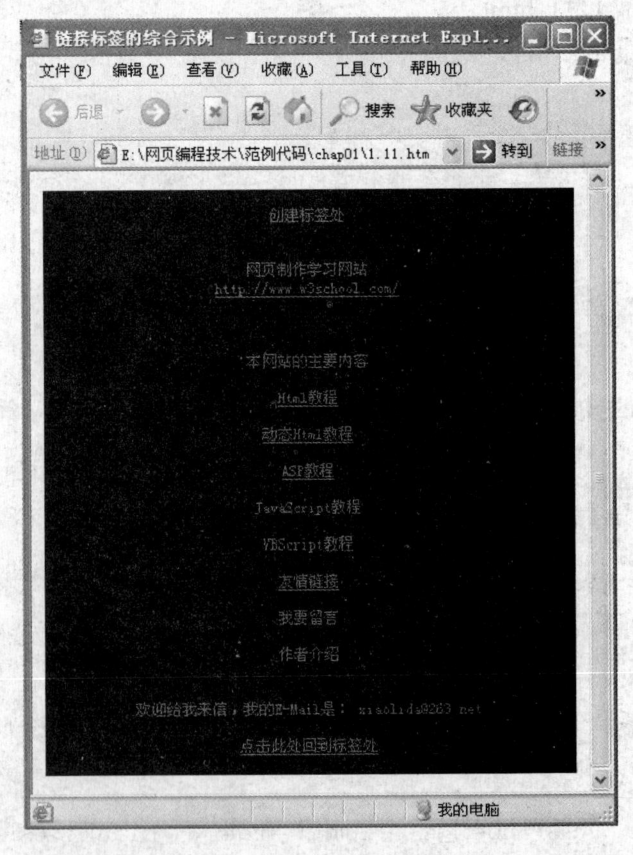

图 1.12 超链接标签的综合示例

1.4　上机练习

1．创建一个简单的网页，要求网页的标题是“个人简介”，网页文本内容自定义，保存到以自己名字命名的文件夹中，HTML 文件名为 index.html。

2．写出 HTML 文件的总体结构。

3．在 IE 浏览器中，如何查看网页的 HTML 源文件。

4．设计页面如图 1.13 所示。要求背景颜色值为 lightcyan，“桃花庵歌”字体为标题 2，“唐寅”字体为华文行楷，直线的长度分别为 50px，80%，80%，高度分别为 5，7，6，颜色分别为黄色、蓝色和红色。

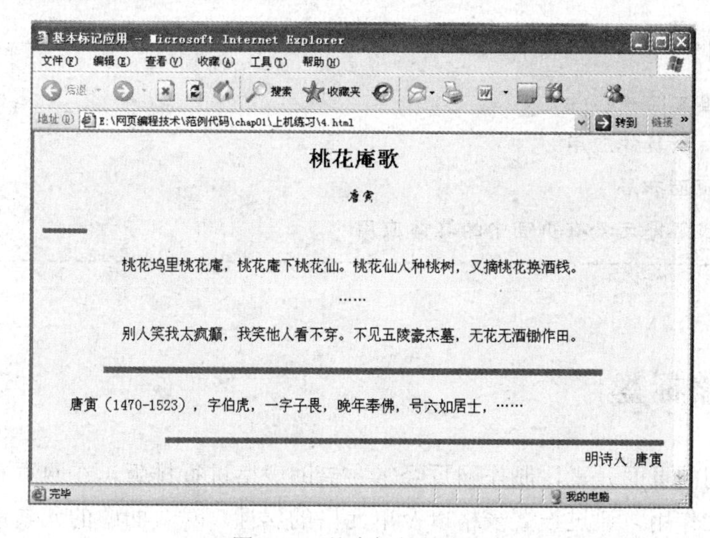

图 1.13　基本标签的应用

5．设计页面如图 1.14 所示。

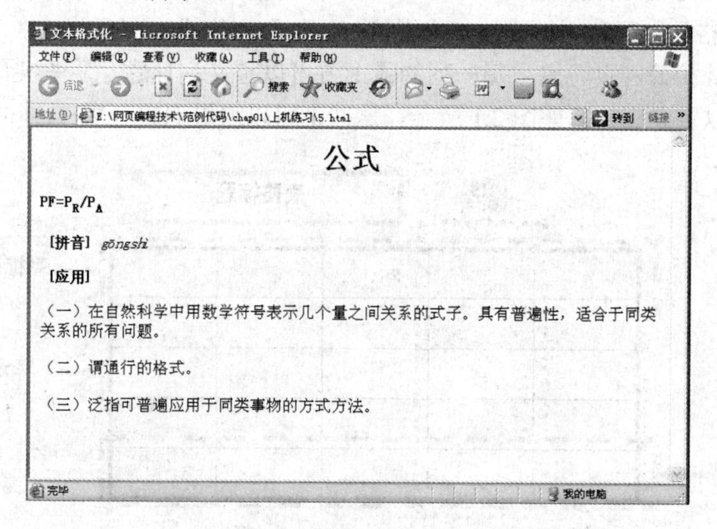

图 1.14　文本标签的应用

第 2 章　HTML 进阶

【本章要点】

▲表格的基本结构
▲表格属性的具体应用
▲表格的页面布局
▲图片与多媒体元素在页面中的具体应用

2.1　表格标签

表格是常用的页面元素，制作网页经常要借助表格进行排版，在网页布局方面，表格起着举足轻重的作用，通过设置表格以及单元格的属性，对页面中的元素进行准确定位，表格能够有序地排列数据又能对页面进行更加合理的布局。灵活地使用表格的背景、框线等属性可以得到更加美观的效果。

HTML 表格是由行和列组成的二维表格，由行和列构成一个个单元格，在其中可以放置文本、图像等相关网页元素。每一列的最上方可以定义列标题，用来突出显示该列的主题，表格也可以定义标题，如图 2.1 所示，这些都可以通过 HTML 中具体的标签来实现。

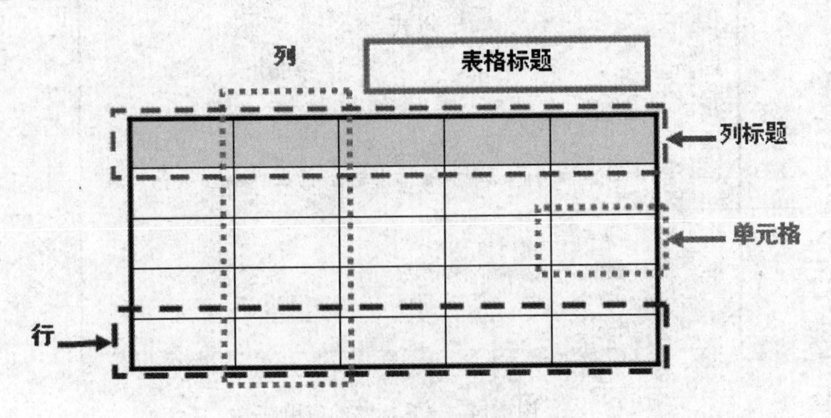

图 2.1　表格的形式

在网页中使用表格有如下几个优点：

- 以行列对齐的形式来显示文本和数字信息
- 可以固定文本或图像的显示位置
- 对网页结构的优化，充分利用空间
- 可以嵌套使用，但不利于手工代码的维护

HTML 语法中表格用<table>标签表示，一个表格可以分成很多行，用<tr>标签表示，每行又可以分成很多单元格，用<td>标签表示，这 3 个标签是创建表格最常用的标签。

※ **表格的基本结构**：

```
<table>
   <caption>表格标题</caption>
     <tr>                    //定义表行
       <th>列标题</th>
     </tr>
     <tr>
       <td>…</td>            //定义单元格
     </tr>
</table>
```

<table>标签代表表格的开始，<tr>标签代表行的开始，<td>和</td>之间就是单元格的内容。

注意：表格中的具体内容必须放在<td>与</td>之间。

2.1.1 表格标签<Table>

※ **基本语法：<table>表格内容</table>**

表格标签常用的属性如表 2-1 所示

表 2-1 <table>标签常用属性

属　性	描　述
bgcolor	设置表格的背景色
border	设定边框的宽度
bordercolor	设定边框的颜色
background	设定表格的背景图像
cellspacing	设置单元格之间的间隔大小
cellpadding	设置单元格边框与其内部之间的间隔大小
width	设置表格的宽度（绝对像素值或浏览器的百分比）
height	设置表格的高度（绝对像素值或浏览器的百分比）
bordercolorlight	表格的亮边框颜色
bordercolordark	表格的暗边框颜色

※ 范例代码 2.1.html

```
<table width="200" border=1 align="center" cellpadding=0 cellspacing=
0 bordercolor=#FFFFFF bordercolorlight=#000000  bgcolor= #FF6600>
        <tr>
          <td> </td>
          <td> </td>
        </tr>
        <tr>
          <td> </td>
          <td> </td>
        </tr>
      </table>
    <br>
    <table cellspacing=2 cellpadding=0 width="200" bgcolor=#FF6600
    border=1 align="center">
        <tr>
          <td> </td>
          <td> </td>
        </tr>
        <tr>
          <td> </td>
          <td> </td>
        </tr>
      </table>
  <br>
      <table width="200" border=1 align="center" bordercolor=#ffffff
      bordercolorlight=#000000 bgcolor=#FF6600>
        <tr>
          <td> </td>
          <td> </td>
        </tr>
        <tr>
          <td> </td>
          <td> </td>
        </tr>
      </table><p><strong></strong></p>
      <p> </p>
      </td>
    </tr>
  </table>
```

※ 代码分析

第一个<table>标签定义表格，属性值为宽度200px，边线1px，居中对齐，单元格与单元格之间的间距是0px，单元格边框与单元格内容之间的间距是0px，边框颜色为白色，表格的亮边框颜色为黑色，背景色值为#FF6600。第二个<table>标签定义单元格与单元格之间的间距是 2px，单元格边框与单元格内容之间的间距是 0px，宽度 200px，边线 1px，居中对齐，背景色值为#FF6600。第三个<table>标签与前两个相似，这里不再赘述。

※ 范例效果图

范例效果如图 2.2 所示。

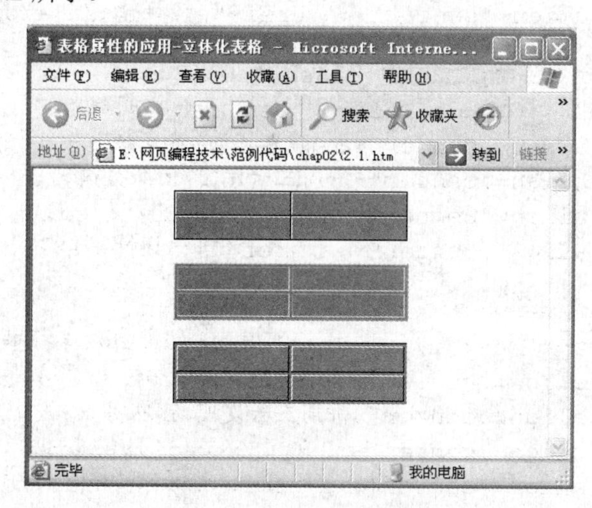

图 2.2 表格属性的应用

2.1.2 表格的行<Tr>

※ 基本语法：<tr>行内容</tr>

<tr>标记属性的使用方法与<table> 标记属性非常相似，用来设定表格中某一行的属性。行标签常用的属性如表 2-2 所示。

表 2-2 <tr>标签常用属性

属 性	描 述
bgcolor	设置行的背景色
align	设定行内容水平对齐
bordercolor	行边框颜色
background	设定行的背景图像
valign	设定行的垂直对齐方式

※ 范例代码 2.2.html

```
   <table width="100%" height="189" border="1" cellpadding="0"
cellspacing= "0" class="bian1">
   <tr bordercolor="#CCCCCC" bgcolor="#FF9900" class="text2">
      <td height="30"><div align="center">类别</div></td>
      <td><div align="center">旅游线路</div></td>
      <td><div align="center">出团日期</div></td>
      <td><div align="center">报价</div></td>
      <td><div align="center">备注</div></td>
   </tr>
   <tr bordercolor="#CCCCCC" class="text2">
```

```
      <td height="34"><div align="center">海南旅游</div></td>
    <td><div align="center">海南四星贵宾纯玩游(二)****</div></td>
    <td><div align="center">每周三五六发/团队另议</div></td>
    <td><div align="center">2480 元/人</div></td>
    <td><div align="center"><a href="#">详情</a></div></td>
  </tr>
  <tr bordercolor="#CCCCCC" class="text2">
    <td height="46"><div align="center">四川线路</div></td>
    <td><div align="center">成都/九寨沟/黄龙双飞五日***</div></td>
    <td><div align="center">每周三六发团/团队另议</div></td>
    <td><div align="center">2080 元/人</div></td>
    <td><div align="center"><a href="#">详情</a></div></td>
  </tr>
  <tr bordercolor="#CCCCCC" class="text2">
    <td height="43"><div align="center">黄山旅游</div></td>
    <td><div align="center">黄山一地双卧四日游**</div></td>
    <td><div align="center">每周三六发团/团队另议</div></td>
    <td><div align="center">1090 元/人</div></td>
    <td><div align="center"><a href="#">详情</a></div></td>
  </tr>
  <tr bordercolor="#CCCCCC" class="text2">
    <td><div align="center">武夷山旅游</div></td>
    <td><div align="center">厦门/武夷山双飞五日游**</div></td>
    <td><div align="center">天天发团/团队另议</div></td>
    <td><div align="center">2110 元/人</div></td>
    <td><div align="center"><a href="#">详情</a></div></td>
  </tr>
  </table>
```

※ 代码分析

<tr>标签的 class 属性表示定义行的 CSS 样式，此部分在后面章节中讲解。

※ 范例效果图

范例效果如图 2.3 所示。

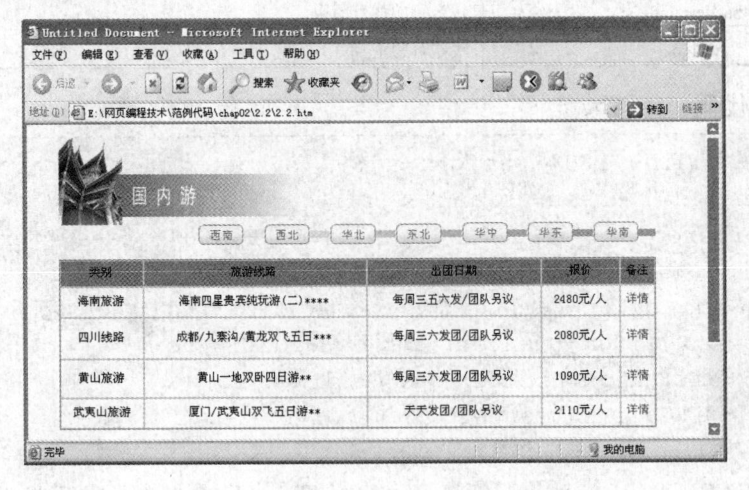

图 2.3　<tr>标签的应用

2.1.3 表格的单元格<Td>

※ 基本语法：<td>单元格内容</td>

<td>标签属性的使用方法与<table> 标记属性非常相似，用来设定表格中某一单元格的属性。

行标签常用的属性如表 2-3 所示。

表 2-3 <td>标签常用属性

属　性	描　述
bgcolor	设置单元格的背景色
align	设定单元格内容水平对齐
bordercolor	单元格的边框颜色
background	设定单元格的背景图像
valign	设定单元格内容的垂直对齐方式
width	单元格的宽度
height	单元格的高度
colspan	将一行中的几个单元格合并成一个单元格
rowspan	将几行中的 1 列单元格合并成一个单元格

※ 范例代码 2.3.html

```
<table width="300" border="1" cellpadding="1" cellspacing="1"
bordercolor="#FF6600">
  <tr>
    <td colspan="2" bgcolor="#FF6600"> </td>
    <td> </td>
  </tr>
  <tr>
    <td> </td>
    <td> </td>
    <td rowspan="2" bgcolor="#CCCCCC"> </td>
  </tr>
  <tr>
    <td> </td>
    <td> </td>
  </tr>
  </table>
```

※ 代码分析

第一个<tr>标签中包含两个<td>标签对，第一个<td>标签对表示将一行中的两个单元格合并成一个单元格，单元格背景色为#FF6600。第二个<tr>标签中包含 3 个<td>标签，其中第三个<td>标签表示将两行中的单元格合并成一个单元格，背景色为#CCCCCC。

※ 范例效果图

范例效果如图 2.4 所示。

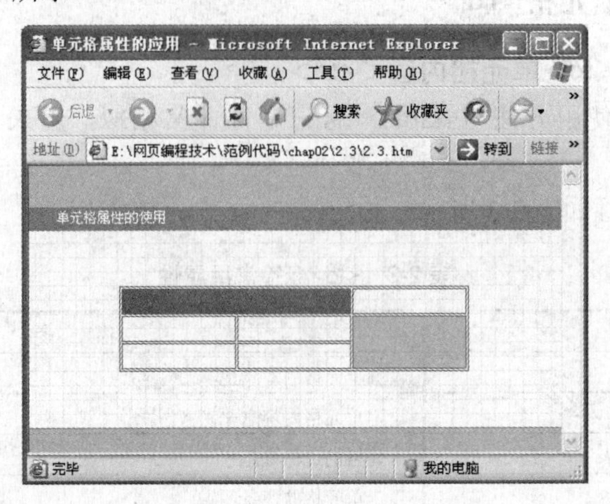

图 2.4 <td>标签的应用

2.1.4 表格列标题<Th>

※ 基本语法：<th>列标题内容</td>

列标题用粗体样式标记，另外内容的对齐方式也可能和数据的对齐方式不同。数据通常会默认左对齐，列标题默认居中对齐。列标题标签常用的属性如表 2-4 所示。

表 2-4 <th>标签常用属性

属　性	描　述
bgcolor	设置表头的背景色
align	设定表头内容水平对齐
bordercolor	表头的边框颜色
background	设定表头的背景图像
valign	设定表头内容的垂直对齐方式
width	表头的宽度
height	表头的高度

※ 范例代码 2.4.html

```
<table width="350" border="1" cellspacing="0" cellpadding="2" align="CENTER">
<tr align="CENTER">
<th bgcolor="#FF6600">姓名</span></th>
<th bgcolor="#FF6600">性别</span></th>
<th bgcolor="#FF6600">年龄</span></th>
</tr>
<tr align="CENTER">
<td><span class="STYLE3">王晓华</span></span></td>
<td><span class="STYLE3">女</span></span></td>
<td><span class="STYLE3">20</span></span></td>
```

```
</tr>
<tr align="CENTER">
<td><span class="STYLE3">周扬</span></td>
<td><span class="STYLE3">女</span></td>
<td><span class="STYLE3">21</span></td>
</tr>
<tr align="CENTER">
<td><span class="STYLE3">张强</span></td>
<td><span class="STYLE3">男</span></td>
<td><span class="STYLE3">20</span></td>
</tr>
</table>
```

※ **范例效果图**

范例效果如图 2.5 所示。

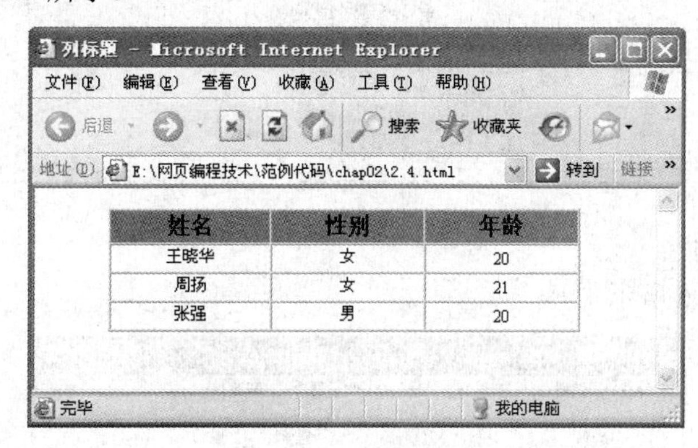

图 2.5 <th>标签的应用

2.1.5 表格标题<caption>

※ **基本语法：<caption>表格标题内容</caption>**

标题是表格的说明性文字，出现在表格上方，通常在<table>标签后立即加入<caption>标签及其内容，标题可以包括任何主体内容。表格标题标签常用的属性如表 2-5 所示。

表 2-5 <caption>标签常用属性

属　性	描　述
align	设定表格标题内容水平对齐
valign	设定表格标题的垂直对齐方式

※ **范例代码 2.5.html**

```
<table width="350" border="1" cellspacing="0" cellpadding="2"
align="CENTER">
<caption>学生情况表</caption>
<tr align="CENTER">
<th bgcolor="#FF6600">姓名</span></th>
```

```
<th bgcolor="#FF6600">性别</span></th>
<th bgcolor="#FF6600">年龄</span></th>
</tr>
<tr align="CENTER">
<td><span class="STYLE3">王晓华</span></span></td>
<td><span class="STYLE3">女</span></span></td>
<td><span class="STYLE3">20</span></span></td>
</tr>
<tr align="CENTER">
<td><span class="STYLE3">周扬</span></td>
<td><span class="STYLE3">女</span></td>
<td><span class="STYLE3">21</span></td>
</tr>
<tr align="CENTER">
<td><span class="STYLE3">张强</span></td>
<td><span class="STYLE3">男</span></td>
<td><span class="STYLE3">20</span></td>
</tr>
</table>
```

※ **范例效果图**

范例效果如图 2.6 所示。

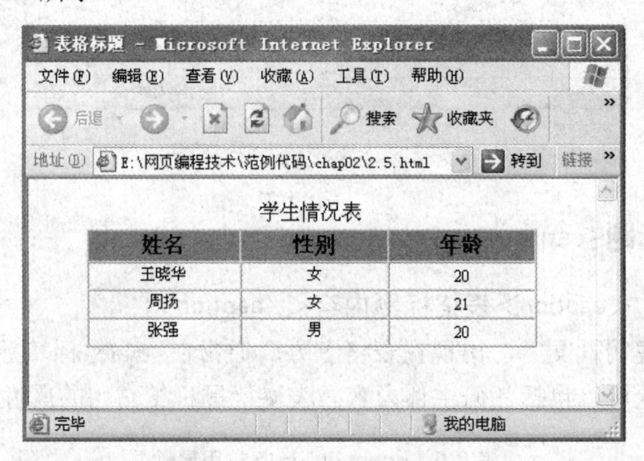

图 2.6　<caption>标签的应用

2.2　图像标签<IMG>

在 HTML 语言中，可以在页面中嵌入图片、声音、视频、Flash 动画等多媒体内容，这些多媒体内容极大地丰富了页面的表现力，给浏览者带来了阅读上的享受和对网站的强烈印象。

在 HTML 页面中插入图片，可以起到美化页面的作用。网页常用的图片格式有 JPEG、GIF 和 PNG 这三种，插入图片的标签只有一个，那就是<img>标签。

※ **基本语法**：<img src=" file_url">

具体属性说明如表 2-6 所示。

表 2-6　<img>的属性

属　性	描　述
src	图像的源文件
alt	提示文字
border	边框
width	宽度
height	高度
vspace	垂直间距
hspace	水平间距
align	图像的对齐方式

※ **范例代码　2.6.html**

```
…
<body leftmargin="70">
<p><img src="image/7-1.gif" width="230" height="48"><img src="image/7-2.gif" width="207" height="48">
</p>
<p class="text3">申办护照</p>
<p class="text3">1.北京市居民申请护照<br>
…
```

※ **范例效果图**

范例效果如图 2.7 所示。

图 2.7　<img>标签的应用

※ **范例代码　2.7.html**

```
<img src="YS.jpg" width="192" height="183" hspace="10" vspace="10" border="3" align="left" />虽皓月当空，祥云瑞彩依旧遮住了游子北望的眼睛。<br />
<img src="YSB.jpg" width="132" height="100" hspace="5" vspace="5" border="3" align="right" />能捎带上我那缕乡魂吗？一同回到梦里的山村？<br />
```

※ **代码分析**

页面中插入和页面在同一路径下的图片"YS.jpg"，宽度为192px，高度为183px，水平间距和垂直间距都是10px，边框为3px，对齐方式为左对齐。插入第二张和页面在同一路径下的图片"YSB.jpg"，宽度为132px，高度为100px，水平间距和垂直间距都是5px，边框为3px，对齐方式为右对齐。

※ **范例效果图**

范例效果如图2.8所示。

图2.8 <img>标签的属性应用

> 注意1：src属性是<img>标签必需的。
>
> 注意2：为了保证下载速度，图片并不是越多越好。
>
> 注意3：<img>没有结束标签。

2.3 多媒体

在网页中可以放置如MP3音乐、电影、动画等多种格式的多媒体内容，丰富了网页的效果。需要使用的相关标签如表2-7所示。

表 2-7 多媒体标签

标　签	描　述
<img>	插入 AVI
<embed>	嵌入声音、电影、Flash 动画等多媒体内容
<bgsound>	加入背景声音
<applet>	Java 小程序
<param>	参数

2.3.1 多媒体标签<embed>

※ 基本语法：

```
<embed src="file_url" width="value" height="value" hidden="heidden_value" autostart="auto_value" loop="loop_value"></embed>
```

具体属性说明如表 2-8 所示。

表 2-8 <embed>的属性

属　性	描　述
src	多媒体的源文件
hidden	用于控制播放面板的显示和隐藏，其值有 True（隐藏面板），No（显示面板）。
autostart	用于控制多媒体内容是否自动播放，其值有 True（自动播放），No（不自动播放）
loop	用于控制多媒体内容是否循环播放，其值有 True（无限次循环），No（只播放一次）
width	宽度
height	高度

1. 嵌入 FLASH 动画

例：<embed src="flash.swf" width="450" height="600"></embed>

2. 嵌入 MP3 音乐

<embed src="song.mp3" width="450" height="600"></embed>

3. 嵌入 MPG 电影

<embed src="dianying.mpg" width="450" height="600"></embed>

4. 嵌入 AVI 视频

<embed src="shipin.avi" width="450" height="600"></embed>

※ 范例代码 2.8.html

```
<embed src="jthintroduce/zzjj.swf" width=280 height=282 quality=high wmode=transparent bgcolor=#000000 type="application/x-shockwave-flash"
pluginspage="http://www.macromedia.com/shockwave/download/index.cgi?P1_Prod_Version=ShockwaveFlash"> </embed>
```

```
<embed src="jthintroduce/resume.swf" quality=high wmode= transparent bgcolor=#000000  width=150 height=43 type="application/x- shockwave-flash"
pluginspage="http://www.macromedia.com/shockwave/download/index.cgi?P1_Prod_Version=ShockwaveFlash"> </embed>
```

※ 代码分析

swf 格式是 Flash 生成的动画文件，src 表示文件的来源，quality 表示定义品质为高品质，wmode 属性值为 transparent，表示 Flash 的背景颜色为透明。

※ 范例效果图

范例效果如图 2.9 所示。

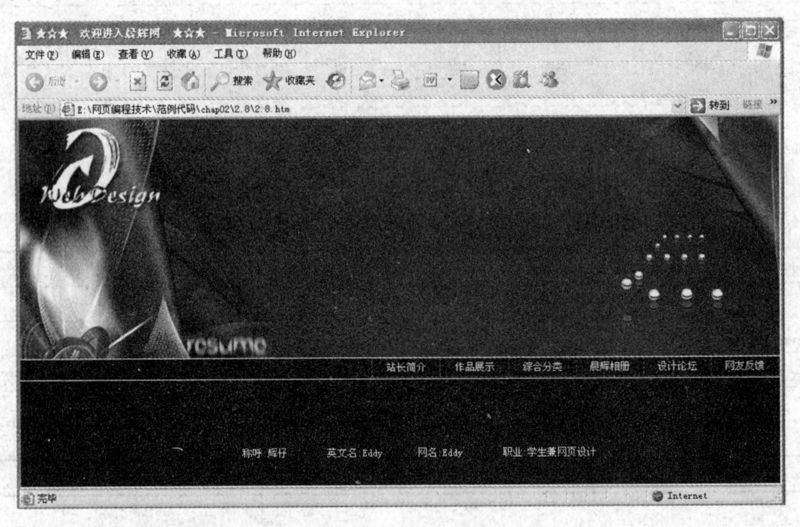

图 2.9　多媒体标签的应用

2.3.2　背景声音<bgsound>

页面中的背景音乐的效果可通过<bgsound>标签实现。网页中常用的声音格式包括 WAV、MP3、MIDI、AIF 和 RM 格式，其中主要以 MIDI 格式文件为主。

※ 基本语法：<bgsound src="value" loop="value">

其属性如表 2-9 所示。

表 2-9　<bgsound>的属性

属　性	描　述
src	背景音乐的源文件
loop	声音播放的次数，如果为-1，表示无限次重放声音，0 表示播放 1 次

例：<bgsound src="okok.mid" loop="-1">

※ 范例代码　2.9.html

```
<body>
<bgsound src="sound/Ed5gm010.mid">
```

※ **范例效果图**

范例效果如图 2.10 所示。

图 2.10　背景声音

注意：src 属性是<img>、<embed>、<bgsound>标签必需的。

2.3.3　插入 Java 小程序

Java 语言可以编写两种类型的程序，分别是应用程序(Application)和小应用程序(Applet)。其中应用程序是可以独立运行的程序，Java Applet 是用 Java 编写的嵌入到页面并能产生特殊效果的小程序。通过使用 Java Applet 小程序可以在网页中实现一些文字、图片、动画等的显示特效，也可以完成人机交互的功能。

浏览器要执行 Applet 程序，必须内嵌有 Java 解释器。当浏览器访问使用了 Java Applet 的网页时，Java Applet 会被下载到浏览器的客户机内存中，Java 解释器将对其进行解释执行。如果浏览器中没有内嵌的 Java 解释器，Java Applet 将不被执行，其运行效果也不会被看到。Applet 需要使用 HTML 语法的<applet>标签，在网页中引入该组件。

※ **基本语法**：<applet code="file_name">

其属性如表 2-10 所示。

表 2-10　<applet>的属性

属　性	描　述
code	指定 applet 的类名
width	指定 applet 窗口的宽度
height	指定 applet 窗口的高度
align	用来控制 applet 窗口在 HTML 文档窗口的位置。其值可以是 top、middle 和 bottom
param	用来在 HTML 文档中指定参数，例如 name、value

※ 范例代码 2.10.html

```
<html>
<head>
<title>Java Applet 标签</title>
<head>
<body bgcolor="red">
   <center>
      <b>
         <font size="+3" color="orange">Java Applet 小程序的应用 </font>
      </b>
      <applet code="Hello.class" heitht=200 width=300>
         <param name=varname value="李莉">
         <param num=varnum value=24>
      </applet>
   </center>
</body>
<html>
Hello.java
import java.applet.Applet;
import java.awt.Graphics;
public class hello extends Applet
  {
     private String name;
     private int num;
     public void init()
        {
         name=getParameter("varname");
         num=integer.parseInt(getParameter("varnum"));
        }
     public void paint(Graphics g)
        {
         g.drawString("欢迎"+name+"来到 Java 世界,你今年"+num+"岁
         了!",10,20);
        }
  }
```

2.4 页面实例——表格、图片与 Flash 动画的综合应用

※ 范例代码 2.11.html

```
<html>
<head>
<title>表格标志的综合示例</title>
</head>
<body>
```

```html
  <table border="1" width="80%" bgcolor="#E8E8E8" cellpadding="2"
 bordercolor="#0000FF"
 bordercolorlight="#7D7DFF" bordercolordark="#0000A0">
   <tr>
     <th width="33%" colspan="2" valign="bottom">意大利</th>
     <th width="36%" colspan="2" valign="bottom">英格兰</th>
     <th width="36%" colspan="2" valign="bottom">西班牙</th>
   </tr>
   <tr>
     <td width="16%" align="center">AC 米兰</td>
     <td width="16%" align="center">佛罗伦萨</td>
     <td width="17%" align="center">曼联</td>
     <td width="17%" align="center">纽卡斯尔</td>
     <td width="17%" align="center">巴塞罗那</td>
     <td width="17%" align="center">皇家社会</td>
   </tr>
   <tr>
     <td width="16%" align="center">尤文图斯</td>
     <td width="16%" align="center">桑普多利亚</td>
     <td width="17%" align="center">利物浦</td>
     <td width="17%" align="center">阿森纳</td>
     <td width="17%" align="center">皇家马德里</td>
     <td width="17%" align="center">……</td>
   </tr>
   <tr>
     <td width="16%" align="center">拉齐奥</td>
     <td width="16%" align="center">国际米兰</td>
     <td width="17%" align="center">切尔西</td>
     <td width="17%" align="center">米德尔斯堡</td>
     <td width="17%" align="center">马德里竞技</td>
     <td width="17%" align="center">……</td>
   </tr>
 </table>
 </body>
 </html>
```

※ **范例效果图**

范例效果如图 2.11 所示。

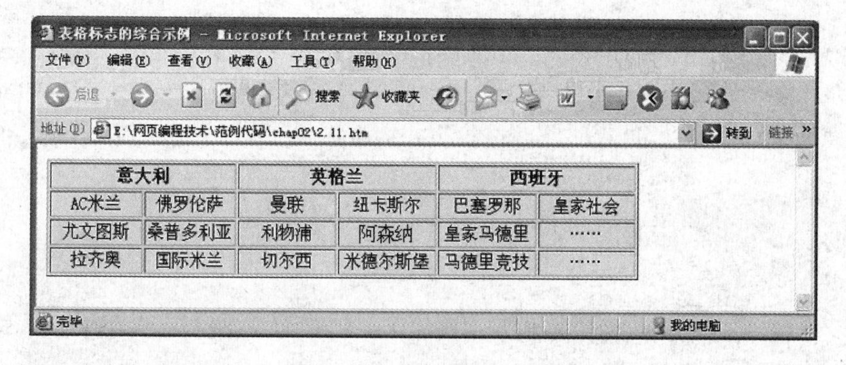

图 2.11　表格应用

※ 范例代码 2.12.html

```
<body topmargin="0">
<div id="Layer3" style="position:absolute; width:0; height:0;
z-index:2; left: 120;">
  <div id="Layer4" style="position:absolute; width:770; height:145;
z-index:1; left: 0;"></div>
  <object classid="clsid:D27CDB6E-AE6D-11cf-96B8-444553540000"
codebase="http://download.macromedia.com/pub/shockwave/cabs/flash/
swflash.cab#version=6,0,29,0" width="770" height="145">
    <param name="movie" value="image/banner2.swf">
    <param name="quality" value="high">
    <param name="wmode" value="transparent">
    <embed src="image/banner2.swf" width="770" height="145" quality=
"high" pluginspage="http://www.macromedia.com/go/getflashplayer" type=
"application/x-shockwave-flash" wmode="transparent"></embed></object>
</div>
<div align="center">
  <table width="770" border="0" cellpadding="0" cellspacing="0">
    <!--DWLayoutTable-->
    <tr>
      <td width="567" height="145" valign="top"><table width=
"100%" border="0" cellpadding="0" cellspacing="0">
          <!--DWLayoutTable-->
          <tr>
            <td width="567" height="145" valign="top" background=
"image/lian_r1_c1.jpg"><div id="Layer1" style="position:absolute;
width:0; height:0; z-index:1;">
                <div id="Layer2" style="position:absolute; width:567;
height:145; z-index:1;">
                  <div align="center">
                    <object classid="clsid:D27CDB6E-AE6D-11cf-96B8-
444553540000" codebase="http://download.macromedia.com/pub/shockwave/
cabs/flash/swflash.cab#version=6,0,29,0" width="567" height="145">
                      <param name="movie" value="image/banner11.swf">
                      <param name="quality" value="high">
                      <param name="wmode" value="transparent">
                      <embed src="image/banner11.swf" width="567"
height="145" quality="high" pluginspage="http://www.macromedia.com/go/
getflashplayer" type="application/x-shockwave-flash" wmode="transparent">
</embed></object>
                  </div>
                </div>
              </div></td>
          </tr>
        </table></td>
      <td colspan="6" valign="top"><table width="100%" border="0"
cellpadding="0" cellspacing="0">
```

```
            <!--DWLayoutTable-->
            <tr>
              <td width="203" height="145" valign="top"><img src=
"image/lian_r1_c2.jpg" width="203" height="145"></td>
            </tr>
          </table></td>
      </tr>
      <tr>
        <td rowspan="2" valign="top" background="image/car_1_r2_
c1.jpg"><div id="Layer5" style="position:absolute; width:0; height:0;
z-index:3">
            <div id="Layer6" style="position:absolute; width:428px;
height:218px; z-index:1; left: 99px; top: 56px;">
              <table width="99%" height="198" border="2" cellpadding= "0"
cellspacing="2" bordercolor="#000099">
                <tr>
                  <td width="22%" height="50"> </td>
                  <td width="27%" align="center" class="5">日本五十铃<br>
                    (430 马力 40 尺) </td>
                  <td width="26%" align="center" class="5">斯太尔王<br>
                    (310 马力 40 尺) </td>
                  <td width="25%" align="center" class="5">解放<br>
                    (280 马力 40 尺) </td>
                </tr>
                <tr>
                  <td height="34" align="center" class="text">载重量(T)</td>
                  <td align="center" class="5">40</td>
                  <td align="center" class="5">30</td>
                  <td align="center" class="5">25</td>
                </tr>
                <tr>
                  <td height="32" align="center" class="text">车长度(m)</td>
                  <td align="center" class="5">12.5</td>
                  <td align="center" class="5">12.5</td>
                  <td align="center" class="5">12.5</td>
                </tr>
                <tr>
                  <td height="32" align="center" class="5">车宽度(m)</td>
                  <td align="center" class="5">2.4</td>
                  <td align="center" class="5">2.4</td>
                  <td align="center" class="5">2.4</td>
                </tr>
                <tr>
                  <td height="34" align="center" class="5">载货限高(m)</td>
                  <td align="center" class="5">2.7</td>
                  <td align="center" class="5">2.7</td>
                  <td align="center" class="5">2.7</td>
```

```
            </tr>
          </table>
        </div>
      </div>
      <div id="Layer7" style="position:absolute; width:0; height:0;
z-index:4">
        <div id="Layer8" style="position:absolute; width:770;
height:127; z-index:1; left: 2px; top: 272px;">
          <object classid="clsid:D27CDB6E-AE6D-11cf-96B8-444553540000"
codebase="http://download.macromedia.com/pub/shockwave/cabs/flash
/swflash.cab#version=6,0,29,0" width="770" height="127">
            <param name="movie" value="image/car.swf">
            <param name="quality" value="high">
            <param name="wmode" value="transparent">
            <embed src="image/car.swf" width="770" height="127"
quality="high" pluginspage="http://www.macromedia.com/go/ getflashplayer"
type="application/x-shockwave-flash"  wmode="transparent"></embed>
</object>
        </div>
      </div></td>
    <td width="35" height="174" valign="top"><table width= "100%"
border="0" cellpadding="0" cellspacing="0">
        <!--DWLayoutTable-->
        <tr>
          <td  width="35"  height="174"  valign="top"><a  href=
"about%20us.htm"><img src="image/lian_r2_c2.jpg" width="35" height=
"174" border="0"></a></td>
        </tr>
      </table></td>
    <td width="36" valign="top"><table width="100%" border="0"
cellpadding="0" cellspacing="0">
        <!--DWLayoutTable-->
        <tr>
          <td width="36" height="174" valign="top"><a href="car.
htm"><img src="image/lian_r2_c3.jpg" width="36" height="174" border=
"0"></a></td>
        </tr>
      </table></td>
    <td width="32" valign="top"><table width="100%" border="0"
cellpadding="0" cellspacing="0">
        <!--DWLayoutTable-->
        <tr>
          <td width="32" height="174" valign="top"><a href="join.
htm"><img src="image/lian_r2_c4.jpg" width="32" height="174" border=
"0"></a></td>
        </tr>
      </table></td>
```

```
        <td width="35" valign="top"><table width="100%" border="0" cellpadding="0" cellspacing="0">
          <!--DWLayoutTable-->
          <tr>
            <td width="35" height="174" valign="top"><a href="he.htm"><img src="image/lian_r2_c5.jpg" width="35" height="174" border="0"></a></td>
          </tr>
        </table></td>
        <td width="34" valign="top"><table width="100%" border="0" cellpadding="0" cellspacing="0">
          <!--DWLayoutTable-->
          <tr>
            <td width="34" height="174" valign="top"><a href="lian.htm"><img src="image/lian_r2_c6.jpg" width="34" height="174" border="0"></a></td>
          </tr>
        </table></td>
        <td width="31" valign="top"><table width="100%" border="0" cellpadding="0" cellspacing="0">
          <!--DWLayoutTable-->
          <tr>
            <td width="31" height="174" valign="top"><a href="index.htm"><img src="image/lian_r2_c7.jpg" width="31" height="174" border="0"></a></td>
          </tr>
        </table></td>
      </tr>
      <tr>
        <td height="225" colspan="6" valign="top"><table width="100%" border="0" cellpadding="0" cellspacing="0">
          <!--DWLayoutTable-->
          <tr>
            <td width="203" height="225" background="image/car_1_r3_c2.jpg"> </td>
          </tr>
        </table></td>
      </tr>
      <tr>
        <td height="78" colspan="7" valign="top"><img src="image/78_r2_c1.jpg" width="770" height="77"></td>
      </tr>
    </table>
  </div>
  </body>
```

※ 范例效果图

范例效果如图 2.12 所示。

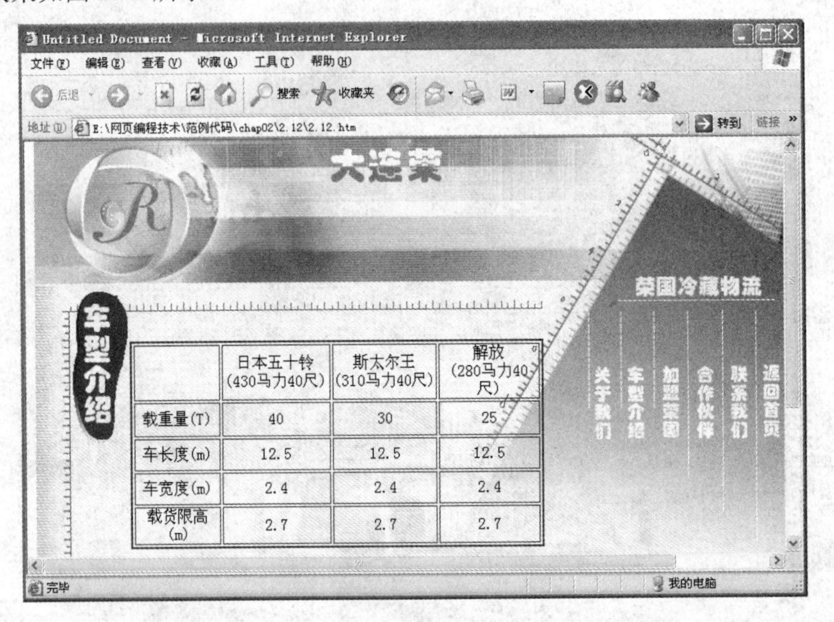

	日本五十铃(430马力40尺)	斯太尔王(310马力40尺)	解放(280马力40尺)
载重量(T)	40	30	25
车长度(m)	12.5	12.5	12.5
车宽度(m)	2.4	2.4	2.4
载货限高(m)	2.7	2.7	2.7

图 2.12　表格、图片、动画的综合应用

2.5　上机练习

1．运用所学的表格标签，设计如图 2.13 所示页面。

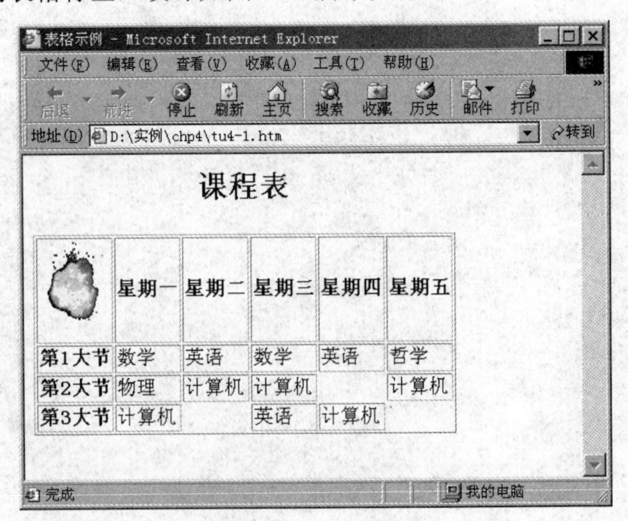

	星期一	星期二	星期三	星期四	星期五
第1大节	数学	英语	数学	英语	哲学
第2大节	物理	计算机	计算机		计算机
第3大节	计算机		英语	计算机	

图 2.13　表格应用

2．用 HTML 语言设计一张借书登记表，内容包括序号、书名、借书人、借书日期和备注。要求表格中的借书信息不得少于 5 项。

3．对上题中的表格指定表格的背景色。要求表头行部分的背景色为蓝色，表格主体部分的背景色为绿色。

4．设计如图 2.14 所示页面。

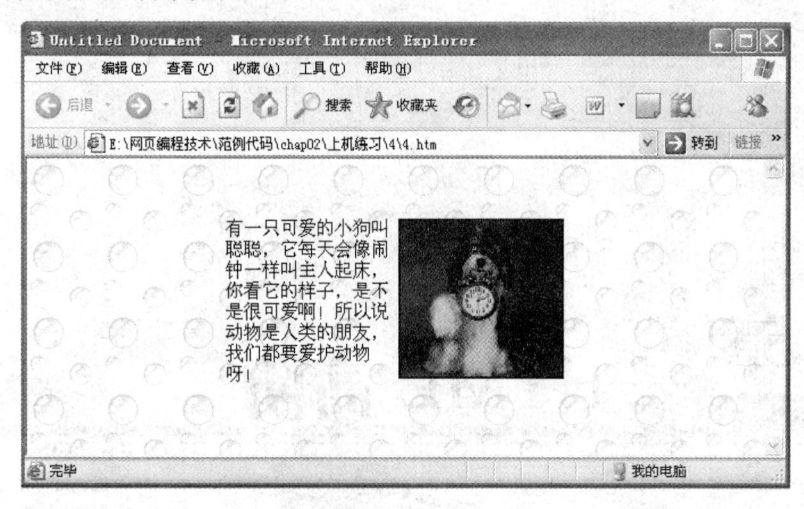

图 2.14　图片应用

第 3 章　HTML 高阶

【本章要点】

▲会使用表单的基本结构制作表单页面

▲会使用各种表单元素实现注册页面

▲能理解 post 和 get 两种提交方式的区别

▲会使用框架结构实现多窗口展示页面

3.1　表单标签

HTML 表单是 HTML 页面与浏览器端实现交互的重要手段。利用表单可以收集客户端递交的有关信息。表单由一个或多个文本输入框、可单击的按钮、多选框、下拉菜单和图像按钮等组成，所有这些都放在<form>标签中。一个文档中可以包含多个表单，而且在每个表单中可以放置主体内容。

表单可以用于调查、订购、搜索等功能。一般表单由两部分组成，一是描述表单元素的 HTML 源代码；二是客户端的脚本。表单的处理过程是：当单击表单中的提交按钮，输入在表单的信息就会上传到服务器中，然后由服务器有关的应用程序处理，或者保存到服务器中的数据库中，或者返回给客户端浏览器。

网页中经常能见到如图 3.1 所示的页面，进行用户注册的功能，页面中可以使用户录入信息的元素就是表单元素。

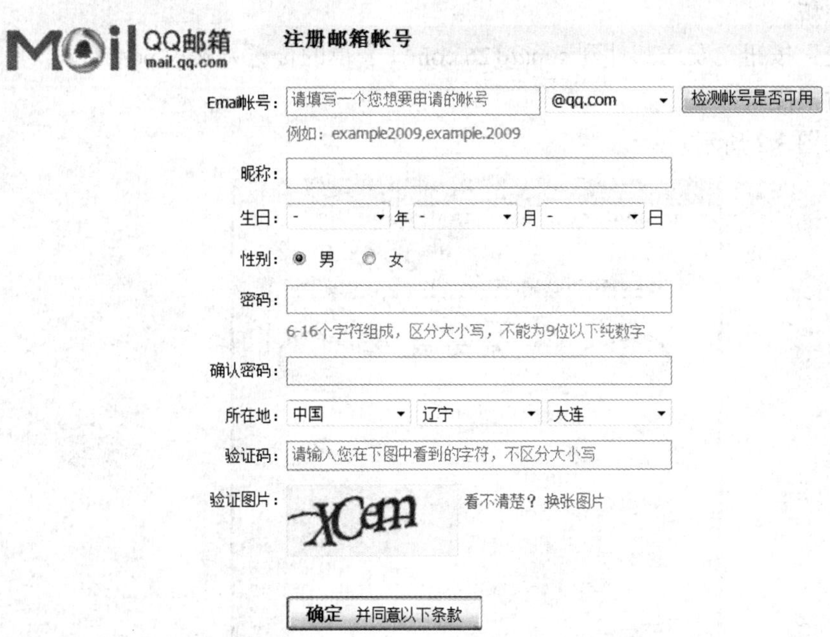

图 3.1　注册页面

※ **基本语法**：<form name=" field_name " action="URL" method="get|post">

表单标签常用的属性如表 3-1 所示。

表 3-1　<form>标签常用属性

属　　性	描　　述
Name	表单名称
Action	指定表单处理的方式
method	指定表单信息的传送方式，取值一般有两种（get 方法、post 方法）
target	设置返回信息的显示方式

一个表单用<form></form>标志来创建，即定义表单的开始和结束位置，在开始和结束标志之间的一切定义都属于表单的内容。<form>标签具有 action、method 和 target 属性。action 的值是处理程序的程序名。method 属性用来定义处理程序从表单中获得信息的方式，可取值为 get 和 post 的其中一个。get 传送的数据量较小，不能大于 2KB。post 传送的数据量较大，post 一般用于提交的信息比较大的情况下，它比 get 要安全，因为由它提交的信息不会显示在浏览器地址栏上，而 get 则用于提交信息比较小的情况，它的速度比 post 要快，但是安全性低，因为它提交的信息会在浏览器地址栏中显示出来。例如，提交密码时就不能使用 get，必须用 post。当我们提交的信息较少且对安全要求不高的时候就可以使用 get，比如百度搜索。target 属性用来指定目标窗口或目标帧。可选当前窗口_self，父级窗口_parent，顶层窗口_top，空白窗口_blank。

※ **范例代码　3.1.html**

```
<form action="mailto:sun@126.com" method="post" name="form1" id=
"form1">
  …
</form>
```

※ 代码分析

单击“提交”按钮，发送邮件到 sun@126.com，表单的传送方式为 post。

※ 范例效果图

范例效果如图 3.2 所示。

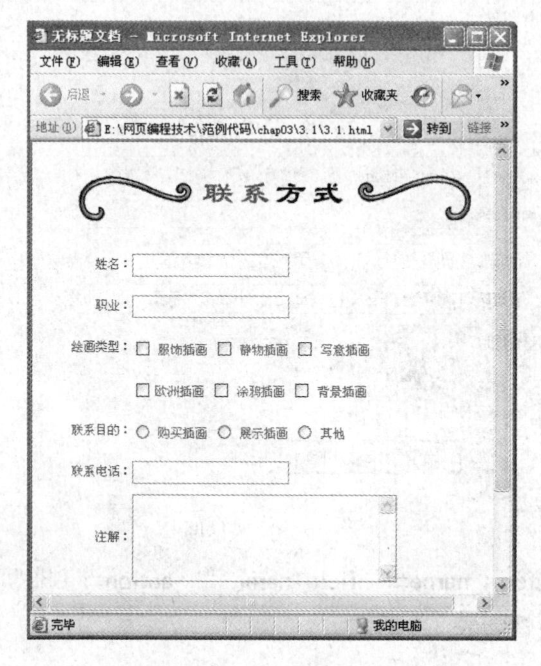

图 3.2　<form>标签应用

3.2　输入元素

输入表标签<input>是表单中最常用的标签之一。常用的文本域、密码、按钮等都会用到这个标签。

※ 基本语法：<form><input name="元素名称" type="元素类型"></form>

<input>标签属性基本有两种：name（输入元素的名称），type（输入元素的类型），由元素的类型可以确定具体是哪种表单元素。type 属性可以包含的属性值如表 3-2 所示。

表 3-2　<input>标签的 type 属性值

属　性	描　述
text	单行文本框
password	密码文本框
file	文件域
checkbox	复选框
radio	单选框
button	普通按钮
submit	提交按钮
reset	重置按钮
hidden	隐藏域
image	图像域（图像提交按钮）

3.2.1 单行文本框

※ **基本语法**：<input type="text" name="field_name" value="value1" size="value2" maxlength="value3">

可以通过添加 value 属性，指示或提醒用户该如何输入信息，如下面的例子中 value 属性值为提醒用户输入日期的格式。

例：<input type="text" value="mm/dd/yyyy" name="date" size="10">

常用的属性如表 3-3 所示。

表 3-3 单行文本框常用属性

属　性	描　述
name	名称
value	默认值
size	宽度
maxlength	最大输入字符数

※ **范例代码** 3.2.html

```
<form action="mailto:sun@126.com" method="post"  name="form1"
id="form1">
<table width="100%" border="0" cellpadding="0" cellspacing="0"
class="font">
<tr>
<td width="100" align="right">姓名：</td>
<td><input type="text" name="username" id="username" /></td>
</tr>
<tr>
<td align="right">职业：</td>
<td><input type="text" name="business" id="business" /></td>
</tr>
…
<tr>
<td align="right">联系电话：</td>
<td><input type="text" name="telephone" id="telephone" /></td>
</tr>
…
</table>
</form>
```

※ 范例效果图

范例效果如图 3.3 所示。

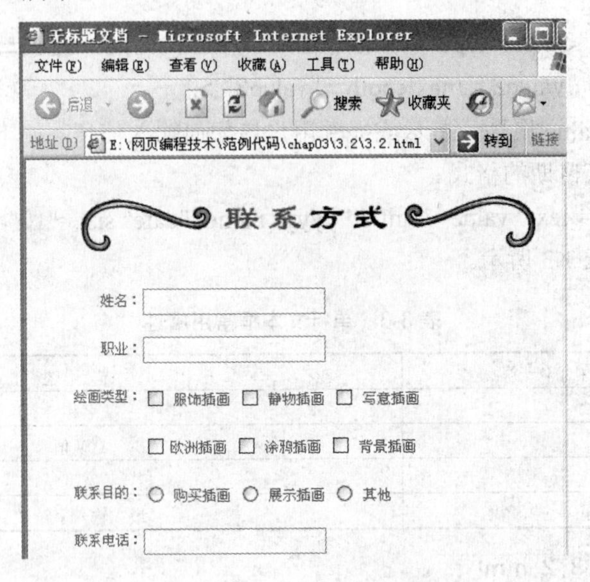

图 3.3　单行文本框应用

3.2.2　密码框

※ 基本语法：<input type="password" name=" field_name " maxlength=value1 size=value2>

密码文本框也是一个单行文本框。当站点访问者在这个框中输入数据时，大部分的 Web 浏览器都会以星号显示密码以不让别人看到用户所输入的内容。常用的属性如表 3-4 所示。

表 3-4　密码框常用属性

属　性	描　述
name	名称
maxlength	最大输入字符数
size	宽度
value	默认值

※ 范例代码　3.3.html

```
<table width="89%" border="0" cellspacing="0" cellpadding="0">
<tr>
   <td height="30" colspan="2" valign="middle" nowrap> 用户名：
     <input name="textfield" type="text" size="14"  >
   </td>
</tr>
<tr>
   <td height="30" colspan="2" valign="middle" nowrap> 密  码：
     <input name="textfield2" type="password" size="14" >
   </td>
```

```
    </tr>
    <tr align="right">
      <td width="81" height="30" valign="middle"><input type=button
value="登陆" > </td>
      <td width="82" align="left" valign="middle"> <input type=
button value="注册" ></td>
    </tr>
    </table>
    <table width="92%" border="0" cellspacing="0" cellpadding="0">
    <tr>
      <td nowrap>关健字:<input name="textfield3" type="text" size=
"14" ></td>
    </tr>
    <tr>
      <td nowrap>品  牌:<input name="textfield4" type=
"text" size="10" >
    搜索 </td>
    </tr>
    <tr>
      <td align="center" nowrap>  </td>
    </tr>
    </table>
```

※ 范例效果图

范例效果如图 3.4 所示。

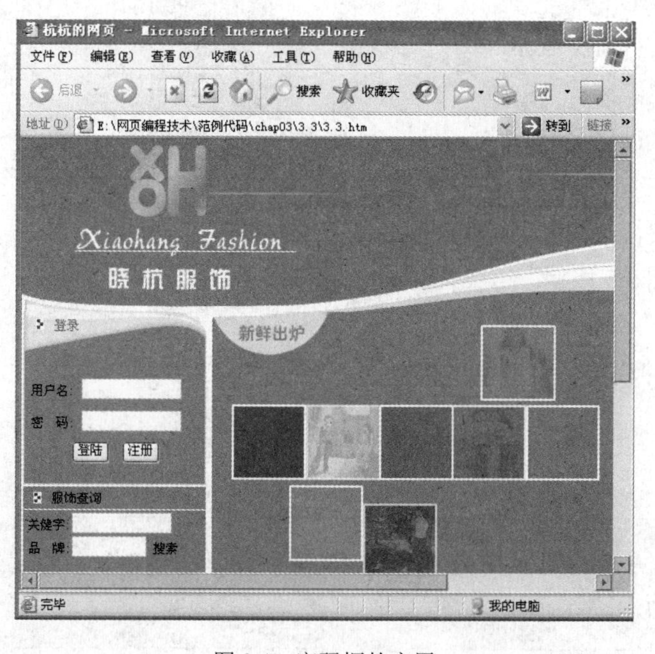

图 3.4 密码框的应用

3.2.3 单选按钮

※ 基本语法：<input type="radio" name=" field_name " value="value" checked >

表单中添加单选按钮可以让站点访问者从一组选项中选择其中之一。checked 表示此项被默认选中，value 表示选中项目后传送到服务器端的值。单选按钮常用的属性如表 3-5 所示。

表 3-5 单选按钮常用属性

属　性	描　述
name	单选按钮的名称
value	提交时的值
checked	当第一次打开表单时该单选按钮处于选中状态。该单选按钮被选中，值为 true，否则为 false。该属性是可选的

例如：

```
<input type "radio" name="city" value="beijing" checked>北京
<input type "radio" name="city" value="shanghai" checked>上海
<input type "radio" name="city" value="nanjing" checked>南京
```

※ 范例代码 3.4.html

```
…
<tr>
<td align="right">联系目的：</td>
<td><input type="radio" name="buy" id="buy" value="buy" />购买插画
<input type="radio" name="layout" id="layout" value="layout" />
展示插画
<input type="radio" name="other" id="other" value="other" />其他
</td>
</tr>
…
```

※ 范例效果

范例效果如图 3.5 所示。

联系目的：○ 购买插画 ○ 展示插画 ○ 其他

图 3.5 单选按钮

> 注意：若干个名称相同的单选按钮构成一个单选按钮组，在该组中只能同时选中一个选项。

3.2.4　复选框

※ 基本语法：<input type="checkbox" name="field_name" value="value" checked >

表单中添加复选框可以让站点访问者去选择一个或多个选项或不选项。复选框常用的属性如表 3-6 所示。

表 3-6　复选框的常用属性

属　性	描　述
Name	复选框的名称
Value	提交时的值
Checked	当第一次打开表单时该复选框处于选中状态。该复选框被选中，值为 true，否则为 false。该属性是可选的

例：

```
<input type="checkbox" name="M1" checked value="rock">摇滚乐
<input type="checkbox" name="M2" checked value="jazz">爵士乐
<input type="checkbox" name="M3" checked value="pop">流行乐
```

※ 范例代码　3.5.html

```
<tr>
<td align="right">绘画类型: </td>
<td>
<input type="checkbox" name="finery" id="finery" />服饰插画
<input type="checkbox" name="stilllife" id="stilllife" /> 静物插画
<input type="checkbox" name="enjoyable" id="enjoyable" />写意插画
</td>
</tr>
<tr>
<td align="right"> </td>
<td><input type="checkbox" name="Europe" id="Europe" />欧洲插画
<input type="checkbox" name="doodle" id="doodle" />涂鸦插画
<input type="checkbox" name="background" id="background" />背景插画
</td>
</tr>
```

※ 范例效果图

范例效果如图 3.6 所示。

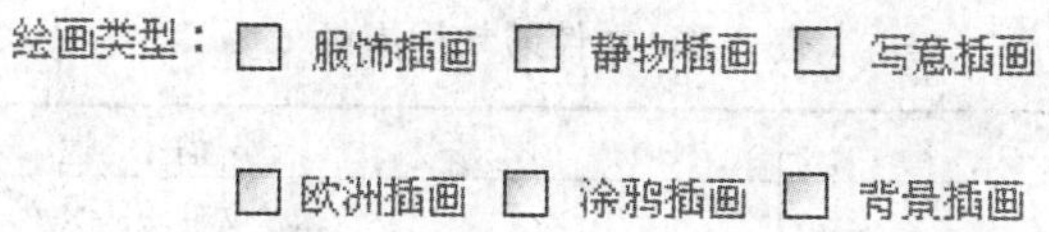

绘画类型：☐ 服饰插画 ☐ 静物插画 ☐ 写意插画

☐ 欧洲插画 ☐ 涂鸦插画 ☐ 背景插画

图 3.6　复选框

3.2.5 按钮

※ 基本语法：<input type="submit | reset | button" name="field_name" value="button_text">

使用 input 标签可以在表单中添加 3 种类型的按钮：提交按钮、重置按钮和自定义按钮。

按钮常用的属性如表 3-7 所示。

表 3-7 按钮常用的属性

属　性	描　述
type	Button：创建一个自定义按钮。在表单中添加自定义按钮时，为了赋予按钮某种操作，必须为按钮编写脚本
	Submit：用于将整个表单中输入的信息传送到由<form>标记中 action 属性指定的对象
	Reset：如果输入信息有误，用重置按钮可取消表单中的输入信息，使表单恢复成初始状态
name	按钮的名称
value	显示在按钮上的标题文本

※ 范例代码 3.6.html

```
<tr>
<td height="100" colspan="2" align="center"><input type="submit"
name="button" id="button" value="提交" />
<input type="reset" name="button2" id="button2" value="重置"
/></td>
</tr>
```

※ 范例效果图

范例效果如图 3.7 所示。

图 3.7 按钮

3.2.6 文件域

※ 基本语法：<input type="file" name="field_name">

文件域由一个文本框和一个“浏览”按钮组成，用户既可以在文本框中输入文件的路径和文件名，也可以通过单击“浏览”按钮从磁盘上查找和选择所需文件。文件域常用的属性如表 3-8 所示。

表 3-8 文件域常用属性

属　性	描　述
name	文件域的名称
value	初始文件名
size	文件名输入框的宽度

※ 范例代码　3.7.html

```
<form action="" method="post" enctype="multipart/form-data" name=
"form1">
<p>
<input name="textfield" type="text" value="单行文本域" size="43"
maxlength="30">
</p>
<p>
<input name="textfield2" type="password" value="密码域" size="43"
maxlength="30">
</p>
<p>
<textarea name="textarea" cols="42" rows="4">多行文本域
</textarea>
</p>
<p>
<input type="radio" name="radiobutton" value="radiobutton">
<input type="checkbox" name="checkbox" value="checkbox">
<select name="select">
<option>--请选择--</option>
<option>下拉菜单一</option>
<option>下拉菜单二</option>
<option>下拉菜单三</option>
</select>
</p>
<p>
<input name="file" type="file" size="33">
</p>
<p>
<input type="submit" name="Submit" value="确定传送">
<input name="imageField" type="image" src="images/jiao.gif" width=
"80" height="20" border="0">
</p>
</form>
```

※ 范例效果图

范例效果如图 3.8 所示。

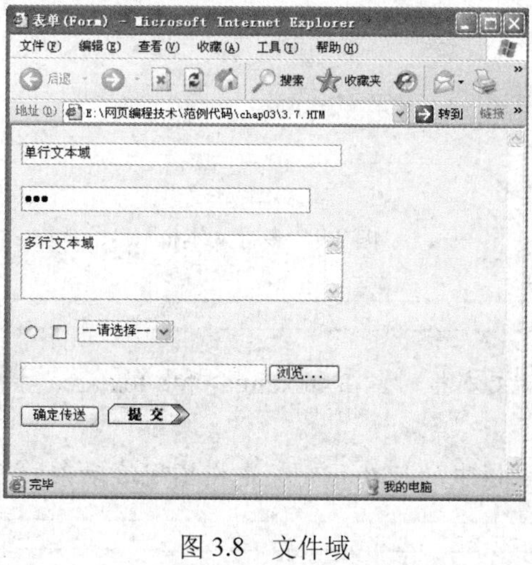

图 3.8　文件域

3.2.7 隐藏域

※ **基本语法**：<input type="hidden" name="field_name" value="value">

用户是看不到隐藏域的，但单击“提交”按钮后，隐藏域的值也会被传送出去。隐藏域往往用来传递一些无须用户输入或知道的内容。

3.3 多行文本框

在意见反馈栏中往往需要浏览者发表意见和建议，提供的输入区域一般较大，可以输入较多的文字。使用多行文本框可以设置允许多于一行的文字的输入。

※ **基本语法**：<textarea name="name" rows=value cols=value value="value">
</textarea>

多行文本框常用的属性如表 3-9 所示。

表 3-9 多行文本框的属性

属　性	描　述
name	名称
rows	行数
cols	列表
value	默认值
readonly	只读，内容不被用户修改

※ **范例代码　3.8.html**

```
<textarea name="textarea" id="textarea" cols="30" rows="5">
</textarea>
```

※ **范例效果图**

范例效果如图 3.9 所示。

图 3.9 多行文本框

> 注意 1：创建多行文本框时，在<textarea>和</textarea>标记之间输入的文本将作为该控件的初始值。
>
> 注意 2：多行文本框中的行数和列数是指不用滚动条就可以看到的部分。

3.4 下拉列表和列表框

当浏览者选择的项目较多时，如果使用复选框来选择，占页面的区域就会较多。可以用<select>标记和<option>标记来设置下拉列表或者列表框。其中下拉列表又可以称作为菜单，菜单是一种最节省空间的方式，正常状态下只能看到一个选项，单击按钮打开菜单后才能看到最全的选项。列表框可以显示一定数量的选项，如果超出了这个数量，会自动出现滚动条，浏览者可以通过拖动滚动条来查看各个选项。

※ 基本语法：

```
<select name="name" size="value" multiple>
    <option value="value" selected>选项 1</option>
    <option value="value">选项 2</option>
    …
</select>
```

下拉列表和列表框的常用属性如表 3-10 所示。

表 3-10 下拉列表和列表框的属性

属　性	描　述
name	菜单和列表的名称
size	显示的项目数目
multiple	列表中的选项为多选
value	选项值
selected	默认选项

例：

```
<select name="music" size="4" multiple>
      <option value="rock" selected>摇滚乐</option>
      <option value="pop" >流行乐</option>
      <option value="jazz" >爵士乐</option>
      <option value="nation" >民族乐</option>
</select>
<BR/>
<select name="city">
      <option value="beijing" selected>北京</option>
      <option value="shanghai" >上海</option>
      <option value="nanjing" >南京</option>
      <option value="guangzhou" >广州</option>
</select>
```

※ 范例代码　3.9.html

```
<select name="idtype" class="style5">
    <option value=1>身份证</option>
    <option value=2>失业证</option>
    <option value=3>离休证</option>
    <option value=4>护照</option>
    <option value=5>签证</option>
    <option value=6>学生证</option>
    <option value=7>户口簿</option>
    <option value=8>军官证</option>
    <option value=9>军官退休证</option>
    <option value=10>驾照</option>
    <option value=11>出生证</option>
    <option value=12>其他</option>
</select>
```

※ 范例效果图

范例效果如图 3.10 所示。

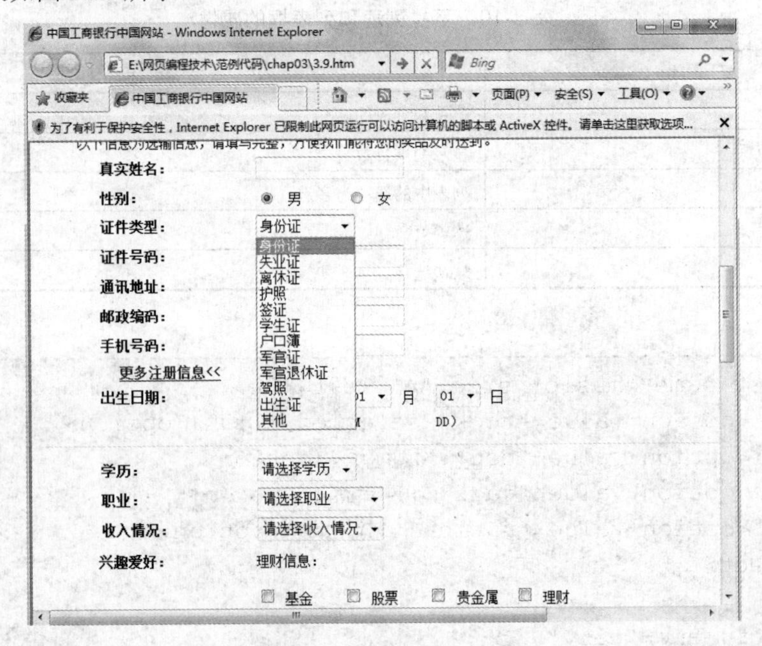

图 3.10　下拉列表和列表框

3.5　框架标签

框架就是把一个浏览器窗口划分为若干个小窗口，每个窗口可以显示不同的 html 网页。使用框架可以非常方便地在浏览器中同时浏览不同的页面效果，也可以非常方便地完成导航工作。

3.5.1 框架集<frameset>

框架主要包括两个部分，一个是框架集，另一个是框架。一个被划分成若干框架的窗口区域被称为框架集，框架窗口必须定义在框架集中，框架集定义了一个窗口中显示的框架数、框架的尺寸和载入到框架的网页等。

※ **基本语法**：

```
<html>
<head>
</head>
<frameset>
    <frame src="url 地址 1">
    <frame src="url 地址 2">
    ……
<frameset>
    </html>
```

框架集的主要属性如表 3-11 所示。

表 3-11 <frameset>标签的常用属性

属　性	描　述
border	设置边框的粗细，默认是 5 像素
bordercolor	设置边框的颜色
frameborder	指定是否显示边框 ："0"代表不显示边框，"1"代表显示边框
cols	用"像素数" 和 "%"分割左右窗口,"*"表示剩余部分
rows	用"像素数" 和 "%"分割上下窗口,"*"表示剩余部分
framespacing="5"	表示框架与框架间的保留空白的距离
noresize	设定框架不能够调节，只要设定了前面的框架属性，后面的将继承该属性

左右分割窗口属性 cols：如果想要在水平方向将浏览器分割成多个窗口，这需要使用到框架集的左右分割窗口属性 cols。分割几个窗口其 cols 的值就有几个，值的定义为宽度，可以是数字（单位为像素），也可以是百分比和剩余值。各值之间用逗号分开。其中剩余值用"*"号表示，剩余值表示所有窗口设定之后的剩余部分，当"*"只出现一次时，表示该子窗口的大小将根据浏览器窗口的大小自动调整，当"*"出现一次以上时，表示按比例分割剩余的窗口空间。

例如：

```
<frameset cols="40%,40%,*">       将窗口分为 40%，40%，20%
<frameset cols="100,200,*">       将窗口分为 100 像素，200 像素，剩余部分
<frameset cols="100,*,*">         将 100 像素以外的窗口平均分配
<frameset cols="*,*,*">           将窗口分为三等份
```

上下分割窗口属性 rows 与 cols 属性的设置基本一致。

※ 范例代码 3.10.html

```
<html xmlns="http://www.w3.org/1999/xhtml">
<head>
<meta  http-equiv="Content-Type"  content="text/html;  charset=
utf-8" />
</head>
<frameset cols="266,41,*" frameborder="no" border="0" framespacing=
"0">
    <frame src="banner.html" name="leftFrame" scrolling="No">
    <frame src="dht.html" name="leftFrame1" scrolling="No" noresize=
"noresize">
    <frame src="main.html" name="mainFrame" id="mainFrame" scrolling=
"yes" />
</frameset>
<noframes>
</noframes>
</html>
```

※ 代码分析

<frameset>将窗口划分成左中右三个框架，左边的框架宽度为 266 像素，中间的框架宽度为 41 像素，右边的框架宽度为浏览器的剩余部分宽度。

※ 范例效果图

范例效果如图 3.11 所示。

图 3.11　左右框架集

3.5.2　框架标签<frame>

<frame>标签放在<frameset>和</frameset>标签之间，用来定义某一个具体的框架窗口。窗口的属性都是通过<frame>标签设置的。<frame>是个单标签，<frame>标签要放在框架集<frameset>中，<frameset>设置了几个子窗口就必须对应几个<frame>标签，框架的主要属性如表 3-12 所示。

表 3-12　<frame>标签的常用属性

属　　性	描　　述
src	框架窗口显示的网页路径
bordercolor	设置边框颜色
frameborder	指示是否要边框，1 为显示边框，0 为不显示（不提倡用 yes 或 no）
border	设置边框粗细
name	指示框架名称,是连结标记的 target 所要的参数
scorlling	指示是否要滚动条,auto 根据需要自动出现,Yes 有,No 无
marginwidth	设置内容与窗口左右边缘的距离，默认为 1
marginheight	设置内容与窗口上下边缘的边距，默认为 1
width	框窗的宽及高，默认为 width="100" height="100"
align	可选值为 left, right, top, middle, bottom

※ **范例代码　3.11.html**

```
<frameset cols="266,41,*" frameborder="no" border="0" framespacing="0">
    <frame src="banner.html" name="leftFrame" scrolling="No">
    <frame src="dht.html" name="leftFrame1" scrolling="No" noresize=
"noresize">
    <frame src="main.html" name="mainFrame" id="mainFrame" scrolling=
"yes" />
</frameset>
```

※ **代码分析**

<frame>标签中属性 src 指定要显示的页面分别是 banner.html,dht.html 和 main.html,属性 name 指定框架的名称分别为 leftFrame,leftFrame1 和 mainFrame，属性 scrolling 定义是否有滚动条，因为 main.html 是主体内容页面，所以定义 scrolling 属性值为 yes,即框架窗口中包含滚动条，使用户可以看到完整的页面。

注意：<frame>标签必须包含 name 属性和 src 属性。

3.5.3　浮动框架<iframe>

<iframe>标签称为浮动框架标签，浮动框架是一种特殊的框架页面，即是在浏览器窗口中，通过浮动框架显示其他页面的内容。<iframe>和</iframe>标签不需要放在<frameset>和</frameset>标签之间，<iframe>属性的用法与<frame>类似，这里不再赘述。

※ **范例代码　3.12.html**

```
<html>
<head>
</head>
<body>
<iframe id="news" src="page-1.htm" name="news" styles="width:334;
height:100%;" frameborder="no" border="0" framespacing="0"></iframe>
</body>
</html>
```

※ 范例效果图

范例效果如图 3.12 所示。

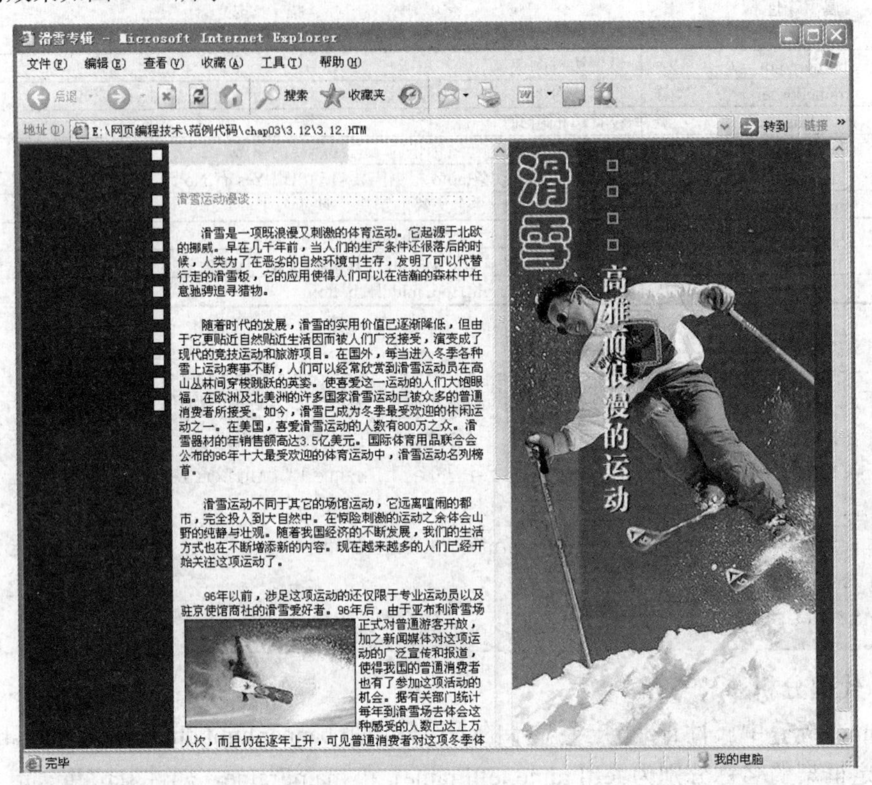

图 3.12　浮动框架

3.5.4　不支援框架<noframes>

<noframes></noframes>标签，即使在做框架集网页时没有这对标签，文件在很多浏览器解析时也会自动生成<noframes>标签，这对标签的作用是当浏览者使用的浏览器太旧，不支援框架这个功能时，他看到的将会是一片空白。为了避免这种情况，可使用 <noframes>这个标签，当使用的浏览器看不到框架时，他就会看到 <noframes> </noframes>之间的内容，而不是一片空白。

3.6　页面实例——制作注册页面

※ 范例代码　3.13.html

```
<body>
…
<table width="950" border="0" cellspacing="0" cellpadding="0">
  <tr>
    <td valign="top"><img src="images/SKYN_11.gif" width="225"
height="281" /></td>
```

```
        <td width="675" valign="top">
         <iframe width="675" height="400" src="lxfs.html" frameborder=
"0" marginheight="0" marginwidth="0" scrolling="no">
       </iframe>
      </td>
       <td  valign="top"><img  src="images/SKYN_13.gif"  width="50"
height="298" /></td>
     </tr>
   </table>
   …
   </body>
```

lxfs.html 页面代码

```
   <body>
   …
   <form action="mailto:zhengps@126.com" method="post" enctype="text/
plain" name="form1" id="form1">
   <table  width="95%"  border="0"  align="center"  cellpadding="0"
cellspacing="0" class="font1">
     <tr>
       <td width="100" align="right">姓    名: </td>
       <td><input type="text" name="textfield" id="textfield" /></td>
     </tr>
     <tr>
       <td width="100" align="right">工作性质: </td>
       <td><input type="text" name="textfield2" id="textfield2" /></td>
     </tr>
     <tr>
       <td width="100" align="right">别墅型号:  </td>
       <td><input type="radio" name="radio" id="radio" value="radio" />
           山景电梯洋房
           <input type="radio" name="radio2" id="radio2" value="radio2" />
           山景洋房
           <input type="radio" name="radio3" id="radio3" value="radio3" />
           叠墅</td>
     </tr>
     <tr>
        <td width="100" align="right">购买方式: </td>
        <td><select name="select" id="select">
            <option selected="selected">一次性购买</option>
            <option>分期购买</option>
           </select>
         </td>
       </tr>
       <tr>
         <td width="100" align="right">联系电话:  </td>
         <td><input type="text" name="textfield3" id="textfield3" /></td>
       </tr>
       <tr>
```

```
            <td width="100" align="right">注    释: </td>
          <td><textarea name="textarea" id="textarea" cols="30" rows=
          "5"></textarea></td>
        </tr>
        <tr>
          <td height="40" colspan="2" align="center" valign="bottom">
            <input type="submit" name="button" id="button" value="提交" />
            <input type="reset" name="button2" id="button2" value="重置
            " /></td>
         </tr>
    </table>
    </form>
    </body>
```

※ 范例效果图

范例效果如图 3.13 和图 3.14 所示。

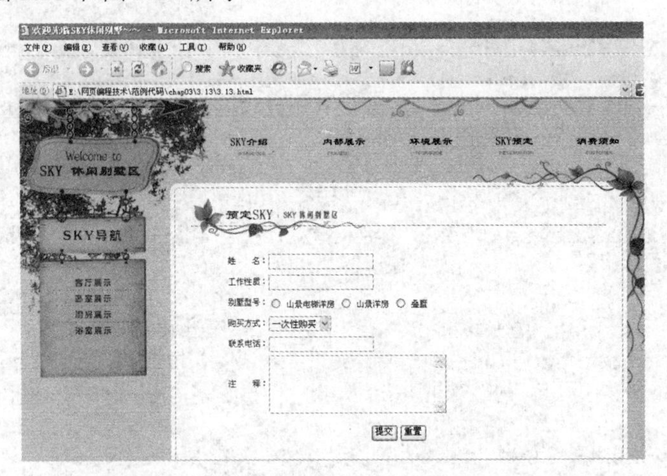

图 3.13　注册页面

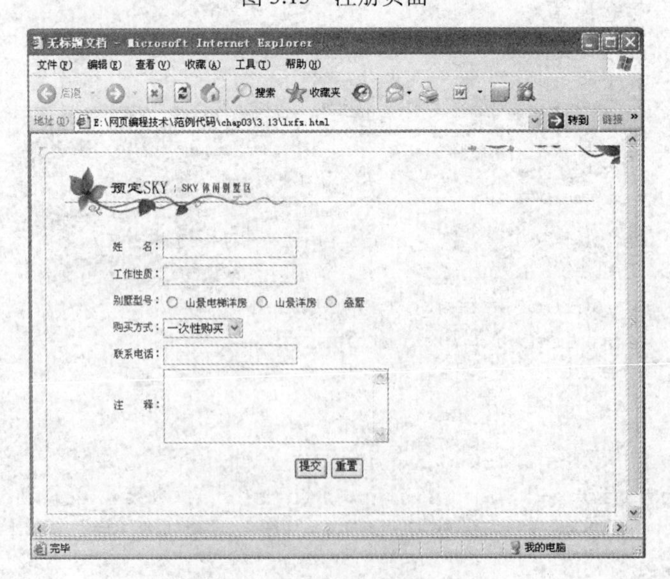

图 3.14　注册页面

3.7　上机练习

1．制作如图 3.15 所示页面，注意表单元素的定义。

2．制作如图 3.16 所示页面，部门包括财务部、人事部、开发部和测试部，消费项目包括用餐、住宿和材料。

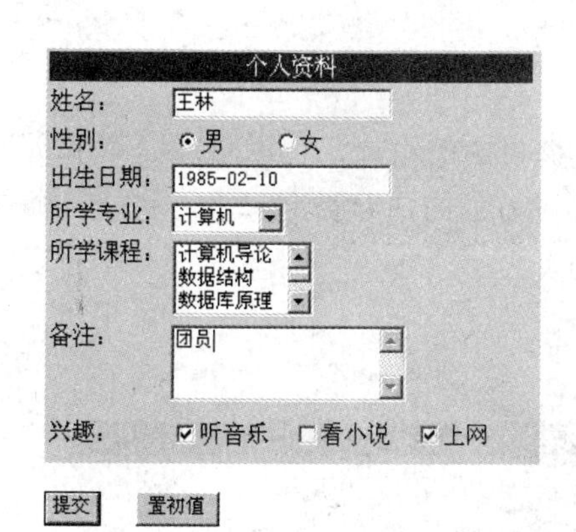

图 3.15　个人资料注册页面

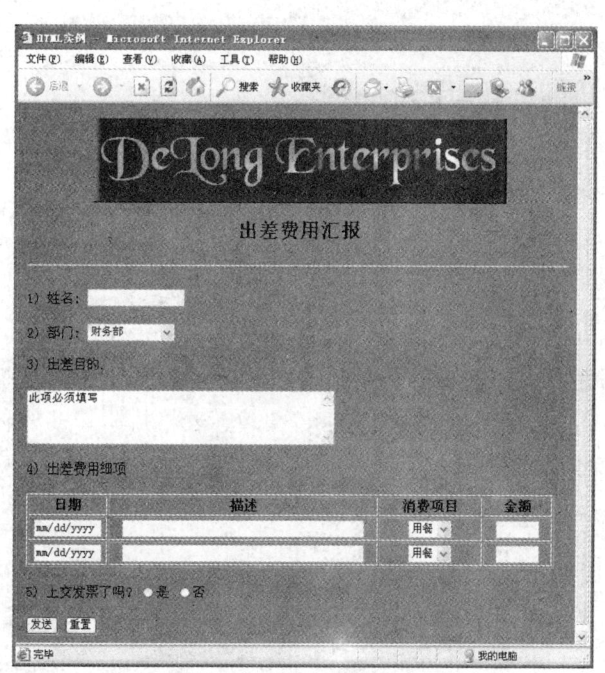

图 3.16　出差费用汇报

3．设计如图 3.17 所示页面，实现客户询价功能，注意表格的定义，使页面排版更合理。

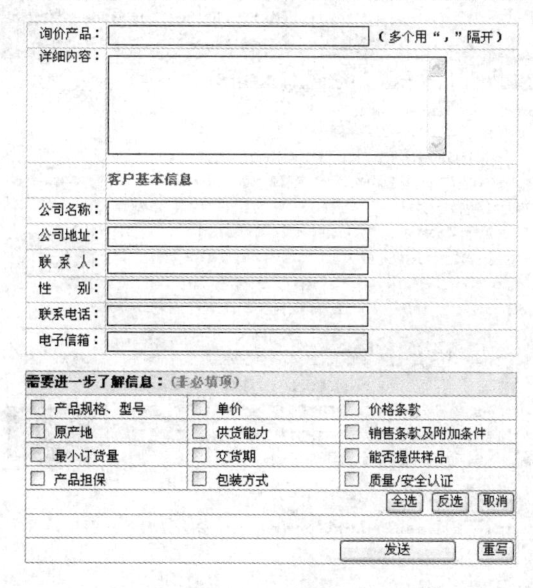

图 3.17　客户询价

第 4 章 HTML 综合案例

【本章要点】

▲综合运用所学的 HTML 知识，制作完整的 HTML 页面

下面的页面是某公司网站的公司简介页面，通过该页面的设计，可以将前面章节所学习的关于 HTML 的文字、图片、表格排版、多媒体等各方面的内容贯穿起来，完成一个具体页面的设计。

※ 范例效果图

范例效果图如图 4.1 所示。

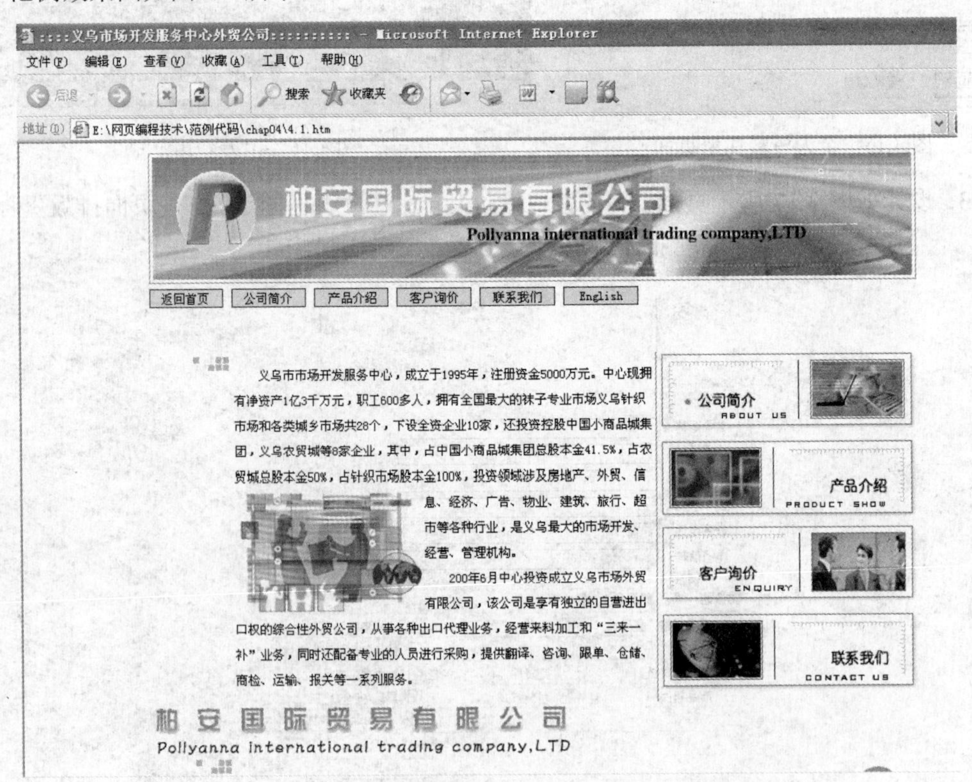

图 4.1　公司简介

※ 范例代码 4.1.html

```
1.<!DOCTYPE HTML PUBLIC "-//W3C//DTD HTML 4.0 Transitional//EN">
2.<HTML><HEAD><TITLE>::::义乌市场开发服务中心外贸公司:::::::::</TITLE>
3.<META content="text/html; charset=gb2312" http-equiv=Content-Type>
4.<META content="MSHTML 5.00.3700.6699" name=GENERATOR></HEAD>
5.<BODY leftMargin=0 topMargin=10>
6.<TABLE align=center border=0 cellPadding=0 cellSpacing=0 height= 196
width=734>
7.<TBODY>
8.<TR>
9.<TD height=21 width=734>
10.<TABLE bgColor=#999999 border=0 cellPadding=3 cellSpacing=1
width=542>
11.<!--DWLayoutTable-->
12.<TBODY>
13.<TR>
14.<TD width="638" height=116 valign="top" bgColor=#ffffff>
15.<object classid="clsid:D27CDB6E-AE6D-11cf-96B8-444553540000"
codebase="http://download.macromedia.com/pub/shockwave/cabs/fl
ash/swflash.cab#version=6,0,29,0" width="740" height="116">
16. <param name="movie" value="logo1.swf">
17. <param name="quality" value="high">
18.<embed src="logo1.swf" quality="high"
pluginspage="http://www.macromedia.com/go/getflashplayer" type=
"application/x-shockwave-flash" width="740" height="116">
19. </embed>
20. </object>
21. </TD>
22. </TR>
23. </TBODY>
24. </TABLE></TD></TR>
25. <TR>
26. <TD height=24>
27. <IMG border=0 height=24 src="images/menu.gif" useMap=#Map
width=500>
28. <MAP name=Map>
29. <AREA coords=81,5,154,22 href="jianjie.htm" shape=RECT>
30. <AREA coords=162,5,235,22 href="products.asp" shape=RECT>
31. <AREA coords=243,5,316,22 href="xunjia.asp" shape=RECT>
32. <AREA coords=324,5,397,22 href="link.htm" shape=RECT>
33.<AREA coords=405,5,478,22 href="http://www.ywcftc.com/index_
en.htm" shape=RECT>
34.<AREA coords=1,5,73,23 href="index.htm" shape=RECT>
35.</MAP></TD></TR>
36.<TR>
37.<TD height=40> </TD></TR>
```

```
38.<TR>
39.<TD height=34>
40.<TABLE border=0 cellPadding=0 cellSpacing=0 width="100%">
41.<TBODY>
42.<TR>
43.<TD vAlign=top width="11%">
44.<IMG height=50 src="images/about_17.gif" width=80></TD>
45.<TD style="FONT-SIZE: 12px; LINE-HEIGHT: 200%"
width="56%">    义乌市市场开发服务中心，成立于1995年，注册资金5000万元。中心现拥有净资产1亿3千万元，职工600多人，拥有全国最大的袜子专业市场义乌针织市场和各类城乡市场共28个，下设全资企业10家，还投资控股中国小商品城集团，义乌农贸城等 8 家企业，其中，占中国小商品城集团总股本金41.5%，占农贸城总股本金50%，占针织市场股
46.<IMG align=left height=115 src="images/about.jpg" width=180>本金100%，投资领域涉及房地产、外贸、信息、经济、广告、物业、建筑、旅行、超市等各种行业，是义乌最大的市场开发、经营、管理机构。<BR>    200年6月中心投资成立义乌市场外贸有限公司，该公司是享有独立的自营进出口权的综合性外贸公司，从事各种出口代理业务，经营来料加工和"三来一补"业务，同时还配备专业的人员进行采购，提供翻译、咨询、跟单、仓储、商检、运输、报关等一系列服务。<BR></TD>
47.<TD style="BORDER-LEFT: #999999 1px solid" vAlign=top>
48.<IMG height=78 src="images/about1.jpg" width=253><BR>
49.<A href="http://www.ywcftc.com/product.htm">
50.<IMG border=0 height=85 src="images/about2.jpg" width= 253></A><BR>
51.<A href="http://www.ywcftc.com/orderonlie.htm">
52.<IMG border=0 height=78 src="images/about3.jpg" width=253></A><BR>
53.<A href="http://www.ywcftc.com/contact.htm">
54.<IMG border=0 height=85 src="images/about4.jpg" width=253></A>
</TD></TR>
55.<TR>
56.<TD colSpan=3 height=44 vAlign=top>
57.<img src="images/text.jpg" width="474" height="51"></TD></TR>
58.<TR><TD height=83 vAlign=top>
59.<IMG height=50 src="images/about_17.gif" width=80></TD>
60.<TD colSpan=2 align=center valign="middle" style="FONT-SIZE:
10px">
61.<div align="right">
62.<IMG height=48  src="images/logo.gif" width=80><BR>
63.<FONT color=#0033cc face="Arial, Helvetica, sans-serif">Copyright
2000 JiaYing &copy;,
All Rights Reserved.Designed by TianHu Supported by
64.<A href="http:/ /www.yw.zj.cn/" target=_blank>
65.<FONT color=#0033cc>yw.zj.cn</FONT></A></FONT></div></TD>
66.</TR></TBODY></TABLE></TD></TR></TBODY></TABLE></BODY></HTML>
```

※ 代码分析

1．第 1 行中 DOCTYPE 是 Document Type 的简写。主要用来说明网页中使用的 XHTML 或者 HTML 是什么版本。浏览器根据 DOCTYPE 定义的 DTD（文档类型定义）来解释页面代码。

2．第 2 行定义网页的标题。

3. 第 3～4 行中定义 content 属性提供页面内容的相关信息，指明文档类型为文本类型。charset 定义字符集，提供网页的编码信息，浏览器根据这行代码选择正确的语言编码，GB2312 表示定义网页内容使用标准简体中文显示。

4．第 5 行定义页面的左边距为 0 像素，上边距为 10 像素。

5．第 6 行定义表格的对齐方式为居中对齐，边线为 0 像素，单元格与单元格之间的间距为 0 像素，单元格与单元格内容的间距为 0 像素，表格高度为 196 像素，宽度为 734 像素。

6．第 10 行定义嵌套表格的背景色为#999999，边线为 0 像素，单元格与单元格内容的间距为 3 像素，单元格之间的间距为 1 像素，宽度为 542 像素。

7．第 15～20 行，表示在页面中插入 Flash 文件 logo1.swf。

8．第 27～35 行，表示插入图片，边线为 0 像素，高度为 24 像素，宽度为 500 像素，并给图片加上热点，并定义每个热点的大小、形状，以及要链接到的具体页面。

9．第 45 行定义单元格的样式为字体大小为 12 像素，行高为 200%，此部分在后面章节中会详细介绍。

10．第 46 行表示插入图片，对齐方式为左对齐。

11．第 47～55 行表示插入四张图片，分别超链接到具体的页面。

第二篇

CSS 语言篇

CSS 是 Cascading Style Sheet 的缩写，中文名称为“层叠样式表”，简称样式表。它是目前唯一一个网页页面排版样式标准。本篇完整介绍了 CSS 的设计思想、关键概念，特别是对 CSS 的各种属性和属性值做了详细的解释和分析。本篇最后一章的综合案例将 CSS 的语法串联起来，制作了一个完整的页面样式案例。

第 5 章 CSS 基础

【本章要点】

▲CSS 层叠样式表的基本语法：

▲CSS 层叠样式表分类

▲CSS 层叠样式表选择器分类

CSS 是 Cascading Style Sheet 的缩写，也称为“层叠样式表”，是用于（增强）控制网页样式并允许将样式信息与网页内容分离的一种标记性语言。CSS 的出现，使得我们可以将网页代码与样式定义分离开来，从而为以后的页面样式更新提供更多的方便，不再像以前那样，为了修改网页中某一处的样式而在源代码中苦苦寻觅。有了 CSS，我们就可以达到“一处改动，全站皆变”的效果，极大地提高了工作效率。

5.1 CSS 简介

1996 年底诞生了一种叫做样式表（Style Sheets）的技术，全称是层叠样式表（Cascading Style Sheets——简称 CSS）。此技术对布局、字体、颜色、背景和其他文图效果实现更加精确的控制：

- 只通过修改一个文件就可改变页数不定的网页的外观和格式；
- 在所有浏览器和平台之间的兼容性；
- 更少的编码、更少的页数和更快的下载速度。

除了还不能全面支持我们常用的大多数浏览器之外，CSS 在实现其他方面已相当出色。CSS 改变了我们制作样式表的方法，它为大部分的网页创新奠定了基石。

5.1.1 CSS 的特点

CSS 具有以下特点：

1. 将格式和结构分离

HTML 语言定义了网页的结构和各要素的功能，而层叠样式表通过将定义结构的部分和定义格式的部分分离，使用户能够对页面的布局施加更多的控制。HTML 仍可以保持简单明了的初衷。CSS 代码可以独立出来，从另一角度来控制页面的外观。

2. 控制页面布局

HTML 语言对页面总体上的控制很有限。如精确定位、行间距或字间距等，这些都可以通过 CSS 来完成。

3. 制作体积更小下载更快的网页

样式表只是简单的文本，它不需要图像、执行程序及插件。使用层叠样式表可以减少表格标签及其他加大 HTML 体积的代码，还可以减少图像数量从而减小文件大小。

4. 更细速度快

没有样式表时，如果想更新整个站点中所有主体文本的字体，必须一页一页修改每张网页。样式表的主旨就是将格式和结构分离。利用样式表，可以将站点上所有的网页都指向单一的一个 CSS 文件，只要修改 CSS 文件中的某一行，那么整个站点都会随之发生变动。

5.1.2 CSS 基本语法

为了更好地理解样式表的作用，我们先看一个 CSS 的应用实例。在本例子中，我们很容易对比出使用和未使用 CSS 的前后两个网页的区别。现在可能读不懂 CSS 部分的代码，我们会在稍后进行介绍。

※ 范例代码 5.1.html

```
<HTML>
<HEAD>
<TITLE>我的第一个样式表</TITLE>
</HEAD>
<BODY>
<H1>样式表：设计网页的得力助手</H1>
<P>感到惊奇吧，朋友！</P>
</BODY>
</HTML>
```

※ **范例效果图**

范例效果如图 5.1 所示。

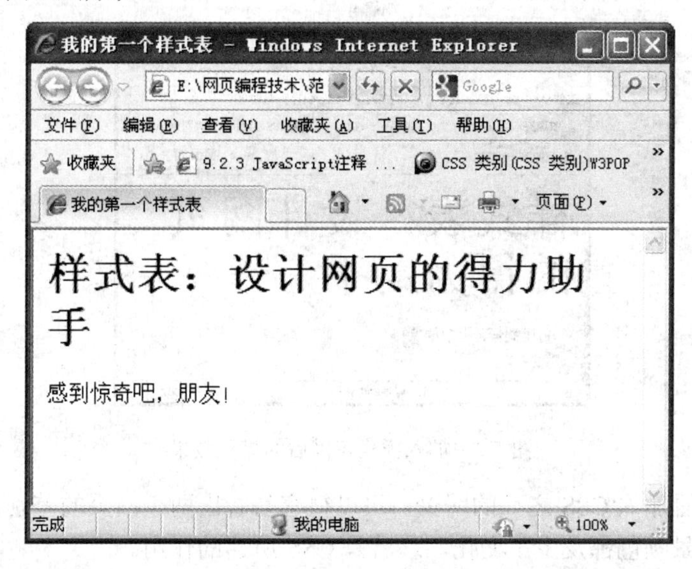

图 5.1　未加样式表时的显示效果

现在，让我们给它加一些样式表。只需在<head>和 </head>标签之间插入以下代码：

```
<STYLE TYPE="text/css">
<!--
H1 { color:red; font-size:50px; font-family: impact }
P { text-indent: 1cm; background: yellow; font-family: courier }
-->
</STYLE>
```

※ **范例代码** 5.2.html

```
<HTML>
<HEAD>
<TITLE>我的第一个样式表</TITLE>
<STYLE TYPE="text/css">
<!--
H1 { color:red; font-size:50px; font-family: impact }
P { text-indent: 1cm; background: yellow; font-family: courier }
-->
</STYLE>
</HEAD>
<BODY>
<H1>样式表：设计网页的得力助手</H1>
<P>感到惊奇吧，朋友！</P>
</BODY>
</HTML>
```

※ 范例效果图

范例效果如图 5.2 所示。

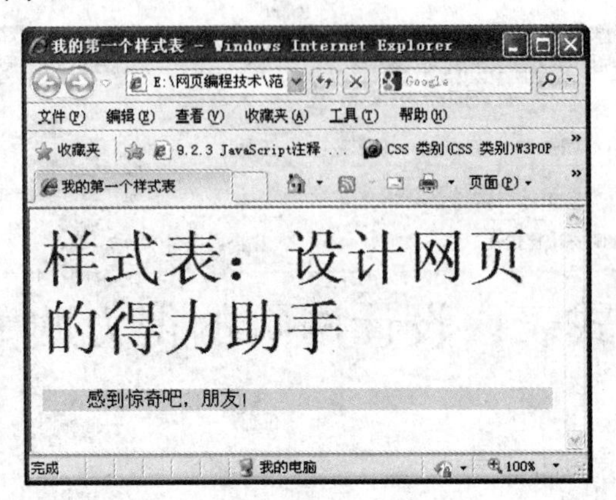

图 5.2　加入样式表以后的显示效果

让我们来看看加入 CSS 之后的网页。可以很容易看出两个网页的差别，页面内的文字大小、颜色、背景颜色都发生了变化，这就是 CSS 所起的作用。

加在 head 部分的<style type="text/css">和</style>分别被浏览器识别为 CSS 的开始和结束。而注释标签<!-- -->则是避免不支持 CSS 的浏览器将 CSS 内容作为网页正文显示在页面上。

通常情况下，CSS 的描述部分是由三部分组成的，分别是选择器、属性和属性值。

※ 基本语法：选择器｛属性：属性值；｝

例如：h1 {font-size: 12px;}

本例中选择器也就是你想要描述的 HTML 标签，其他选择器类型将在 5.3 节中讲解。上面例子的选择器就是 h1 标签。属性和属性值则是说明你想要描述 h1 的哪一个属性，该属性的值为多少。例如，上面例子中将 h1 字体大小属性定义为 12 像素，写成 font-size: 12px；属性和属性值之间用一个冒号“:”分开，以一个分号“;”结束，最后别忘记用一对大括号“{}”括起来。

> 注意 1：一定要用英文的逗号和分号，不可以用中文符号。
>
> 注意 2：CSS 的书写方式请大家根据自己的喜好决定，不过最终的目的都很明确，提高维护 CSS 代码的效率。
>
> 注意 3：在 CSS 中，注释以“/*”开始，以“*/”结束，注释里面的内容对于浏览器来说是没有意义的。

5.2　CSS 的分类

CSS 按层次可分为三类：内联样式表（Inline Style Sheet）、嵌入样式表（Internal Style Sheet）和外部样式表（External Style Sheet）。

5.2.1 内联样式表（Inline Style Sheet）

HTML 标签直接使用 style 属性，称为内联样式表。它适用于只需要简单地将一些样式应用于某个独立元素的情况。在使用内联样式的过程中，建议在<head>标签中添加<meta>标签，添加的<meta>标签如下：

```
<head>
  <meta http-equiv="Content-Style-Type" content="text/css">
</head>
```

※ 基本语法：

<标签名 style="属性1:值1;属性2,值2;属性3:值3; ......">内容</style>

※ 范例代码 5.3.html

```
<html>
<head>
<title>内联样式表</title>
</head>
<body>
<p style="font-family:宋体; font-size:20pt;font-style:italic;">
内联样式表(Inline Style)</p>
</body>
</html>
```

※ 范例效果图

范例效果如图 5.3 所示。

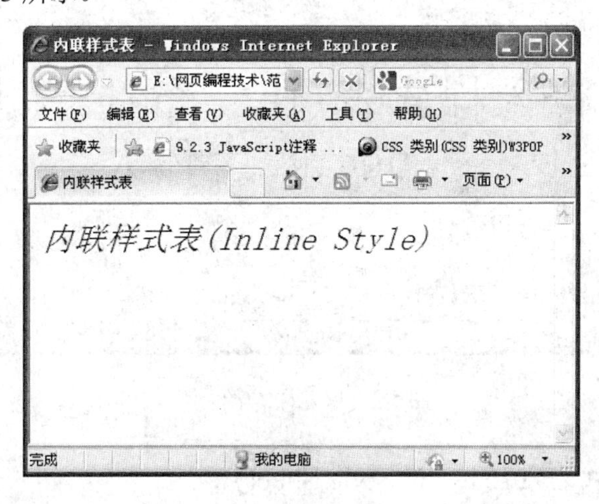

图 5.3 内联样式表示例

5.2.2 嵌入样式表（Internal Style Sheet）

嵌入样式是在<head>标签内添加<style></style>标签对，在标签对内定义需要的样式，作用于整个页面。

※ 基本语法：<style type="text/css">......</style>

※ 范例代码　5.4.html

```
<html>
<head>
<title>嵌入样式表</title>
<style type="text/css">
   p.large{
                   font-size:30pt;
                  }
        p.small{
                   font-size:15pt;
                  }
</style>
</head>
<body>
   <p class="large">嵌入样式表(Internal Style Sheet),字体大小为30pt</p>
   <p class="small">嵌入样式表(Internal Style Sheet),字体大小为15pt</p>
</body>
</html>
```

※ 范例效果图

范例效果如图 5.4 所示。

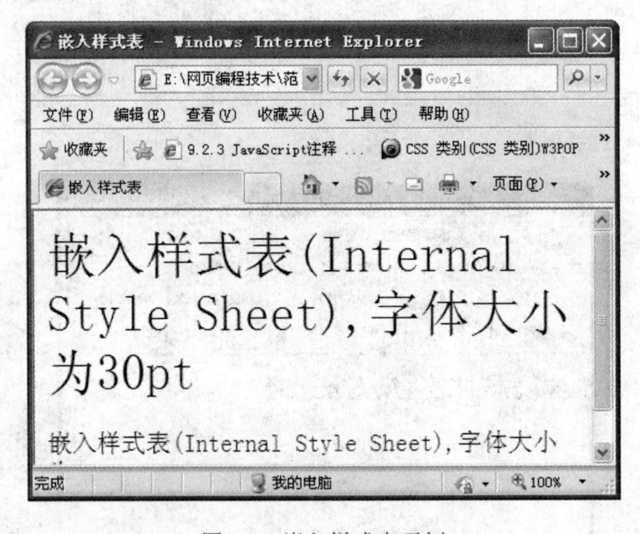

图 5.4　嵌入样式表示例

5.2.3　外部样式表（External Style Sheet）

顾名思义，外部样式表是个独立文件，一般后缀为.css，文件的 MIME 类型为 text/css。当某文档需要引用外部样式表时，将外部样式表的链接在<head></head>中说明即可。

格式 1——外联样式表：它是将<style>标签内的样式语句定义在扩展名为.css 的文件中，通过使用<link>标签引入样式文件。

※ 基本语法：<link href="要链接到的外部样式表 url" rel="stylesheet" type="text/css">

※ 范例代码 5.5.html

```
<html>
<head>
<title>外部样式表 1</title>
  <meta http-equiv="Content-Type" content="text/html; charset=
  gb2312" />
  <link href="ess1.css" rel="stylesheet" style="text/css">
</head>
<body>
<p class="font">外部样式表 1(External Style Sheet)</p>
</body>
</html>
ess1.css:
p.font{
    font-family:宋体;
    font-size:20pt;
    font-style:italic;
    font-weight:bold;
     color:purple;
      }
```

※ 代码分析

在 5.5.html 文件中，属性 rel 用来说明<link>元素在这里要完成的任务是链接一个独立的 CSS 文件，而 href 属性给出了所要链接 CSS 文件的 URL 地址。

※ 范例效果图

范例效果如图 5.5 所示。

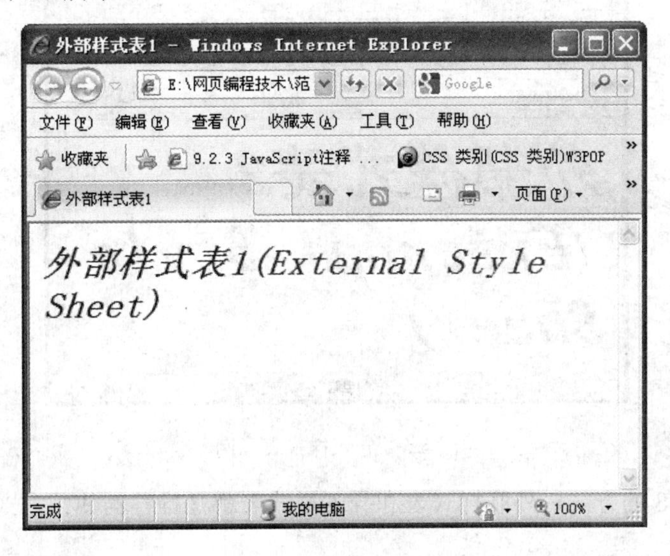

图 5.5 外联样式表示例

格式 2——导入样式表：它是使用 CSS 的@import 命令将一个外部样式文件输入到另外一个样式文件中，被输入的样式文件中的样式规则定义语句就成了输入到的样式文件中的一部分。

※ **基本语法**：@import 属性(参数值)；

※ **范例代码** 5.6.html

```
<html>
<head>
<title>外部样式表2</title>
  <style type="text/css">
  @import url(ess2.css);
  </style>
</head>
<body>
<p class="font">外部样式表2(External Style Sheet)</p>
</body>
</html>
ess2.css:
p.font{
   font-family:黑体;
   font-size:40pt;
   font-style:italic;
   font-weight:bold;
   color:purple;
  }
```

※ **范例效果图**

范例效果如图 5.6 所示。

图 5.6 导入样式表示例

关于引入 CSS 的方式，外联样式表和导入样式表都是推荐的使用方式，因为它们具有以下优点：

（1）多个 HTML 文档可以共享同一个样式表；

（2）修改样式表文件的时候不用打开 HTML 文档。

使用@import 与 link 的区别：经常浏览网页会发现只有极少部分网站使用的是 @import，而多数网站都是使用 link 外联样式表。虽然本质上这两种方法的作用都是引入 CSS 文件的作用相同，但这两种方法具体还是有一些区别的。

服务提供：其中 link 是属于 XHTML 标签，link 标签除了可以加载 CSS 以外，还可以实现其他功能，如定义 RSS 定义，rel 连接属性等；而@import 则是 CSS 提供的一种引入方式，使用@import 只能加载 CSS 样式表，但@import 语法可直接在 CSS 文件内使用。

加载顺序：当一个页面被加载（浏览）的时候，link 引用的 CSS 会同时被加载，而@import 引用的 CSS 会等到页面全部被下载完成后再被加载。所以有时候浏览使用@import 加载 CSS 的页面时开始会没有样式或闪烁，网速慢的时候则会相当明显。

兼容区别：即兼容性的差别，由于@import 是 CSS 2.1 提出的，所以老式浏览器均不支持，只有在 IE 5 以上的浏览器才能识别，而 link 标签无此问题。

文档模型：即文档对象模型，在使用文档对象模型（DOM）控制样式时，如使用 JavaScript 控制 DOM 去改变网页样式的时候，将只对 link 标签引入的 CSS 样式生效，因为@import 不是 DOM 可以控制的。

5.2.4 局部特定样式表

<div>和<span>用来为内容指定样式或绑定脚本。虽然大多数 HTML 元素可以通过 style 属性来设置样式信息，但是许多 HTML 元素有自己默认的样式，该样式可能和 style 定义的样式混合甚至冲突，是我们不希望看到的。如：<strong style = "color: red">I am strong!</strong>。和其他 html 元素不同，<div>和<span>没有默认的显示样式。所以可以通过它们来指定样式。

（1）<div>（division）是块级元素，可以包含段落、标题、表格，乃至诸如章节、摘要和备注等。由于是块级元素，在段落开始、结束处会插入一个换行。<div align="">…</div> 用来设置内容块的位置。可以使用<div>来为文档的任意部分绑定脚本或样式。

（2）<span>是一个行内元素，和<div>不同，不会引起换行。它是一个逻辑化的内嵌分组元素。最常见的使用方式是用它来为一段文本中的几个单词甚至某几个字符指定样式。

<span>和<div>的区别在于，div(Division)是一个块级元素，可以包含段落、标题、表格，乃至诸如章节、摘要和备注等。而 span 是行内元素，span 的前后是不会换行的，它没有结构的意义，纯粹是应用样式，当其他行内元素都不合适时，可以使用 span。

5.3 CSS 选择器分类

准确而简洁地运用 CSS 选择器会达到非常好的效果。我们不必通篇给每一个元素定义类（Class）或 ID，通过合适的组织，可以用最简单的方法实现同样的效果。在实际工作中，最常用的选择器有以下四类：HTML 标签选择器、CLASS 类选择器、ID 类选择器和伪元素选择器。

5.3.1 HTML 标签选择器

顾名思义，HTML 标签选择器是直接将 HTML 标签作为选择器，可以是 p、h1、dl、strong 等 HTML 标签。

※ **范例代码 5.7.html**

```
<html>
<head>
<style>
  h2 { color: orange; }
  h4{ color: green; }
  p { font-weight:bold; }
</style>
<body>
   …
</body>
</html>
```

※ **代码分析**

这段代码的意思为——页面中所有 h2、h4、p 元素将自动匹配相应的样式设置。例如 h2 元素所修饰的内容显示为橘黄色，h4 元素所修饰的内容显示为绿色，p 元素所修饰的内容加粗显示。

※ **范例效果图**

范例效果如图 5.7 所示。

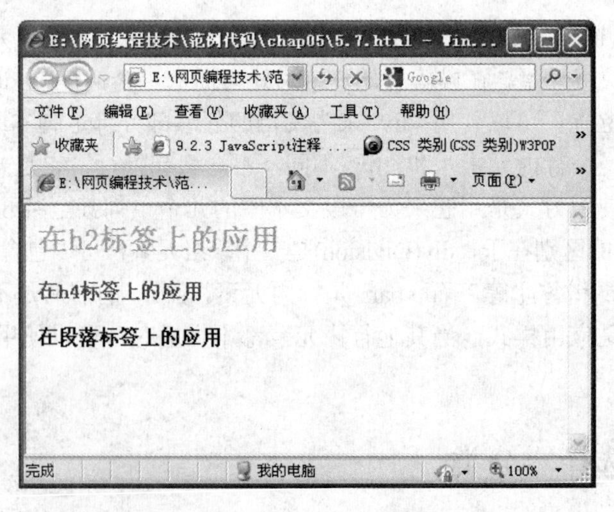

图 5.7 HTML 标签选择器

5.3.2 CLASS 类选择器

使用 HTML 标签的 CLASS 属性引入 CSS 中定义的样式规则的名字，称为 CLASS 类选择器，CLASS 属性指定的样式名字必须以"."开头。

※ 范例代码　5.8.html

```
<style type="text/css">
<!--
  .mycss {
  /*设置背景颜色*/
  background-color: #99CCCC;
  }
-->
</style>
在页面中使用类选择器:
<table width="200" border="1" cellpadding="0" cellspacing="0">
<tr>
//在两列上使用类选择器方式来设置样式
<td class="mycss"> </td>
<td class="mycss"> </td>
</tr>
<tr>
<td> </td>
<td> </td>
</tr>
</table>
```

在页面中，用 class="类别名"的方法调用：<td class="mycss">。这个方法比较简单灵活，可以随时根据页面需要新建和删除。

※ 范例效果图

范例效果如图 5.8 所示。

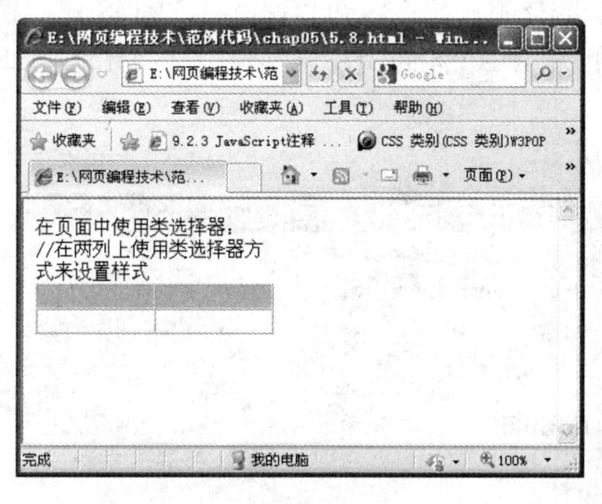

图 5.8　CLASS 选择器

5.3.3　ID 类选择器

ID 选择器的使用方法跟 CLASS 选择器基本相同，不同之处在于 ID 选择器只能在 HTML 页面中使用一次，因此其针对性更强。

※ 范例代码 5.9.html

```
<html>
<head>
<title>ID选择器</title>
<style type="text/css">
<!--
#one{
    font-weight:bold;     /* 粗体 */
}
#two{
    font-size:30px;       /* 字体大小 */
    color:#009900;        /* 颜色 */
}
-->
</style>
</head>
<body>
<p id="one">ID选择器1</p>
<p id="two">ID选择器2</p>
<p id="two">ID选择器3</p>
<p id="one two">ID选择器3</p>
</body>
</html>
```

从显示效果可以看到第2行与第3行都显示了CSS的方案，换句话说在很多浏览器下，ID选择器也可以用于多个标记。但这里需要指出的是，将ID选择器用于多个标记是错误的，因为每个标记定义的ID不只是CSS可以调用的，JavaScript等其他脚本语言同样也可以调用。如果一个HTML中有两个相同ID的标记，那么将导致JavaScript在查找ID时出错。

※ 范例效果图

范例效果如图5.9所示。

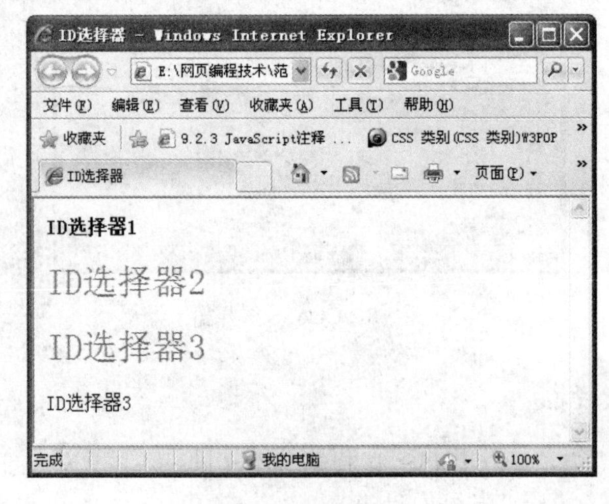

图5.9 ID选择器

正因为 JavaScript 等脚本语言也能调用 HTML 中设置的 ID，因此 ID 选择器一直被广泛使用。在编写 CSS 代码时，应该养成良好的编写习惯，一个 ID 最多赋予一个 HTML 标记。

另外，从最后一行可以看到没有任何 CSS 样式风格显示，这意味着 ID 选择器不支持像 CLASS 选择器那样的多风格同时使用，类似"ID="one two"是完全错误的语法。

5.3.4 伪类选择器

伪类和伪元素是两种有意思的选择器，之所以称“伪”，因为它们实际上并不存在于源文档或者文档树中，但是它们又确实可以显示出效果。

CSS 中最常用的四个伪类选择器分别是：

- 链接　a:link
- 已访问过的链接　a:visited
- 鼠标停在上方时　a:hover
- 点下鼠标时　a : active。

例如：

```
a:link{font-weight : bold ;text-decoration : none ;color : #c00 ;}
a:visited {font-weight : bold ;text-decoration : none ;color : #c30 ;}
a:hover {font-weight : bold ;text-decoration : underline ;color : #f60 ;}
a:active {font-weight : bold ;text-decoration : none ;color : #F90 ;}
```

注意 1: 必须按以上顺序写，否则显示出的效果可能和你预期的不一致。记住它们的顺序是“LVHA”。

注意 2: CSS 的书写方式请大家根据自己的喜好决定，不过最终的目的都很明确，提高维护 CSS 代码的效率。

注意 3: 在 CSS 中，注释以“/*”开始，以“*/”结束，注释里面的内容对于浏览器来说是没有意义的。

5.3.5 CSS 样式表的优先级

所谓 CSS 优先级，即是指 CSS 样式被解析的先后顺序。既然样式有优先级，那么就会有一个规则来约定这个优先级，而这个“规则”就是本次所需要讲的重点。

浏览器在显示 CSS 样式时，一般遵循以下几个原则：

（1）当两个不同样式应用于同一段文本时，浏览器将显示这段文本所具有的所有属性，除非定义的两个样式之间有现实上的冲突。例如，一个样式定义这段文本为绿色，另一样式定义这段文本为红色。

（2）当来自不同样式中的文本属性在应用到同一段文本产生冲突时，浏览器将按照与文本关系的远近来决定到底显示哪一个属性，即按照最后定义的样式来显示。

（3）在产生直接冲突时，CSS 具有较高的优先级。也就是说，在 HTML 样式与 CSS 样式存在矛盾时，浏览器将按照 CSS 样式中定义的文本属性来显示。

（4）在不同类型的样式表中发生冲突，那么按照内联样式表、嵌入样式表、外部样式表的有序安全书序显示。

5.4　页面实例——应用 CSS 样式的文件

本案例综合运用 CSS 样式设计页面，使页面显示更美观。

※ 案例效果图

案例效果如图 5.10 所示。

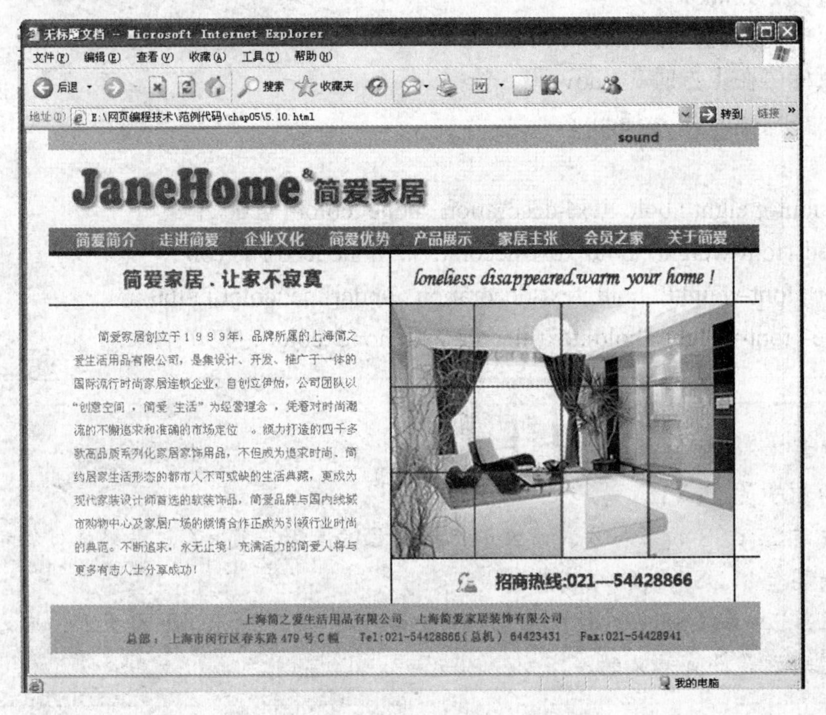

图 5.10　综合案例

※ 范例代码　5.10.html

```
1.<html xmlns="http://www.w3.org/1999/xhtml">
2.<head>
3.<meta http-equiv="Content-Type" content="text/html; charset=
gb2312" />
4.<title>无标题文档</title>
5.<style type="text/css">
6.<!--
7.body {
8.margin-left: 0px;
9.margin-top: 0px;
```

```
10.margin-right: 0px;
11.margin-bottom: 0px;
12.background-image: url(images/beijingtupian.gif);
13.background-color: #FFFFFF;
14.}
15..STYLE1 {
16.font-family: "宋体";
17.font-size: 13px;
18.line-height: 25px;
19.color: #7A502A;
20.text-decoration: none;
21.}
22.a:link {
23.color: #DCBD88;
24.font-family: "宋体";
25.font-size: 12px;
26.text-decoration: none;
27.}
28.a:visited {
29.text-decoration: none;
30.color: #98734E;
31.}
32.a:hover {
33.color: #3F2100;
34.text-decoration: none;
35.}
36.a:active {
37.text-decoration: none;
38.}
39.-->
40.</style>
……
41.</head>
42.<body >
43.<p class="STYLE1">简爱家居创立于 1999 年，品牌所属的上海简之爱生活用品有限公司，是集设计、开发、推广于一体的国际流行时尚家居连锁企业，自创立伊始，公司团队以 “创意空间 ，简爱 生活” 为经营理念 ，凭着对时尚潮流的不懈追求和准确的市场定位倾力打造的四千多款高品质系列化家居家饰用品，不但成为追求时尚、简约居家生活形态的都市人不可或缺的生活典藏，更成为现代家装设计师首选的软装饰品，简爱品牌与国内线城市购物中心及家居广场的倾情合作正成为引领行业时尚的典范。不断追求，永无止境！充满活力的简爱人将与更多有志人士分享成功！
44.</a>
45.</p>
46.</html>
```

※ 代码分析

1. 第7～14行代码定义了HTML标签body的样式为左边距为像素，上边距为0像素，右边距为0像素，下边距为0像素，背景图片为images/beijingtupian.gif，背景颜色为白色。

2. 第15～21行代码定义了.STYLE1样式为字体为“宋体”，字号为13像素大小，行高为25像素，颜色值为7A502A，没有下画线。

3. 第22～35行定义了超链接样式、访问过的链接文字、鼠标滑过已经活动链接的文字的字号、颜色和文字修饰为无。

4. 第43行代码定义段落p应用了STYLE1样式。

5.5 上机练习

1. 创建一个简单的网页，要求使用内联样式表、嵌入样式表、外部样式表。
2. CSS的描述部分由哪三部分组成？
3. CSS选择器有哪几类？举例写出具体的格式。

第 6 章 CSS 的属性及应用

·【本章要点】·

▲字体属性及图文布局属性

▲网页美化及超链接属性

▲CSS 滤镜

CSS 包含应用于网页中的元素的样式规则。这些样式定义元素的显示方式以及元素在页面中的放置位置。使用 CSS 进行页面布局，需要掌握 CSS 的各种属性。通过本章的学习，掌握 CSS 常用的各种属性，如字体、颜色、文本、边框等属性，另外，还介绍了滤镜特效。

6.1 字体属性

CSS 提供了 7 种字体属性，下面介绍几种常见的、大多数浏览器支持的属性及使用方法。

6.1.1 字体系列

※ **基本语法**：font-family：[[<族科名称> | <种类族科>],]* [<族科名称> | <种类族科>]

允许值：<族科名称>

字体族科可以用一个指定的字体名或一个种类的字体族科。很明显，定义一个指定的字体名不会比定义一个种类的字体族科合适。多个族科的赋值是可以使用的，而如果确定了一个指定的字体赋值，就应该有一个种类族科名随后，以防第一个选择不存在。

例如：

```
P { font-family: "New Century Schoolbook",宋体,黑体}
```

6.1.2 字体风格

※ 基本语法：font-style：<值>

允许值：normal | italic | oblique

初始值：normal

字体风格属性以三个方法的其中一个来定义显示的字体：normal （普通），italic（斜体）或 oblique（倾斜）。

例如：

```
H1 { font-style: oblique }
P  { font-style: normal }
```

6.1.3 字体大小

※ 基本语法：font-size：<绝对大小> | <相对大小> | <长度> | <百分比>

允许值：<绝对大小>

xx-small | x-small | small | medium | large | x-large | xx-large

<相对大小>

larger | smaller

<长度>

<百分比>

初始值：medium

6.1.4 字体加粗

※ 基本语法：font-weight: <值>

允许值：normal | bold | bolder | lighter | 100 | 200 | 300 | 400 | 500 | 600 | 700 | 800 | 900

初始值：normal

字体加粗属性用作说明字体的加粗。当其他值绝对时，bolder 和 lighter 值将相对地成比例增长。

例如：

```
H2 { font-weight:900 }
P  { font-weight:normal }
```

6.1.5 字体变形

※ 基本语法：font-variant: <值>

允许值：normal | small-caps

初始值：normal

字体变形属性决定了字体的显示是 normal（普通）还是 small-caps（小型大写字母）。当文字中所有字母都是大写的时候，小型大写字母（值）会显示比小写字母稍大的大写字符。

例如：

```
SPAN { font-variant: small-caps }
```

6.1.6　字体

如果为同一段文字定义多个属性，书写起来较为麻烦，可用 font 属性进行简化。

※　基本语法：font: <值>

允许值：[<字体风格> || <字体变形> || <字体加粗>] <字体大小> [/ <行高>] <字体族科>

初始值：未定义

字体属性用作不同字体属性的略写，特别是行高。例如，

P { font: italic bold 12pt/14pt Times, serif }

指定该段为 bold（粗体）和 italic（斜体）Times 或 serif 字体，12 点大小，行高为 14 点。

6.1.7　页面实例——网页中的文字设置

为了更好地了解以下知识点，通过下面的实例练习页面文字的字体系列、字号等样式的设置。通过显示结果的对比，可以看到页面处理前后的变化。

※　范例代码　6.1.html

```
<html>
<head>
<style type="text/css">
p.serif{font-family:"Times New Roman",Georgia,Serif}
p.sansserif{font-family:Arial,Verdana,Sans-serif}
</style>
</head>
<body>
<h1>CSS font-family</h1>
<p class="serif">This is a paragraph, shown in the Times New Roman font.</p>
<p class="sansserif">This is a paragraph, shown in the Arial font.</p>
</body>
</html>
```

※　范例效果图

范例效果如图 6.1 所示。

图 6.1　字体系列

※ 范例代码　6.2.html

```
<html>
<head>
<style type="text/css">
h1 {font-size: 300%}
h2 {font-size: 200%}
p {font-size: 100%}
</style>
</head>
<body>
<h1>This is header 1</h1>
<h2>This is header 2</h2>
<p>This is a paragraph</p>
</body>
</html>
```

※ 范例效果图

范例效果如图 6.2 所示。

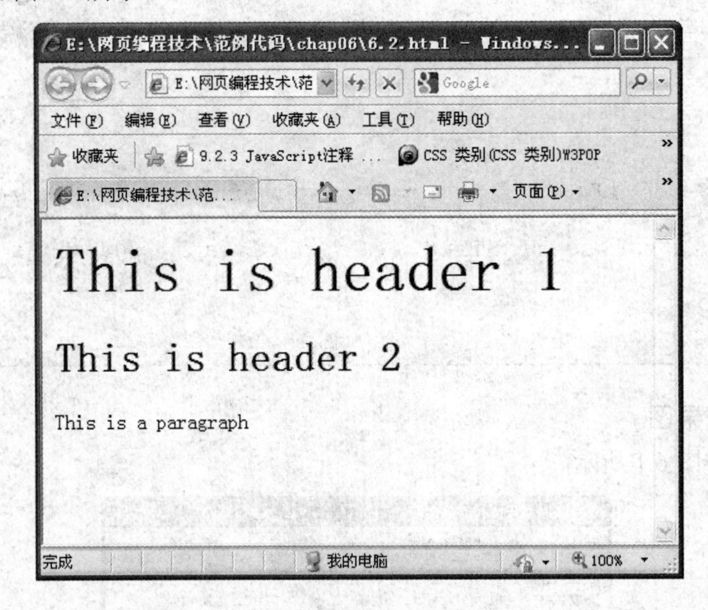

图 6.2　字体大小

6.2　颜色及背景属性

CSS 的颜色属性允许网页设计者指定一个元素的颜色。背景属性允许控制背景，也可以选择固定颜色作为背景。在 HTML 中使用 bgcolor 属性，搭配其他的标签来设置背景颜色，而在 CSS 中利用 background-color 属性设置背景颜色的变化。还可以利用 background-image 属性，将网页背景以图片方式显示。

6.2.1 颜色

※ 基本语法：color：<颜色>

初始值：由浏览器决定

颜色属性允许网页制作者指定一个元素的颜色。

例如：

```
H1 { color: blue }
H2 { color: #000080 }
H3 { color: #0c0 }
```

为了避免与用户的样式表之间的冲突，背景和颜色属性应该始终一起指定。

6.2.2 背景颜色

※ 基本语法：background-color：<值>

允许值：<颜色> | transparent (透明)

初始值：transparent (透明)

背景颜色属性设定一个元素的背景颜色。

例如：

```
BODY { background-color: white }
H1      { background-color: #000080 }
```

为了避免与用户的样式表之间的冲突，无论任何背景颜色被使用的时候，背景图像都应该被指定。而大多数情况下，background-image: none 都是合适的。

6.2.3 背景图像

※ 基本语法：background-image：<值>

允许值：<统一资源定位 URLs> | none (无)

初始值：none (无)

背景图像属性设定一个元素的背景图像。例如：

```
BODY { background-image: url(/images/test.jpg) }
P       { background-image: url(http://www.testcss.com/bg.jpg) }
```

为了适应那些不载入图像的浏览者，当定义了背景图像后，应该也要定义一个类似的背景颜色。

6.2.4 背景重复

※ 基本语法：background-repeat: <值>

允许值：repeat | repeat-x | repeat-y | no-repeat

初始值：repeat

背景重复属性决定一个指定的背景图像如何被重复。值为 repeat-x 时，图像横向重复，当值为 repeat-y 时，图像纵向重复。例如：

BODY { background: white url(candybar.gif);
background-repeat: repeat-x }

在以上例子中，图像只会被横向平铺。

6.2.5　背景附件

※ 基本语法：background-attachment：<值>

允许值：scroll | fixed

初始值：scroll

背景附件属性决定指定的背景图像是跟随内容滚动，还是被看作油画固定不动。例如，以下指定一个固定的背景图像：

BODY { background: white url(testcss。jpg);
background-attachment: fixed }

6.2.6　背景位置

※ 基本语法：background-position：<值>

允许值：[<百分比> | <长度>]{1,2} | [top | center | bottom] || [left | center | right]

初始值：0% 0%

图像位置属性给出指定背景图像的最初位置。这个属性只能应用于块级元素和替换元素。替换元素仅指一些已知原有尺寸的元素。HTML 替换元素包括 IMG，INPUT，TEXTAREA，SELECT，和 OBJECT。

安排背景位置最容易的方法是使用关键字：

横向的关键字（left, center, right）

纵向的关键字（top, center, bottom)

百分比和长度也可用作安排背景图像的位置。百分比和元素字体大小有关。虽然使用长度是允许的，但因为它们处理不同的显示分辨率有不可避免的缺点，所以不被推荐。

当使用百分比或长度时，需首先指定横向位置，接着是纵向位置。例如 20% 65%，则指定图像的左起 20%上起 65%的那点会被放在元素的左起 20%上起 65%的那点的所在位置。一个值如 5px 10px，则指定图像的左上角会被放在元素的左起 5 像素上起 10 像素的位置。

如果仅给出横向的值，纵向位置的值为 50%。长度和百分比的组合是允许的，负值也行。例如，10% -2cm 是允许的。但百分比和长度是不能够和关键字组合在一起的。

关键字解释如下：

top left = left top = 0% 0%

top = top center = center top = 50% 0%

right top = top right = 100% 0%

left = left center = center left = 0% 50%

center = center center = 50% 50%

right = right center = center right = 100% 50%

bottom left = left bottom = 0% 100%

bottom = bottom center = center bottom = 50% 100%

bottom right = right bottom = 100% 100%

如果背景图像被看做油画般固定不动，关于油画的图像会代替元素被放置。

6.2.7 页面实例——网页中的文字和背景

为了更好地理解有关背景样式表的作用，我们先看一个 CSS 的应用实例。在本例子中，我们很容易看到使用 CSS 后的效果。

※ 范例代码 6.3.html

```
<html>
<head>
<style type="text/css">
body {background-color: yellow}
h1 {background-color: #00ff00}
h2 {background-color: transparent}
p {background-color: rgb(250,0,255)}
p.no2 {background-color: gray; padding: 20px;}
</style>
</head>
<body>
<h1>这是标题 1</h1>
<h2>这是标题 2</h2>
<p>这是段落</p>
<p class="no2">这个段落设置了内边距。</p>
</body>
</html>
```

※ 范例效果图

范例效果如图 6.3 所示。

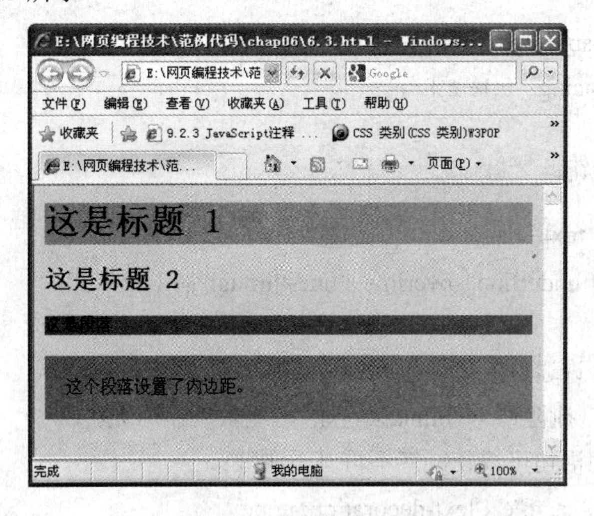

图 6.3 背景颜色

6.3 文本属性

CSS 文本属性可定义文本的外观。

通过文本属性，可以改变文本的颜色、字符间距，对齐文本，装饰文本，对文本进行缩进等。

6.3.1 文字间隔

※ 基本语法：word-spacing: <值>

允许值：normal | <长度>

初始值：normal

文字间隔属性定义一个附加在文字之间的间隔数量。该值必须符合长度格式，允许使用负值。

例如:

```
P EM     { word-spacing: 0.4em }
P.note { word-spacing: -0.2em }
```

6.3.2 字母间隔

※ 基本语法：letter-spacing：<值>

允许值：normal | <长度>

初始值：normal

字母间隔属性定义一个附加在字符之间的间隔数量。该值必须符合长度格式，允许使用负值。一个设为零的值会阻止文字的调整。

例如：

```
H1       { letter-spacing: 0.1em }
P.note { letter-spacing: -0.1em }
```

6.3.3 文本修饰

※ 基本语法：text-decoration：<值>

允许值：none | [underline || overline || line-through || blink]

初始值：none

文本修饰属性允许通过 5 个属性中的一个来修饰文本: underline（下划线），overline（上划线），line-through（删除线），blink（闪烁），或默认使用无。

例如，使用下列语句可以使链接不再有下画线：

```
A:link,A:visited,A:active { text-decoration: none }
```

6.3.4 纵向排列

※ 基本语法：vertical-align：<值>

允许值：baseline | sub | super | top | text-top | middle | bottom | text-bottom | <百分比>

初始值：baseline

纵向排列属性可以用作一个内部元素的纵向位置，相对于它的上级元素或相对于元素行。一个内部元素是没有行在其前和后断开的，例如，在HTML中的EM，A和IMG。

该值可以是一个相对于元素行高属性的百分比，它会在上级基线上增高元素基线的指定数量。允许使用负值。

该值也可以是一个关键字。以下的关键字将影响相对于上级元素的位置：

baseline（使元素和上级元素的基线对齐）

middle（纵向对齐元素基线加上上级元素的x-高度——字母" x "的高度——的一半的中点）

sub（下标）

super（上标）

text-top（使元素和上级元素的字体向上对齐）

text-bottom（使元素和上级元素的字体向下对齐）

影响相对于元素行的位置的关键字有：

top（使元素和行中最高的元素向上对齐）

bottom（使元素和行中最低的元素向下对齐）

纵向排列属性对于排列图像特别有用。以下是一些例子：

```
IMG.middle { vertical-align: middle }
IMG        { vertical-align: 50% }
.exponent  { vertical-align: super }
```

6.3.5 文本转换

※ 基本语法：text-transform：<值>

允许值：none | capitalize | uppercase | lowercase

初始值：none

文本转换属性允许通过四个属性中的一个来转换文本：

capitalize（使每个字的第一个字母大写）

uppercase（使每个字的所有字母大写）

lowercase（使每个字的所有字母小写）

none（使用原始值）

例如：

```
H1 { text-transform: uppercase }
H2 { text-transform: capitalize }
```

文本转换属性仅仅被用于表达某种格式的要求。这并非很适当的做法，例如，用文本转换使一些国家的名字第一个字母大写，而其他字母小写。

6.3.6 文本排列

※ 基本语法：text-align：<值>

允许值：left | right | center | justify

初始值：由浏览器决定

文本排列属性可以应用于块级元素（P，H1 等），使元素文本得到排列。这个属性的功能类似于 HTML 的段、标题和部分的 ALIGN 属性。

以下是一些例子：

```
H1           { text-align: center }
P.newspaper { text-align: justify }
```

6.3.7 文本缩进

※ 基本语法：text-indent：<值>

允许值：<长度> | <百分比>

初始值：0

文本缩进属性可以应用于块级元素（P，H1 等），以定义该元素第一行可以接受的缩进的数量。该值必须是一个长度或一个百分比。若为百分比，则视上级元素的宽度而定。通用的文本缩进用法是用于段的缩进：

```
P { text-indent: 5em }
```

6.3.8 行高

※ 基本语法：line-height：<值>

允许值：normal | <数字> | <长度> | <百分比>

初始值：normal

行高属性可以接受一个控制文本基线之间的间隔的值。当值为数字时，行高由元素字体大小的量与该数字相乘所得。百分比的值相对于元素字体的大小而定。不允许使用负值。

6.4 边框（方框）属性

在 HTML 中，我们使用表格来创建文本周围的边框，但是通过使用 CSS 边框属性，我们可以创建出效果出色的边框，并且可以应用于任何元素。

元素外边距内就是元素的边框（border）。元素的边框就是围绕元素内容和内边距的一条或多条线。

每个边框有 3 个方面：宽度、样式，以及颜色。

6.4.1 边框的宽度

我们可以通过 border-width 属性为边框指定宽度。

为边框指定宽度有两种方法：可以指定长度值，比如 2px 或 0.1em；或者使用 3 个关键字之一，它们分别是 thin、medium（默认值）和 thick。

例如：

p {border-style: solid; border-width: 5px;}

或者

p {border-style: solid; border-width: thick;}

也可以通过下列属性分别设置边框各边的宽度：

border-top-width

border-right-width

border-bottom-width

border-left-width

在前面的例子中，已经看到，如果希望显示某种边框，就必须设置边框样式，比如 solid 或 outset。

那么如果把 border-style 设置为 none 会出现什么情况：

p {border-style: none; border-width: 50px;}

尽管边框的宽度是 50px，但是边框样式设置为 none。在这种情况下，不仅边框的样式没有了，其宽度也会变成 0。边框消失了，为什么呢？

这是因为如果边框样式为 none，即边框根本不存在，那么边框就不可能有宽度，因此边框宽度自动设置为 0，而不论您原先定义的是什么。

记住这一点非常重要。事实上，忘记声明边框样式是一个常犯的错误。

6.4.2 边框的样式

样式是边框最重要的一个方面，这不是因为样式控制着边框的显示效果（当然，样式确实控制着边框的显示），而是因为如果没有样式，将根本没有边框。

CSS 的 border-style 属性定义了 10 个不同的非 inherit 样式，包括 none。

1. 定义多种样式

可以为一个边框定义多个样式，例如：

p.aside {border-style: solid dotted dashed double;}

2. 定义单边样式

如果您希望为元素框的某一个边设置边框样式，而不是设置所有 4 个边的边框样式，可以使用下面的单边边框样式属性：

border-top-style

border-right-style

border-bottom-style

border-left-style

因此这两种方法是等价的：

p {border-style: solid solid solid none;}

p {border-style: solid; border-left-style: none;}

注意：如果要使用第二种方法，必须把单边属性放在简写属性之后。因为如果把单边属性放在 border-style 之前，简写属性的值就会覆盖单边值 none。

6.4.3 边框的颜色

设置边框颜色非常简单。CSS 使用一个简单的 border-color 属性，它一次可以接受最多 4 个颜色值。

可以使用任何类型的颜色值，例如，可以是命名颜色，也可以是十六进制和 RGB 值：

```
p {
  border-style: solid;
  border-color: blue rgb(25%,35%,45%) #909090 red;
  }
```

如果颜色值小于 4 个，值复制就会起作用。当颜色值为一个时，代表所有的边框都采用同一个颜色值；当颜色值有两个时，上下边框颜色值为第一个，左右边框颜色值为第二个；当颜色值有三个时，上边框为第一个颜色值，左右边框为第二个颜色值，下边框为第三个颜色值；若有四个值，按照顺时针方向，即上、右、下、左的顺序依次应用颜色。例如下面的规则声明了段落的上下边框是蓝色，左右边框是红色：

```
p {
  border-style: solid;
  border-color: blue red;
  }
```

具体到边框的各个属性，因为种类繁多，用表 6-1 列出。

表 6-1　CSS 边框属性

CSS 属性	边框属性描述
border	简写属性，用于把针对四个边的属性设置在一个声明
border-style	用于设置元素所有边框的样式，或者单独为各边设置边框样式
border-width	简写属性，用于为元素的所有边框设置宽度，或者单独为各边边框设置宽度
border-color	简写属性，设置元素的所有边框中可见部分的颜色，或为 4 个边分别设置颜色
border-bottom	简写属性，用于把下边框的所有属性设置到一个声明中
border-bottom-color	设置元素的下边框的颜色
border-bottom-style	设置元素的下边框的样式
border-bottom-width	设置元素的下边框的宽度
border-left	简写属性，用于把左边框的所有属性设置到一个声明中
border-left-color	设置元素的左边框的颜色
border-left-style	设置元素的左边框的样式
border-left-width	设置元素的左边框的宽度

续表

CSS 属性	边框属性描述
border-right	简写属性，用于把右边框的所有属性设置到一个声明中
border-right-color	设置元素的右边框的颜色
border-right-style	设置元素的右边框的样式
border-right-width	设置元素的右边框的宽度
border-top	简写属性，用于把上边框的所有属性设置到一个声明中
border-top-color	设置元素的上边框的颜色
border-top-style	设置元素的上边框的样式
border-top-width	设置元素的上边框的宽度

6.5 滤镜特效

滤镜特效作为 CSS 最精彩的部分，它将把我们带入绚丽多姿的多媒体世界。正是有了滤镜属性，页面才变得更加漂亮。

CSS 滤镜属性的标识符是 filter。它的书写格式如下：

filter：filtername（parameters）

上面 filter 表达式中括号内的 parameters 是表示各个滤镜属性的参数，也正是这些参数决定了滤镜将以怎样的效果显示。

在进行滤镜操作之前，必须先定义 filter；filtername 是滤镜属性名，这里包括 alpha、blur、chroma 等多种属性，下面简单介绍各个滤镜。

6.5.1 透明 alpha 属性

alpha 是用来设置透明度的。先来看一下它的表达格式：

filter:alpha(opacity=opcity,finishopacity=finishopacity,style=style,startX=startX,startY=startY,finishX=finish,finishY=finish)

参数说明：

opacity 代表透明度的等级，可选值为 0～100，0 代表完全透明，100 代表完全不透明。

style 参数指定了透明区域的形状特征。其中 0 代表统一形状；1 代表线形；2 代表放射状；3 代表长方形。

finishopacity 是一个可选项，用来设置结束时的透明度，从而达到一种渐变效果，它的值为 0～100。

startX 和 startY 代表渐变透明效果的开始坐标。

finishX 和 finishY 代表渐变透明效果的结束坐标。

可以看出，如果不设置透明渐变效果，那么只需设置 opacity 这一个参数就可以了。

6.5.2 模糊 blur 属性

假如您用手在一幅还没干透的油画上迅速划过，画面就会变得模糊。CSS 下的 blur 属性就会达到这种模糊的效果。

先来看一下 blur 属性的表达式：

filter:blur(add=add,direction,strength=strength)

我们看到 blur 属性有三个参数：add、direction、strength。

add 参数有两个参数值：true 和 false。意思是指定图片是否被改变成模糊效果。

direction 参数用来设置模糊的方向。模糊效果是按照顺时针方向进行的。其中 0 度代表垂直向上，每 45 度一个单位，默认值是向左的 270 度。strength 参数值只能使用整数来指定，它代表有多少像素的宽度将受到模糊影响，默认值是 5 像素。

6.5.3　阴影 dropshadow 属性

dropshadow 属性是为了添加对象的阴影效果。它实现的效果看上去就像使原来的对象离开页面，然后在页面上显示出该对象的投影。下面是它的表达式：

Filter:DropShadow(Color=color,Offx=Offx,Offy=offy,Positive=positive)

该属性一共有四个参数：

Color 代表投射阴影的颜色。

Offx 和 Offy 分别为 X 方向和 Y 方向阴影的偏移量。偏移量必须用整数值来设置。如果设置为正整数，代表 X 轴的右方向和 Y 轴的向下方向。设置为负整数则相反。

Positive 参数有两个值：True 为任何非透明像素建立可见的投影，False 为透明的像素部分建立可见的投影。

※ 范例代码　6.4.html

```
<html>
<head>
<title>dropshadow </title>
<style>/*定义 CSS 样式*/
<!--
div {position:absolute;top:20;width:300;
filter:dropshadow(color=#FFCCFF,offx=15,offy=10,positive=1);}
-->
/*定义 DIV 范围内的样式，绝对定位，投影的颜色为#FFCCFF,
投影坐标为向右偏移 15 个像素，向下偏移 10 个像素*/
</style>
</head>
<body>
<div>
<p style="font-family:matisse itc;
font-size:64;
font-weight:bold;color:#CC00CC;">
/*定义字体名称、大小、粗细、颜色*/
Love </p>
</div>
</body>
</html>
```

※ 范例效果图

范例效果如图 6.4 所示。

图 6.4 阴影 DropShadow

6.5.4 翻转 FlipH、FlipV 属性

Flip 是 CSS 滤镜的翻转属性，FlipH 代表水平翻转，FlipV 代表垂直翻转。它们的表达式很简单，分别是：

Filter:FlipH

Filter:FlipV

6.5.5 发光 Glow 属性

当对一个对象使用“Glow”属性后，这个对象的边缘就会产生类似发光的效果。它的表达式如下：

Filter:Glow(Color=color,Strength=strength)

Glow 属性的参数只有两个：Color 是指定发光的颜色，Strength 指定发光的强度，参数值为 1～255。

以下是加上 Glow 属性的效果，如图 6.5 所示。

图 6.5 发光 Glow

怎么样，是不是有一种燃烧的火焰的感觉。实现这种效果的代码如下：

※ 范例代码 6.5.html

```
<html>
<head>
<title>filter glow</title>
<style>//*开始设置 CSS 样式*//
<!--
  .leaf{position:absolute; top:20; width:400;
    filter:glow(color=#FF3399,strength=15);}
//*设置类 leaf，绝对定位，Glow 滤镜属性，发光颜色值为#FF3399，强度为 15*//

-->
</style>
</head>
<body>
<div class="leaf">
<p style="font-family:lucida handwriting;
  font-size:54pt;font-weight:bold;color:#003366;">
       Leaf Mylove</p>
</div>

</div>
</body>
</html>
```

6.5.6 灰度 Gray 属性

Gray 属性把一张图片变成灰度图。它的表达式很简单：

Filter:Gray

只需在定义的 IMG 样式中加入如下一句代码：{Filter:Gray}即可。

6.5.7 其他属性

1．Invert 属性

Invert 属性可以把对象的可视化属性全部翻转，包括色彩、饱和度和亮度值。它的表达式也很简单：

Filter:Invert

2．Mask 属性

Mask 属性为对象建立一个覆盖于表面的膜。它的表达式也很简单：

Filter:Mask(Color=颜色)

只有一个 Color 参数，用来指定使用什么颜色作为掩膜。

3. Shadow 属性

Shadow 属性可以在指定的方向建立物体的投影其表达式如下：

Filter:Shadow(Color=color,Direction=direction)

在这里，Shadow 有两个参数值：Color 参数用来指定投影的颜色；Direction 参数用来指定投影的方向。

这里说的方向与在 Blur 属性中提到的“方向与角度的关系”是一样的。

在这里，可以思考一个问题：Dropshadow 属性和 Shadow 属性有什么不同？

Shadow 属性可以在任意角度进行投射阴影，Dropshadow 属性实际上是用偏移来定义阴影的。图 6.6 显示出两者的区别：

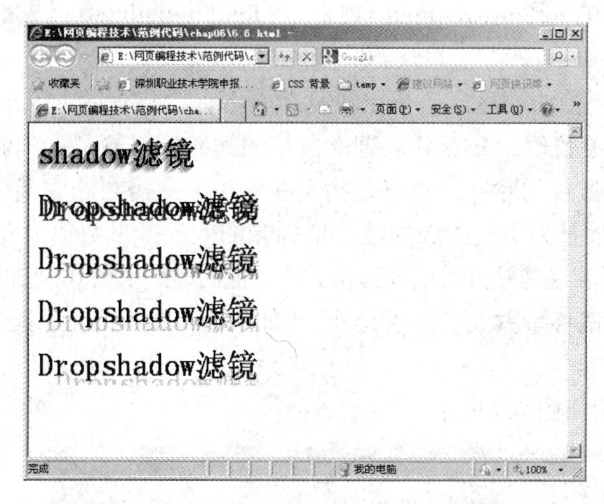

图 6.6 Shadow 与 Dropshadow 的区别

※ **范例代码 6.6.html**

```
<html>
<head></head>
<body>
<span style="font-size=36;
      filter:shadow(color=#cc66ff,direction=225);
      height:15">shadow 滤镜</span><br><br>

<SPAN STYLE="font-size=36;
   Filter:Dropshadow(color=#FF0000,offx=5,offy=5,Positive=1);
   height:15">Dropshadow 滤镜</SPAN><br/><br/>

<SPAN STYLE="font-size=36;

Filter:Dropshadow(color=#A0A0A0,offx=10,offy=10,Positive=1);
   height:15">Dropshadow 滤镜</SPAN><br/><br/>

<SPAN STYLE="font-size=36;

Filter:Dropshadow(color=#CCFF00,offx=10,offy=10,Positive=2);
   height:15">Dropshadow 滤镜</SPAN><br/><br/>
```

```
<SPAN STYLE="font-size=36;
Filter:Dropshadow(color=#CCFF00,offx=20,offy=20,Positive=2);
    height:15">Dropshadow 滤镜</SPAN><br/><br/>
</body>
</html>
```

4. Wave 属性

Wave 属性用来把对象按照垂直的波纹样式打乱。它的表达式如下：

Filter:Wave(Add=True(False)，Freq=频率，LightStrength=增强光效，Phase=偏移量，Strength=强度)

我们看到 Wave 属性的表达式还是比较复杂的，它一共有以下 5 个参数：

Add 参数有两个参数值：True 代表把对象按照波纹样式打乱；False 代表不打乱；

Freq 参数指生成波纹的频率，也就是指定在对象上共需要产生多少个完整的波纹；

LightStrength 参数是为了使生成的波纹增强光的效果。参数值为 0～100；

Phase 参数用来设置正弦波开始的偏移量。这个值的通用值为 0，它的可变范围为 0～100。这个值代表开始时的偏移量占波长的百分比。比如该值为 25，代表正弦波从 90 度（360*25%）的方向开始。

Wave 滤镜效果图如图 6.7 所示。

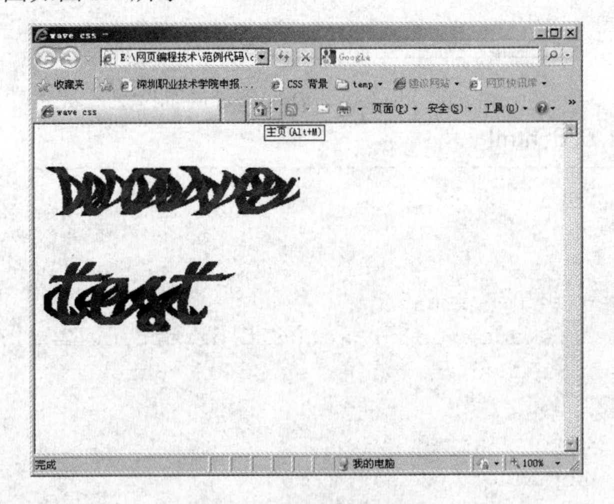

图 6.7　Wave 滤镜效果图

怎么样，很有特点吧？下面是实现该效果的代码：

※ 范例代码　6.7.html

```
<html>
<head>
<title> wave css</title>
<style>//*定义 CSS 样式开始*//
<!--
 .wave{position:absolute;top:10;width:300;
```

```
        filter:wave(add=true,freq=3,lightstrength=100,
        phase=45,strength=20);}
    //*设置 leaf 类的样式，绝对定位，wave 属性，产生 3 个波纹， 光强为 100，波纹
从 162 度（360*45%）开始，振幅为 20*//
    -->
    </style>
    </head>
    <body>
    <div class="wave">
    <p style="font-family:lucida handwriting;
          font-size:72pt; font-weight:bold;
          color:rgb(189,1,64);">wave test</p>
    </div>
    </body>
    </html>
```

5. Xray 属性

Xray 就是 X 射线的意思。Xray 属性，顾名思义，这种属性产生的效果就是使对象看上去有一种 X 光片的感觉。它的表达式很简单：

Filter:Xray

上面利用很多篇幅介绍了滤镜特效相关的知识，除此以外还有其他的滤镜特效，可参考相关技术文档。

6.6 页面实例——CSS 滤镜特效的应用

下面通过一个实例，练习页面中滤镜的使用方法。

通过对比，可以看到处理前后的效果方面的变化，如图 6.8～图 6.9 所示。

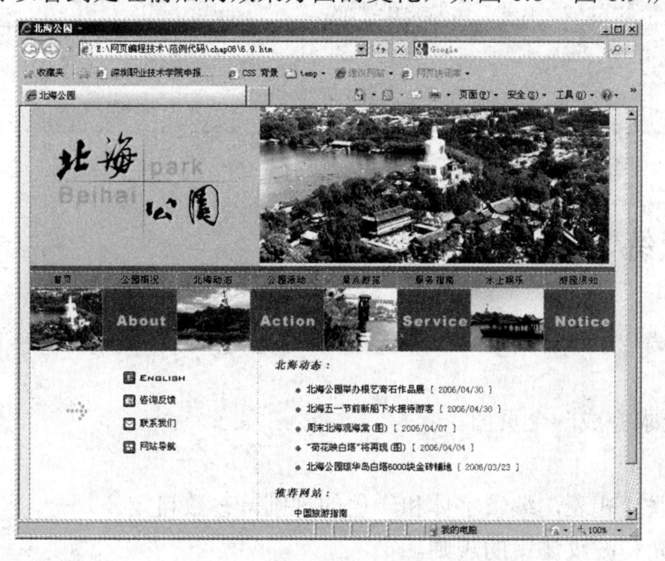

图 6.8 处理前的效果

图 6.9　处理后的效果

在这里仅给出处理后的部分代码。

※ 范例代码　6.8.html

```
<html>
<head>
<title> wave css</title>
<style type="text/css">
<!--
.img1 {
Filter:blur(strength=20)
…
-->
}
</head>
<body>
…
<img src="img/t.jpg" class="mg1">
…
</body>
</html>
```

6.7　上机练习

1．创建一简单页面，设置某一元素的边框为 2 个像素，线形为双线，查看其效果，并说明原因。

2．按以下要求完成一个页面。

（1）包含文字。

（2）采用外联样式表，编辑字体和颜色的规则，参数自定。

（3）使用发光和波纹滤镜的规则。

（4）使用定位属性，使文字产生重叠效果。

第 7 章 CSS 综合案例

【本章要点】

▲掌握 CSS 的各种属性

▲掌握 CSS 属性的灵活使用方法

▲掌握利用 CSS 创建一个较为综合的页面的能力

本章介绍的网页是一个体现 CSS 综合应用的案例，包括设置 CSS 文字、背景、连接、列表等方面的内容。通过这个案例，读者可以将前面的各个知识要点贯穿起来，达到能够综合应用 CSS，创建出绚丽多彩的页面的能力，并锻炼规范书写代码的能力。

因篇幅所限，在这里只列出一部分 CSS 相关代码，其他部分省略。

※ 范例代码　7.1.html（节选）

```
<style type="text/css">
<!--
body {
    background-image: url(pic/bg_03.gif);
  background-repeat: repeat-y;
}

/*以下定义背景图片，可以删除*/
BODY {
  font-size:12px;
  line-height:150%;
  margin-left: 0px;
  margin-top: 0px;
  margin-right: 0px;
  margin-bottom: 0px;
  background-position: center;
}

/*以下定义默认所有链接下画线样式，可以删除*/
```

```
    .boxtxt {
      font-size: 12px;
      font-weight: bolder;
      color: fb9b23;
      border: 1px solid fb9b23;
      font-family: "Arial", "Helvetica", "sans-serif";
      text-indent: 2pt;
    }

    /*以下是正文样式，需要把类样式放在表格的TD里面，这种做法将被以后版本取代*/
    .Text1 {
      font-family: Arial, Helvetica, sans-serif;
      font-size: 12px;
      line-height: 150%;
      color: #333333;
      text-align:justify;
      text-justify:inter-ideograph;
    }
    .TextH150 {
      font-family:  'Lucida  Grande','Lucida  Sans  Unicode',Arial,
Helvetica,verdana,sans-serif,'宋体','新宋体';
      font-size: 12px;
      line-height: 150%;
      color: #990000;

      text-justify:inter-ideograph;
    }
    .TextH180 {
      font-family: 'Lucida Grande', 'Lucida Sans Unicode', Arial,
Helvetica, verdana, sans-serif, '宋体', '新宋体';
      font-size: 16px;
      line-height: 180%;
      color: #990000;
      font-weight: bold;
      text-decoration: none;
    }
    .TextH200 {
      font-family: "宋体";
      font-size: 12px;
      line-height: 200%;
      color: #575757;
      font-weight: bold;
      text-decoration: none;
    }
    .ssc {
      font-family: "宋体";
      font-size: 12px;
      line-height: 100%;
      color: #000000;
      text-decoration: none;
    }
```

```
    .Title24px {
      font-family:  'Lucida  Grande','Lucida  Sans  Unicode',Arial,
Helvetica,verdana,sans-serif,'宋体','新宋体';
      font-size: 24px;
      line-height: 150%;
      color: #333333;
    }
    .Title14px {
      font-family:  'Lucida  Grande','Lucida  Sans  Unicode',Arial,
Helvetica,verdana,sans-serif,'宋体','新宋体';
      font-size: 14.9px;
      line-height: 150%;
      font-weight: bold;
      color: #333333;
    }
    .TextBlack {
      font-family:  'Lucida  Grande','Lucida  Sans  Unicode',Arial,
Helvetica,verdana,sans-serif,'宋体','新宋体';
      font-size: 12px;
      line-height: 150%;
      color: #000000;
    }
    .TextWhite {
      font-family:  'Lucida  Grande','Lucida  Sans  Unicode',Arial,
Helvetica,verdana,sans-serif,'宋体','新宋体';
      font-size: 12px;
      line-height: 150%;
      color: #ffffff;
    }

    /*以下是链接样式，需要时可修改*/
    .LinkNav {
      font-family:  'Lucida  Grande','Lucida  Sans  Unicode',Arial,
Helvetica,verdana,sans-serif,'宋体','新宋体';
      font-size: 12px;
      line-height: 150%;
       color: #666666;
      text-decoration: none;
    }
    .LinkNav:visited{
      text-decoration: none;
      color: #5A5A5A;
    }
    .LinkNav:hover {
      font-family:  'Lucida  Grande','Lucida  Sans  Unicode',Arial,
Helvetica,verdana,sans-serif,'宋体','新宋体';
      font-size: 12px;
      line-height: 150%;
      color: #FF0000;
      text-decoration: underline;
    }
```

```
    .LinkNav1 {
      font-size: 12px;
       color: #000000;
      text-decoration: none;
    }
    .LinkNav1:visited{
      text-decoration: none;
      color: #5A5A5A;
    }
    .LinkNav1:hover {
      font-size: 12px;
      color: #FF0000;
      text-decoration: underline;
    }

    .LinkText1 {
      font-family:  'Lucida  Grande','Lucida  Sans  Unicode',Arial,
Helvetica,verdana,sans-serif,'宋体','新宋体';
      font-size: 12px;
      line-height: 150%;
      color: #990000;
      text-decoration: none;
    }
    .LinkText1:visited {
      font-family:  'Lucida  Grande','Lucida  Sans  Unicode',Arial,
Helvetica,verdana,sans-serif,'宋体','新宋体';
      font-size: 12px;
      line-height: 150%;
      color: #990000;
      text-decoration: none;
    }
    .LinkText1:hover {
      font-family:  'Lucida  Grande','Lucida  Sans  Unicode',Arial,
Helvetica,verdana,sans-serif,'宋体','新宋体';
      font-size: 12px;
      line-height: 150%;
      color: #333333;
      text-decoration: underline;
    }
    LinkText1:active {
      text-decoration: none;
      color: #990000;
    }
    .LinkText2 {
      font-family:  'Lucida  Grande','Lucida  Sans  Unicode',Arial,
Helvetica,verdana,sans-serif,'宋体','新宋体';
      font-size: 12px;
      line-height: 150%;
      color: #ff0000;
      text-decoration: underline;
    }
    .LinkText2:visited {
```

```
        font-family: 'Lucida Grande','Lucida Sans Unicode',Arial,
Helvetica,verdana,sans-serif,'宋体','新宋体';
        font-size: 12px;
        line-height: 150%;
        color: #ff0000;
        text-decoration: underline;
    }
    .LinkText2:hover {
        font-family: 'Lucida Grande','Lucida Sans Unicode',Arial,
Helvetica,verdana,sans-serif,'宋体','新宋体';
        font-size: 12px;
        line-height: 150%;
        color: #880000;
        text-decoration: none;
    }

    /*以下是表单样式，需要时可修改*/
    .Box1 {
        border: 1px solid #CCCCCC;
    }
    .Box2 {
        border: 1px solid #ff0000;
    }

    /*标题定义*/
    h2 {
        font-family: 'Lucida Grande', 'Lucida Sans Unicode', Arial,
Helvetica, verdana, sans-serif, '宋体', '新宋体';
        font-size: 18px;
        font-weight: bold;
        margin: 25px 0px 2px;/*块外边距分别是上 25px，左右 0px，下 2px*/
        text-transform: uppercase; /*转换成大写字母*/
        letter-spacing: 1px;/*字间距 1px*/
        padding: 0px;/*块内边距都是 0px*/

    }
    h3 {
        font-family: 'Lucida Grande', 'Lucida Sans Unicode', Arial,
Helvetica, verdana, sans-serif, '宋体', '新宋体';
        font-size: 14.9px;
        font-weight: bold;
        margin: 8px 8px 4px;/*块外边距分别是上 25px，左右 0px，下 2px*/
        text-transform: uppercase; /*转换成大写字母*/
        letter-spacing: 1px;/*字间距 1px*/
        padding: 0px;/*块内边距都是 0px*/

    }

    /*对正文 p 的定义，与 TextH150，TextH180 等类样式等同，使用了 p，就可以不
用在表格的 td 里面用 TextH150 了 */
```

```
p {
  font-family: 'Lucida Grande', 'Lucida Sans Unicode', Arial,
Helvetica, verdana, sans-serif, '宋体', '新宋体';
  font-size: 12px;
  line-height: 150%;
  text-align:justify; /*文本两端对齐*/
  text-justify:inter-ideograph;/*内部为象形文本的两端对齐*/
  margin: 4px 0px 6px;/*文本块距离上 4px，距离下 6px*/
}
/*较小的英文字体，可用于英文备注*/
.Arial10px {
  font-family: Arial;
  font-size: 10px;
  line-height: 150%;
  font-weight: bold;
}
/*较小的中文字体，可用于备注，注意此样式需要把页面编码设置为 UTF-8,这种方法
对 GB 2312 编码，不能被 IE6 支持，但是对 mozilla firefox1.5 支持*/
.PMingLiu11px {
  font-family: 'PMingLiu';
  font-size: 11px;
  line-height: 150%;
}

/*正文列表样式，用图形取代原有的点*/
ul {
  font-size: 12px;
  margin: 8px 0px 6px;
  padding: 0px 0px 0px 1.5em;
  position: relative;
  list-style-position: outside;
  list-style-image: url(bullet2.gif);
  list-style-type: none;
}
li {
  margin: 4px 0px;
  padding: 0px;
  font-size: 12px;
}

/*正文区的图片左右对齐*/
.imageboxleft {
 margin: 10px 10px 10px 0px;
 float: left;
 border: 1px solid #333333;
}
.imageboxright {
 margin: 6px 0px 10px 10px;
 float: right;
 border: 1px solid #333333;
}
-->
</style>
```

※ 代码分析

首先，定义了整体：字号 12px，行高 150%，页面边距 0。

其次，定义了 boxtxt。接着定义了正文部分的多种样式，以及 4 种链接样式。

再次，定义了边框样式，以及 H2、H3 字体样式。还有定义了其他的正文字体样式。

最后，定义了 ul、li 列表样式和图片的左右对齐样式。

※ 范例效果图

范例效果如图 7.1 所示。

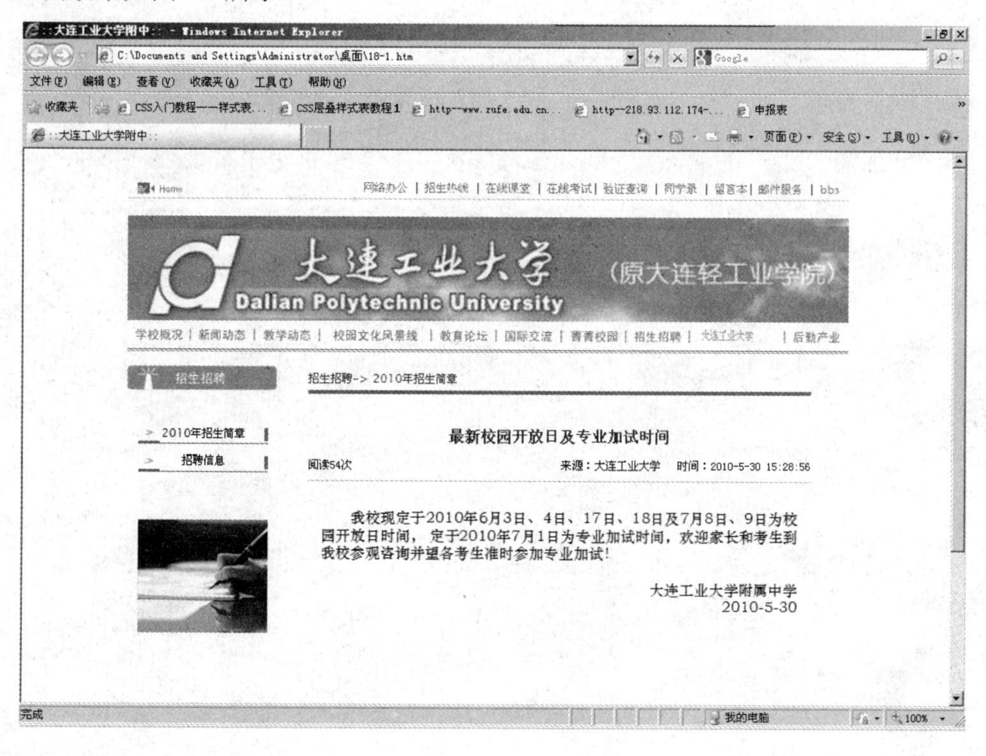

图 7.1 CSS 综合案例

其他部分，请读者上机完成。

第三篇

JavaScript 语言篇

JavaScript 为一种描述脚本语言，它可以嵌入 HTML 中，在客户端执行，是动态 Web 设计中必不可少的，也是目前大多数浏览器支持的脚本语言。本篇主要介绍 JavaScript 脚本语言的主要特征和基本功能，并通过一些实例来帮助读者加深理解。通过编写 JavaScript 脚本，掌握 JavaScript 规则及如何在 HTML 当中嵌入 JavaScript，掌握 JavaScript 中预定义的各个对象。本篇最后一章的综合案例结合 JavaScript 语法，制作了多个实用而美观的特效。

第 8 章 JavaScript 简介

【本章要点】

▲掌握 JavaScript 的基本概念

▲掌握 JavaScript 脚本语言的特点

▲掌握常用的 JavaScript 编写工具

JavaScript 是一种解释性的、基于对象的脚本语言（an Interpreter, Object-based Scripting Language）。它可以与 HTML、CSS 一起实现在一个 Web 客户端进行交互，从而可以开发客户端的应用程序。本章将介绍 JavaScript 的基本概念、编写方法，并带领大家编写第一个 JavaScript 程序。

8.1 JavaScript 语言简介

HTML 网页在互动性方面能力较弱，例如下拉菜单，就是用户单击某一菜单项时，自动会出现该菜单项的所有子菜单，用纯 HTML 网页无法实现；又如验证 HTML 表单（Form）提交信息的有效性，用户名不能为空，密码不能少于 4 位，邮政编码只能是数字之类，用纯 HTML 网页也无法实现。要实现这些功能，就需要用到 JavaScript。

JavaScript 是一种脚本语言，比 HTML 要复杂。不过即使先前不懂编程，也不用担心，因为使用 JavaScript 编写的程序都是以源代码的形式出现的，也就是说在一个网页里看到一段比较好的 JavaScript 代码，恰好你也用得上，就可以直接将其复制，然后放到你的网页中去。正因为可以借鉴、参考优秀网页的代码，所以让 JavaScript 本身也变得非常受欢迎，从而被广泛应用。原来不懂编程的读者，可多参考 JavaScript 示例代码，也能很快上手。

JavaScript 主要是基于客户端运行的，用户单击带有 JavaScript 的网页，网页里的 JavaScript 就传到浏览器，由浏览器对此作处理。前面提到的下拉菜单、验证表单有效性等大量互动性功能，都是在客户端完成的，不需要和 Web Server 发生任何数据交换，因此，

不会增加 Web Server 的负担。

几乎所有浏览器都支持 JavaScript，如 Internet Explorer(IE)，Firefox，Netscape，Mozilla，Opera 等。

8.1.1 JavaScript 产生的原因

在 Web 发展的初期，主要有 HTML 和公共网关接口（CGI）。HTML 定义了大部分的文本文档并指示用户代理（通常是网页浏览器）如何来显示。举个例子，标签<p></p>之间的文字就变成一个段落，在这个段落中可以使用标签<h1></hl>来定义最主要的页面标题。

HTML 有个缺点，即它的状态是固定不变的。如果想改变一些东西或者使用用户输入的数据，就需要向服务器做一个往返的请求。使用动态技术（如 ColdFusion、ASP、ASP.NET、PHP 或 JSP）可以从表单或者参数中把信息发送到服务器，由服务器完成计算、测试、数据库查找等。和这些技术相关联的应用程序服务器会写一个 HTML 文档来显示结果，然后把处理的结果以 HTML 文档的形式返回到浏览器来供用户查看。

这样做的问题在于任何时候只要有变化，以上整个过程都需要再重复一遍（并且重新加载网页）。这样显得比较笨重缓慢，现在人们已经普遍拥有了快速的因特网连接。但是显示一个页面仍然意味着重新加载，这是一个经常失败的缓慢过程（如遇到过的 Error 404 等）。

我们需要更加灵活的东西——要允许 Web 开发人员快速对用户给予反馈，并且不用从服务器重新加载页面来改变 HTML。可以想象一个表单，只要有一个字段中产生了错误，它都需要重新加载，如果能够不用重新从服务器加载页面，就能快速地获得错误提示，岂不是更方便、实用？这正是 JavaScript 的用武之地。

一些信息（如表单上的一些计算和验证信息）并不需要依靠服务器。JavaScript 可以用访问者计算机上的用户代理（通常是一个浏览器）执行，称为客户端代码。这样可以减少与服务器的交互成本并且使网站运行更快。

8.1.2 JavaScript 的特点

JavaScript 具有很多优点，具体表现在以下几个方面。

1．简单性

JavaScript 是一种脚本编写语言，它采用小程序段的方式实现编程，像其他脚本语言一样，JavaScript 同样也是一种解释性语言，它提供了一个简易的开发过程。它的基本结构形式与 C、C++、VB、Delphi 十分类似。但它不像这些语言一样，需要先编译，而是在程序运行过程中被逐行地解释。它与 HTML 标识结合在一起，从而方便用户的使用。

2．动态性

JavaScript 是动态的，它可以直接对用户或客户端输入的信息做出响应，无须经过 Web 服务程序。它对用户的响应，是采用以事件驱动的方式进行的。所谓事件驱动，就是指在主页中执行了某种操作所产生的动作，就称为“事件”。比如，按下鼠标、移动窗口、选择菜单等都可以视为事件。当事件发生后，可能会引起相应的事件响应。

3. 跨平台性

JavaScript 是依赖于浏览器本身、与操作环境无关，只要能运行浏览器的计算机，并支持 JavaScript 的浏览器就可以正确执行。

4. 节省 CGI 的交互时间

随着 WWW 的迅速发展，有许多 WWW 服务器提供的服务要与浏览者进行交流，确认浏览的身份、需要服务的内容等，这项工作通常由 CGI/PERL 编写相应的接口程序与用户进行交互来完成。显然，通过网络与用户的交互过程一方面增大了网络的通信量；另一方面影响了服务器的服务性能。服务器为一个用户运行一个 CGI 时，需要一个进程为它服务，它要占用服务器的资源（如 CPU 服务、内存耗费等），如果用户填表时出现错误，交互服务占用的时间就会相应增加。被访问的热点主机与用户交互越多，服务器的性能影响就越大。

JavaScript 是一种基于客户端浏览器的语言，用户在浏览中填表、验证的交互过程只是通过浏览器对调入 HTML 文档中的 JavaScript 源代码进行解释执行来完成的，即使是必须调用 CGI 的部分，浏览器只将用户输入验证后的信息提交给远程的服务器，大大减少了服务器的开销。

8.1.3 JavaScript 与 Java 的区别

JavaScript 语言和 Java 语言是相关的，但它们之间的联系并不像想象中的那样紧密。

二者的区别体现在以下几个方面：

第一，它们是两个公司开发的不同的两个产品。Java 是 Sun 公司推出的新一代面向对象的程序设计语言，特别适合于 Internet 应用程序开发；而 JavaScript 是 Netscape 公司的产品，其目的是为了扩展 Netscape Navigator 功能而开发的一种可以嵌入 Web 页面中的基于对象和事件驱动的解释性语言。

第二，JavaScript 是基于对象的，而 Java 是面向对象的。即 Java 是一种真正的面向对象的语言，即使是开发简单的程序，必须设计对象。JavaScript 是一种脚本语言，它可以用来制作与网络无关的，与用户交互作用的复杂软件。它是一种基于对象和事件驱动的编程语言。因而它本身提供了非常丰富的内部对象供设计人员使用。

第三，两种语言在其浏览器中所执行的方式不一样。Java 的源代码在传递到客户端执行之前，必须经过编译，因而客户端上必须具有相应平台上的仿真器或解释器，它可以通过编译器或解释器实现独立于某个特定的平台编译代码的束缚。JavaScript 是一种解释性编程语言，其源代码在发往客户端执行之前不需要经过编译，而是将文本格式的字符代码发送给客户端，由浏览器解释执行。

第四，两种语言所采取的变量是不一样的。Java 采用强类型变量检查，即所有变量在编译之前必须声明。JavaScript 中变量声明时，采用其弱类型。即变量在使用前不需声明，而是解释器在运行时检查其数据类型。

第五，代码格式不一样。Java 是一种与 HTML 无关的格式，必须通过像 HTML 中引用外媒体那样进行装载，其代码以字节代码的形式保存在独立的文档中。JavaScript 的代码是

一种文本字符格式，可以直接嵌入 HTML 文档中，并且可动态装载。编写 HTML 文档就像编辑文本文件一样方便。

第六，嵌入方式不一样。在 HTML 文档中，两种编程语言的标识不同，JavaScript 使用<script>…</script> 来标识，而 Java 使用<applet>…</applet>来标识。

第七，静态绑定和动态绑定。Java 采用静态联编，即 Java 的对象引用必须在编译时进行，以使编译器能够实现强类型检查。JavaScript 采用动态联编，即 JavaScript 的对象引用在运行时进行检查，如不经编译则就无法实现对象引用的检查。

8.2 JavaScript 的编写工具

由于 JavaScript 脚本仅是简单的文本字符串，所以你可以使用任何支持 Unicode 格式的文本编辑器编写 JavaScript 程序。使用普通的记事本可以编写脚本，但是考虑到开发效率，以及保证代码质量，选择一款优秀的 JavaScript 编辑器是非常必要的。

何为优秀？这个没有标准，主要看个人使用习惯和偏好。一般来说，JavaScript 编辑器至少应该能够识别 JavaScript 脚本格式、关键字，可以分析词法和语法错误，匹配逻辑结构，以便于在编辑时就能够发现一些结构上的缺陷。另外，还可以考虑 JavaScript 编辑器是否具备智能提示、是否具有调试、测试工具、是否可以自动格式化、是否可以进行代码自动优化等功能。

Java 程序员比较喜欢 Eclipse 的 JavaScript 插件，一些程序高手更倾向于使用简单的 EditPlus。下面简单介绍几款 JavaScript 编辑器供读者参考选择（具体软件可以到网上搜索下载）。

- Aptana：一个不错的 JavaScript IDE，功能强大，但是占用资源大、耗空间、运行起来比较慢、对中文的支持方面不好。
- JSEclipse：即上面提到的 Eclipse 的 JavaScript 插件，Eclipse 是一个开放源代码的、基于 Java 的可扩展开发平台。就其本身而言，它只是一个框架和一组服务，用于通过插件组件构建开发环境。JSEclipse 代码分析能力强大，但是需要 Java 支持环境。
- 1st JavaScript Editor Pro：一个轻巧、专业的 JavaScript 脚本编辑器，有着丰富的代码编辑功能。它具备 JavaScript 编辑、调试、测试等全部功能，是一个非常不错的开发工具，特别适合初学者使用，笔者推荐初学者使用此款。

如果你的系统资源非常丰富，也可以考虑安装微软的集合开发环境（IDE），即 Visual Studio，它不仅能够方便编写 JavaScript 脚本，还可以调试浏览器的进程。但是由于“身材”过于庞大，使用它来完成诸如 JavaScript 脚本这样的轻巧任务，感觉有点小题大做了。当然，最终还是要看你的需要、兴趣和习惯。选择 JavaScript 编辑器没有绝对的标准和优劣。

8.3 在 HTML 中插入 JavaScript 的方法

JavaScript 可以出现在 HTML 的任意地方。使用标记<script>…</script>，就可以在 HTML 文档的任意地方插入 JavaScript，甚至在<html>之前插入。不过如果要在声明框架的网页（框架网页）中插入，就一定要在<frameset>之前插入，否则不会运行。

8.3.1 在 HTML 代码中直接嵌入

1. JavaScript 在<body></body>之间

当浏览器载入网页 body 部分时，使执行其中的 JavaScript 语句，执行之后输出的内容就显示在网页中。例如：

```
<html>
<head></head>
<body>
<script language="JavaScript" type="text/JavaScript">
…
</script>
</body>
</html>
```

2. JavaScript 在<head></head>之间

有时并不需要一载入 HTML 就运行 JavaScript，而是当用户单击了 HTML 中的某个对象，触发了一个事件时，才需要调用 JavaScript。这时，通常将这样的 JavaScript 放在 HTML 的<head></head>里。

```
<html>
<head>
<script language="JavaScript" type="text/JavaScript">
....
</script>
</head>
<body>
</body>
</html>
```

8.3.2 在 HTML 代码中调用外部文件

假使某个 JavaScript 的程序被多个 HTML 网页使用，最好的方法是将这个 JavaScript 程序放到一个后缀名为.js 的文本文件里。

这样做，可以提高 JavaScript 的复用性，减少代码维护的负担，不必将相同的 JavaScript 代码复制到多个 HTML 网页里，将来一旦程序有所修改，也只要修改.js 文件即可以，不用再修改每个用到这个 JavaScript 程序的 HTML 文件。

在 HTML 中引用外部文件里的 JavaScript，应在 Head 里写一句<script src="文件名"></script>，其中 src 的值，就是 JavaScript 所在文件的文件路径。示例代码如下：

```
<html>
<head>
<script src="asdocs/js_tutorials/common.js"></script>
</head>
<body>
</body>
</html>
```

演示示例里的 common.js 其实就是一个文本文件，内容如下：

```
function clickme()
{
alert("You clicked me!")
}
```

8.4 JavaScript 示例

下面使用记事本来编写第一个 JavaScript 脚本，来讲解 JavaScript 编写、运行、调试的过程。

8.4.1 编写 JavaScript 程序

打开记事本，输入如下代码：

※ 范例代码 8.1.html

```
<html>
<head>
<script language="javascript" type="text/javascript">
alert("欢迎学习 javascript");
</script>
<title>第一个 javascript 程序</title>
</head>
<body>
</body>
</html>
```

8.4.2 运行 JavaScript 程序

将上面输入的代码，保存为 1.html，然后打开浏览器，在地址栏里输入完整的文件名，得到如图 8.1 所示效果。

※ 范例效果图

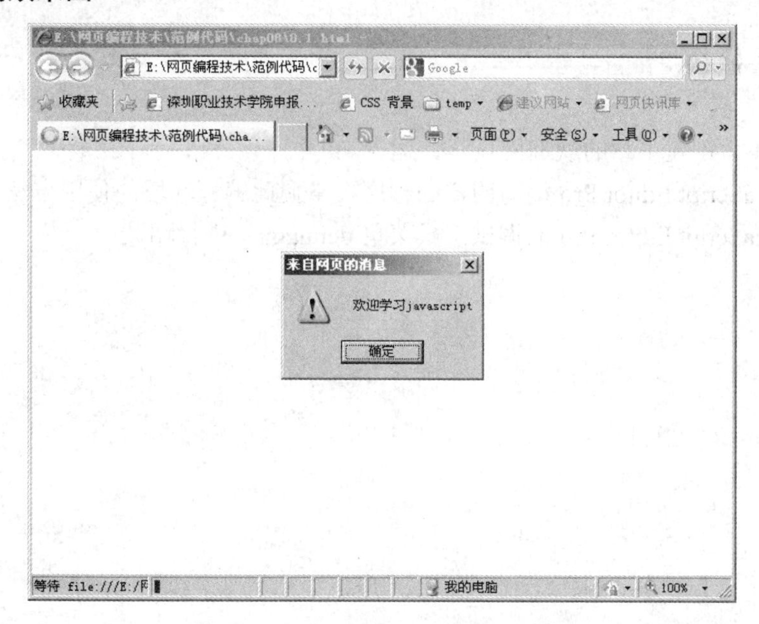

图 8.1　第一个 JavaScript 程序效果

8.4.3　调试 JavaScript 程序

为了调试程序，可使用 Yaldex Software 公司的 1st JavaScript Editor Pro 进行调试。如代码中出现了某些错误，可根据调试工具进行调试。

假如，上面的 JavaScript 代码，变成如下：

```
var a=10;
alert("欢迎学习 JavaScript");
alerft(aa);
```

则调试过程如图 8.2 所示，提示 alerft(aa)函数没有找到。

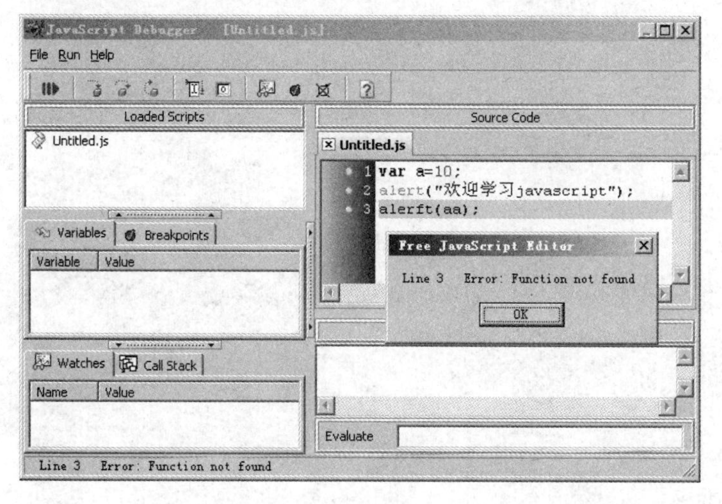

图 8.2　调试程序效果

8.5 上机练习

1．用记事本创建本章的欢迎网页，并运行。

2．用 JavaScript Editor Pro 编写同样的程序，掌握此编程环境的使用方法。

3．用 JavaScript Editor Pro 的调试工具菜单 debugging 进行调试。

第 9 章 JavaScript 编程基础

【本章要点】

▲掌握 JavaScript 的数据类型

▲掌握 JavaScript 的变量

▲掌握 JavaScript 表达式与运算符

▲掌握 JavaScript 的基本语句

▲掌握 JavaScript 的函数

在任何一种语言中都会涉及数据类型。JavaScript 中的数据类型和 C、C++，以及 Java 等语言相比有相似之处，但也有很大的不同。JavaScript 脚本语言有独特适用的数据类型、运算符、表达式，以及程序的基本框架结构。本章通过讲解相关知识点，让读者迅速掌握技术要点，并把它应用到程序当中去。

9.1 数据类型

在 JavaScript 中有 3 种基本的数据类型：数值、字符串、布尔型，此外还有数组和特殊类型的数据类型。

9.1.1 数值类型

JavaScript 支持整数和浮点数。整数可以为正数、0 或者负数；浮点数可以包含小数点、也可以包含一个“e”（大小写均可，在科学计数法中表示“10 的幂”）、或者同时包含这两项。

1. 整数

由 1～9 开始的数字组成的十进制数，如 100,200,303 等，或由 0 开始的 1～7 数字组成

的八进制数，如 017、026 等，或 0x 开始的由数字、a～f 或 A～F 组成的十六进制数，如 ox000f 等。

2. 浮点数

由整型数和小数点或 E、e 组成的数，如 3.14、1.4e2 等。

另外，JavaScript 包含特殊非数值字符。例如：NaN（它与所有值都不相等，包括它自己），当对不适当的数据进行数学运算时使用，如字符串或未定义值 2+"a"。在 JavaScript 中 Infinity 表示无穷大，在 JavaScript 中如果一个负数或正数太大，则使用它来表示，如 3e20000，-3e20000，如果一个数超过了 Infinity，将返回 NaN。

9.1.2 字符串类型

字符串型数据是使用单引号或双引号括起来的一个或多个字符。

（1）单引号括起来的一个或多个字符，例如：

'a'

'保护环境从自我作起'

（2）双引号括起来的一个或多个字符，例如：

"b"

"系统公告："

JavaScript 与 Java 不同，它没有 char 数据类型，要表示单个字符，必须使用长度为 1 的字符串。

（3）单引号定界的字符串中可以含有双引号，例如：

'<td width="25%" align="center" bgcolor="#F0F0F0">注册时间</td>'

（4）双引号定界的字符串中可以含有单引号，例如：

"<td bgcolor='#FFFFFF'>"

（5）反斜杠"\"

以反斜杠开头的不可显示的特殊字符通常称为控制字符，也被称为转义字符。通过转义字符可以在字符串中添加不可显示的特殊字符，或者防止引号匹配混乱的问题。JavaScript 常用的转义字符如表 9.1 所示。

表 9-1　常用转义字符

转义字符	描　述	转义字符	描　述
\b	退格	\n	换行
\f	换页	\t	Tab 符
\r	回车符	\'	单引号
\"	双引号	\\	反斜杠
\xnn	十六进制代码 nn 表示的字符	\unnnn	十六进制代码 nnnn 表示的 Unicode 字符
\0nnn	八进制代码 nnn 表示的字符		

9.1.3 布尔类型

布尔类型常量只有两种状态，即 true 或 false，true 表示“真”，false 表示“假”。需要注意的是，JavaScript 中 0、NaN、null、undefined 都表示 false（假），其他数值表示 true（真）。

9.1.4 特殊类型

在 JavaScript 中，有一些是没有任何类型的变量，这种被称为 undefined，中文译为“无定义数据类型”。还有一种空值数据。undefined 用来表示不存在的值，或者尚未赋值的变量。null 表示空值，是一个“什么都没有”的占位符。null 和 undefined 的区别是：

（1）undefined 表示一个变量尚未赋值；

（2）null 表示该变量被赋予了一个空值。

9.1.5 数组

字符串、数值、布尔值都属于离散值。如果某个变量是离散的，那么在任意时刻只能有 1 个值。如果想用一个变量来存储一组值，就要使用数组。

数组是由名字相同的多个值构成的一个集合，集合中的每个值都是这个数组的元素。

数组要用关键字 Array 来声明，还可以对这个数组的元素个数做出规定。

※ 基本语法：var 数组名=new Array（数组元素个数）

如果提前不确定元素个数，括号内也可以留空不写。

向数组中添加元素的操作叫做填充。在填充的时候，不仅要给出新元素的值，还要在数组中为新元素指定存放的位置，这个位置叫做下标。

```
array[index] = element;
```

index 就是元素 element 相对应的下标。

```
worldcup2010[0] = "England";
```

JavaScript 规定第一个下标值是 0 而不是 1，这一点很重要。

以下是填充数组的范例：

```
var worldcup2010 = Array(4);
worldcup2010[0] = "England";
worldcup2010[1] = "France";
worldcup2010[2] = "Italy";
worldcup2010[3] = "Chile";
```

相对简单的办法如下：

```
var worldcup2010 = Array("England","France","Italy","Chile");
```

上面的例子数组会自动为元素分配下标，为了代码的可读性，一般采用第一种完全的写法。

9.2 常量与变量

JavaScript 基本数据类型中的数据可以是常量，也可以是变量。变量的主要作用是存取数据、提供存放信息的容器。对于变量必须明确变量的命名、变量的类型、变量的声明及其变量的作用域。

9.2.1 常量

● 整型常量

JavaScript 的常量通常又称字面常量，它是不能改变的数据。其整型常量可以使用十六进制、八进制和十进制表示其值。

● 实型常量

实型常量是由整数部分加小数部分表示，如 12.32、193.98。可以用科学或标准方法表示：5E7、4e5 等。

● 布尔值

布尔值只有两种状态：true 或 false。它主要用来说明或代表一种状态或标志，以说明操作流程。

● 字符型常量

使用单引号(')或双引号(")括起来的一个或几个字符。如"ThisisabookofJavaScript"、"3245"、"ewrt234234"等。

● 空值

JavaScript 中有一个空值 null，表示什么也没有。如试图引用没有定义的变量，则返回一个 null 值。

9.2.2 变量的声明

JavaScript 数据类型的变量可以在使用前先声明，并可赋值。通过使用 var 关键字对变量作声明。对变量作声明的最大好处就是能及时发现代码中的错误：因为 JavaScript 是采用动态编译的，而动态编译是不易发现代码中的错误，特别是在变量命名方面。

（1）适用关键字 var 声明变量，例如：

※ 基本语法：var 变量名；

（2）在声明的同时可以赋值，例如：

var a=1;

（3）在一行中可以同时声明多个变量，各个变量之间用逗号“,”隔开，例如：

var a,b,c,d;

（4）隐含地声明变量，即在不使用关键字 var 的情况下，直接对变量进行赋值，例如：

i=1;

9.2.3 变量的命名

声明变量时，都要使用变量名，选择变量名的规则如下：

（1）不可以使用 JavaScript 的保留关键字。表 9-2 列出了 JavaScript 常用的保留关键字。

表 9-2 常用的保留关键字

Abstract	boolean	break
Byte	case	catch
char	class	const

续表

continue	default	do
double	else	extends
false	finally	float
for	function	goto
in	instanceof	int
if	implements	import
interface	long	native
new	null	package
private	protected	public
return	short	static
super	switch	synchronized
this	throw	throws
transient	true	try
var	void	while
with		

（2）第一个字符必须是字母（大小写均可）、或下画线（_）或美元符（$），后续的字符可以是字母、数字、下画线或美元符。

（3）尽量使用有意义的名字。

注意：JavaScript 代码是区分大小写的（case-sensitive）。变量 myname 和 MyName 表示的是两个不同的变量。忽略变量的大小写，是初学者最常见的错误之一。

9.2.4 变量的赋值

一个变量声明后，可以在任何时候对其赋值。赋值的语法是：

※ 基本语法：<变量> = <表达式>；

其中“=”叫“赋值操作符”，它的作用是把右边的值赋给左边的变量。

（1）字符串的赋值是直接量操作，直接把数据赋值给变量的存储空间，与 Java 不一样。

（2）数组赋值是传递数组的引用。解析器会开辟一块存储空间存放这个数组，然后存储空间的指针赋予变量。

（3）数组的存储空间是不会改变的，改变的只是指针指向的地址。

（4）JavaScript 的变量可以存储直接量，也可以存储指针。

9.2.5 变量的作用域

变量的作用范围又称作用域，是指变量在程序中的有效范围。根据作用域，变量可以分为全局变量和局部变量。

全局变量的作用域是全局性的，即在整个 JavaScript 程序中，全局变量处处都存在。一般定义在<Script>块中，在 function 函数外。

而在函数内部声明的变量，只在函数内部起作用。这些变量是局部变量，作用域是局部性的；函数的参数也是局部性的，只在函数内部起作用。

注意： 在函数内部，局部变量的优先级比同名的全局变量优先级高；如果存在与局部变量名称相同的局部变量，或者在函数内部声明了与全局变量同名的参数，那么，该全局变量将不再起作用。JavaScript 没有块级作用域，函数声明的所有变量无论在哪里声明，在整个函数中都有意义。

9.2.6 变量的类型转换

（1）JavaScript 支持自动类型转换，例如：

```
<script>
 var a = "3.145";
var b = a - 2;//将 a 的类型转换成数字；
var c = a + 2;//将 a 的类型转换成字符串；
alert (b + "\n" + c);
</script>
```

（2）JavaScript 还提供几个支持强制类型转换的函数，如表 9-3 所示。

表 9-3 强制类型转换函数

函 数	描 述
toString()	将布尔值、数字等转换成字符串
parseInt()	将字符串、布尔值等转换成整数
parseFloat()	将字符串、布尔值等转换成浮点数
eval()	将字符串表达式转换成数字值。例如，语句 total=eval("432.1*10")的结果是 total=4321 即将数值 4321 赋予 total 变量

（3）各种类型转换成数字的结果如表 9-4 所示。

表 9-4 各种类型转换成数字的结果

类 型	描 述
undefined 值	转换成 NaN
Null 值	转换成 0
布尔值	值为 true，转换成 1；值为 false，转换成 0
字符串值	如果字符串是数字形式，转换成数字，否则转换成 NaN
其他对象	转换成 NaN

（4）各种类型转换成字符串的结果如表 9-5 所示。

表 9-5 各种类型转换成字符串的结果

类 型	描 述
undefined 值	转换成"undefined"
null 值	转换成"null"
布尔值	值为 true，转换成"true"；值为 false，转换成"false"
数字型值	NaN 或数字型变量的完整字符串
其他对象	如果该对象的 toString()方法存在，则返回 toString 方法的返回值，否则返回 undefined

（5）各种类型向布尔型转换的结果如表 9-6 所示。

表 9-6　各种类型转换成布尔型的结果

类　型	描　述
undefined 值	转换成 false
null 值	转换成 false
字符串值	如果字符串为空字符串，返回 false；否则返回 true
数字型值	如果数字为 0 或 NaN，返回 false；否则返回 true
其他对象	总是返回 true

9.3　表达式与运算符

9.3.1　表达式与运算符介绍

1. 表达式

在定义完变量后，就可以对它们进行赋值、计算等一系列操作，这一过程通常由表达式来完成，可以说它是变量、常量、布尔及运算符的集合，因此表达式可以分为算术表述式、字串表达式、赋值表达式以及布尔表达式等。

2. 运算符

运算符完成操作的一系列符号，在 JavaScript 中有算术运算符，如+、-、*、/等；关系运算符如!=、= =等；逻辑布尔运算符如!（取反）、||；字串运算符如+、+=等。

在 JavaScript 中主要有双目运算符和单目运算符。

※ 双目运算符基本语法：操作数 1 运算符 操作数 2

即由两个操作数和一个运算符组成。如 50+40、"This"+"that"等。

单目运算符，只需一个操作数，其运算符可在前或后，例如：-a

9.3.2　赋值运算符

JavaScript 脚本语言的赋值运算符包含“=”、“+=”、“-=”、“*=”、“/=”、“%=”、“&=”、“^=”等，下面将常用的几个汇总如表 9-7 所示。

表 9-7　赋值运算符

运 算 符	描　述
=	将一个值或表达式的结果赋值给变量
+=	将变量与所赋的值相加后的结果再赋值给变量，如 x+=3 等价于 x=x+3
-=	将变量与所赋的值相减的结果再赋值给变量，如 x-=3 等价于 x=x-3
*=	将变量与所赋的值相乘的结果再赋值给变量，如 x*=3 等价于 x=x*3
/=	将变量与所赋的值相除的结果再赋值给变量，如 x/=3 等价于 x=x/3
%=	将变量与所赋的值求模后的结果再赋值给变量，如 x%=3 等价于 x=x%3

9.3.3　算术运算符

JavaScript 中的算术运算符包含+、−、*、/、%、++、−−等，简要说明如表 9-8 所示。

表 9-8　算术运算符

运　算　符	描　　述
+	加法，x+y，如果 x 为整数 2，y 为整数 5，x+y 等于 7；如果 x 为字符串"text1"，y 为字符串"fun",x+y 则等于"text1fun"
−	减法 x-y
*	乘法 x*y
/	除法 x/y
%	两者相除求余数，x%y，如果 x 等于 10，y 等于 3，x%y 的结果等于 1
++	递增，x++，如果 x 等于 10，则 x++等于 11
−−	递减，y−−，如果 y 等于 10，则 y−−等于 9

9.3.4　关系运算符

JavaScript 关系运算符负责判断两个值是否符合给定的条件，JavaScript 关系运算符包括>，<，>=，<=，!=，==，===，!==。

用关系运算符和运算对象（操作数）连接起来，符合规则的 JavaScript 语法的式子，称 JavaScript 关系表达式。

JavaScript 关系表达式返回的值为 true（正确[真]）或 false（错误[假]）。下面是关系运算符的相关说明如表 9-9 所示。

表 9-9　关系运算符

运　算　符	描　　述
==	等于，x==y，如果 x 等于 2，y 等于 2，则 x==y
===	全等于（值相等,数据类型也相等），x===y，如果 x 等于整数 2，y 为字符串"2"，则 x===y 不成立
>	大于，x>y
>=	大于等于，x>=y
<	小于，x<y
<=	小于等于，x<=y
!=	不等于，x!=y
!==	不全等于，x!==y

9.3.5　逻辑运算符

逻辑运算符，通常用于执行布尔运算，与关系运算符一起使用，以表达较为复杂的运算，下面是逻辑运算符的说明如表 9-10 所示。

表 9-10　逻辑运算符

运　算　符	描　　述
&&	逻辑与（and），x < 10 && y > 1
!	逻辑非（not），!(x==y)
||	逻辑或（or），x==8 || y==8

9.3.6 特殊运算符

除上面所讲的运算符以外，还有其他的特殊运算符，具体如下。

（1）new 运算符，创建 1 个新对象。

※ **基本语法**：new constructor[(arguments)]

说明：

参数 constructor：必选项。对象的构造函数。如果构造函数没有参数，则可以省略圆括号。

arguments：可选项。任意传递给新对象构造函数的参数。

示例：

```
my_object = new Object;
my_array = new Brray();
my_date = new Date("Jan 5 1996");
```

（2）typeof 运算符，返回 1 个用来表示该操作数类型的字符串。

※ **基本语法**：typeof[()expression[]] ；

说明：

expression 参数是需要查寻类型信息数据类型。

typeof 返回值有 6 种："number"，"string"，"boolean"，"object"，"function"和"undefined"。

typeof 语法中的圆括号是可选项。

（3）void 运算符，计算操作数的值，然后舍弃并返回一个 undefined。常用于在 URL 中调用 JavaScript。

※ **基本语法**：void expression

说明：

expression 参数是任意有效的数据类型。

（4）逗号运算符，该操作符很是简单，它会依次计算两个操作数并返回第二个操作数的值。

※ **基本语法**：expr1，expr2

说明：

参数 expr1, expr2 为任意数据类型。该操作符最常见的用途是在 for 语句中使用多个变量作为循环变量。

例如，如果 a 是 1 个 10×10 的二维数组，下面的代码将使用逗号操作符一次自增两个变量。结果是打印出该数组相对角线上的元素：

```
for (var i=0, j=10; i <= 10; i++, j--)
document.writeln("a["+i+","+j+"]= " + a[i,j])
```

（5）?: 前提运算符，是 JavaScript 所有操作符之中独一需要有 3 个操作数的。该运算符用于取代简单的 if 语句。

※ **基本语法**： condition ? expr1 : expr2

说明：

参数 condition 计算结果为 true，该操作符将返回 expr1 的值；否则返回 expr2 的值。例

如，要根据 isMember 变量的值显示不同的信息，可以使用此语句：

document.write ("收费为 " + (isMember ? "$2.00" : "$10.00"))

9.3.7 运算符的优先级

JavaScript 中的运算符优先级有一套规则。该规则在计算表达式时控制运算符执行的顺序。具有较高优先级的运算符先于较低优先级的运算符执行。例如，乘法先于加法执行。

表 9-11 按从最高到最低的优先级列出 JavaScript 运算符。具有相同优先级的运算符按从左至右的顺序求值。

表 9-11 运算符优先级

运 算 符	描 述
. [] ()	字段访问、数组下标、函数调用以及表达式分组
++ — - ~ ! delete new typeof void	一元运算符、返回数据类型、对象创建、未定义值
* / %	乘法、除法、取模
+ − +	加法、减法、字符串连接
<< >> >>>	移位
< <= > >= instanceof	小于、小于等于、大于、大于等于、instanceof
== != === !==	等于、不等于、严格相等、非严格相等
&	按位与
^	按位异或
|	按位或
&&	逻辑与
||	逻辑或
?:	条件
=	赋值、运算赋值
*= /= %= += -+ <<= >>= >>>= &= ^= !=	多重求值

9.4 程序语句

本节描述了大部分常用的 JavaScript 语句。JavaScript 语句由关键字和相应的语法构成。一个单独的语句可以写在多行上。如果用分号隔开，则多个语句也可出现在一行上。

9.4.1 if 语句

在一般情况下，程序语句的执行是按照其书写顺序来执行的。前面的代码先执行，后面的代码后执行。但是这种简单的自上而下的单向流程只适用于一些很简单的程序。大多数情况下，需要根据逻辑判断来决定程序代码执行的优先顺序。要改变程序代码执行的先后顺序，任何编程语言都需要用到条件语句和循环语句，JavaScript 也不例外。

1. 单项条件结构（if 条件语句）

※ 基本语法：

```
if(条件)
{
        语句 a；
        语句 b；
        …
}
```

其流程图如图 9.1 所示。

这句语法的含义是，如果符合 expression 条件，就执行大括号里面的语句块代码；反之，则不执行。

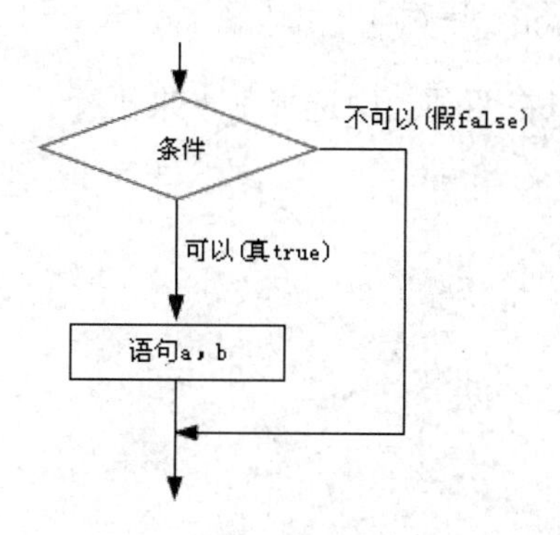

图 9.1　单项 if 语句流程图

下面的这个 JavaScript 示例就用到了 JavaScript 的单项 if 条件语句。首先用.length 计算出字符串 What's up?的长度，然后使用 if 语句进行判断，如果该字符串长度<100，就显示"该字符串长度小于 100。"。

※ 范例代码　9.1.html

```
<html>
<head><title>一个使用到 if 条件语句的 JavaScript 示例</title></head>
<body>
<script type="text/JavaScript">
var vText = "What's up?";
var vLen = vText.length;
if (vLen < 100)
{
document.write("<p> 该字符串长度小于 100。</p>")
}
</script>
</body>
</html>
```

※ 范例效果图

范例效果如图 9.2 所示。

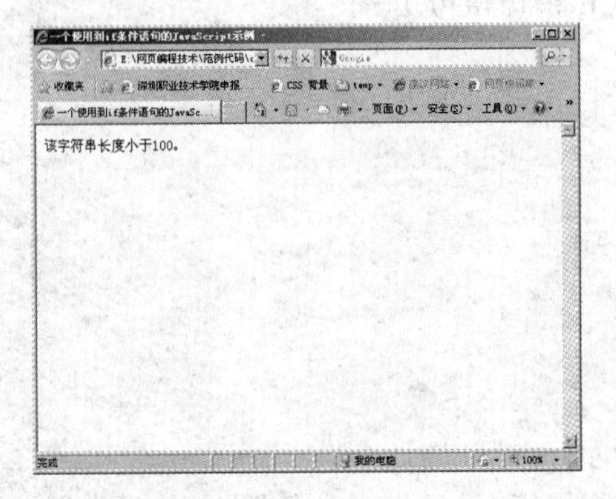

图 9.2　单项 if 语句

2. 双项条件语句（if…else 语句）

使用 if…else 语句，可以在两项当中选择其一来执行。

※ 基本语法：

```
if(条件)
{
        语句 a;
        语句 b;
}
else
{
        语句 c;
        语句 d;
}
```

如果条件满足，将执行语句 a 和语句 b，否则执行语句 c 和语句 d，其流程图如图 9.3 所示。

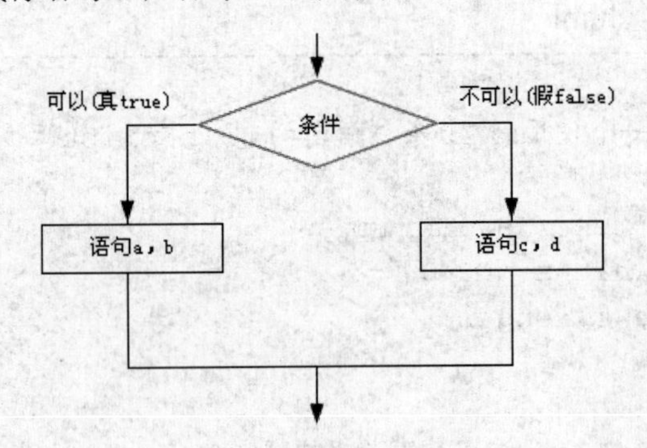

图 9.3　双项 if 语句流程图

3. 多项 if_else 语句

※ 基本语法：

```
if(条件 a)
{
```

```
        语句 a;
        语句 b;
    }
    else if(条件 b)
    {
        语句 c;
        语句 d;
    }
    else if(条件 c)
    {
        语句 e;
        语句 f;
    }
    …
    else if(条件 x)
    {
        语句 h;
        语句 i;
    }
    else
    {
        语句 g;
        语句 k;
    }
```

如果条件 a 满足，执行语句 a 和语句 b；如果条件 b 满足，则执行语句 c 和语句 d；如果条件 c 满足，则执行语句 e 和语句 f……否则如果条件 x 满足，则执行语句 h 和语句 i；若前面条件都不满足，则执行语句 g 和语句 k。其流程图如图 9.4 所示。

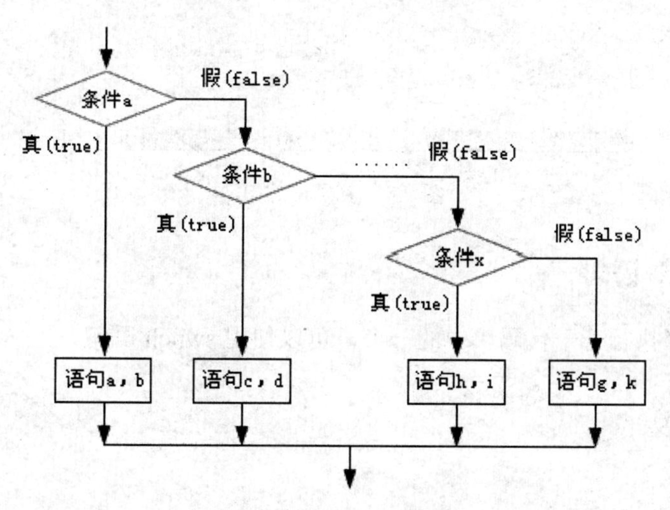

图 9.4　多项 if 语句流程图

另外提到的一点是可以在 if 与 if 之间进行嵌套，这种嵌套是无限制的。

下面举例来进行强化。

※ 范例代码　9.2.html

```
<script type="text/javascript">
var d = new Date()
var time =d.getHours()
if (time<10) {
 document.write("<b>Good  morning</b>");
}

else if (time>10 && time<16)  {
 document.write("<b>Good day</b>");
}
else {
   document.write("<b>Hello World!</b>");
}
</script>
```

※ 范例效果图

范例效果如图 9.5 所示。

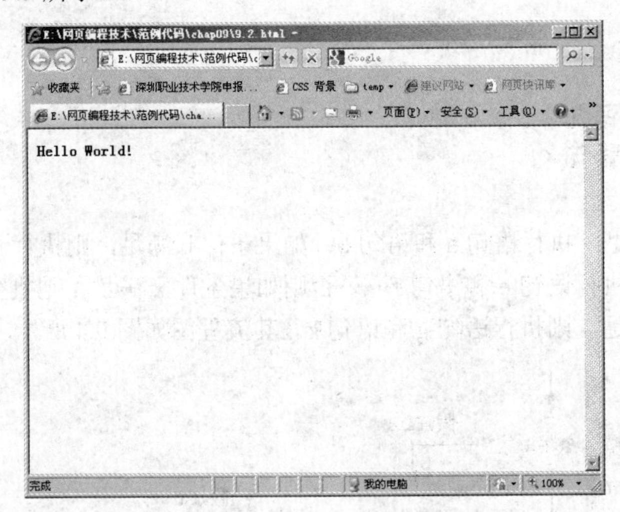

图 9.5　多项 if 语句

9.4.2　switch 语句

如果希望选择执行若干代码块中的一个，可以使用 switch 语句。

※ 基本语法：

```
switch(n)
  {
  case 1：
    执行代码块 1
    break；
  case 2：
```

```
        执行代码块 2
        break;
    ...
    default:
        如果 n 即不是 1 也不是 2，也不是…，则执行此代码
    }
```

※ 范例代码　9.3.html

```
<script type="text/javascript">
//You will receive a different greeting based
//on what day it is. Note that Sunday=0,
//Monday=1, Tuesday=2, etc.
var d=new Date()
theDay=d.getDay()
switch (theDay)
   {
   case 5:
     document.write("Finally Friday")
     break;
   case 6:
     document.write("Super Saturday")
     break;
   case 0:
     document.write("Sleepy Sunday")
     break;
   default:
     document.write("I'm looking forward to this weekend!")
}
</script>
```

※ 范例效果图

范例效果如图 9.6 所示。

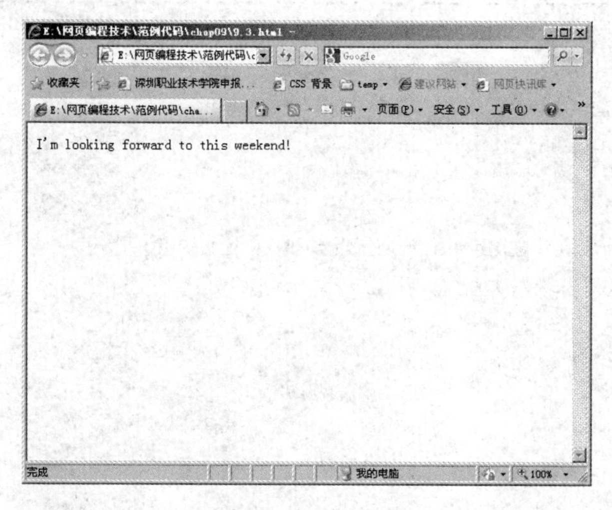

图 9.6　switch 语句

9.4.3 while 语句

前面已经看到了，if else 和 switch 使 JavaScript 具有了判断的能力，但是，计算机的判断能力和人的判断能力不同。计算机更擅长一件事情——不停地重复。我们在 JavaScript 中称为循环（loop）。

JavaScript 循环语句指的是一段代码将被执行某一特定的次数，或者指定的某一条件为真时一直循环执行。

1. while 循环

while 循环用于在指定条件为 true 时循环执行代码。

※ 基本语法：

```
while（变量 运算符 结束值）
{
    需执行的代码
}
```

2. do...while 循环

do...while 循环是 while 循环的变种。该循环程序在初次运行时会首先执行一遍其中的代码，然后当指定的条件为 true 时，它会继续这个循环。所以，do...while 循环为至少执行一遍其中的代码，即使条件为 false，因为其中的代码执行后才会进行条件验证。

※ 基本语法：

```
do
{
    需执行的代码
}
while（变量 运算符 结束值）
```

下面举例来强化记忆。

※ 范例代码 9.4.html

```
<html>
<body>
<script type="text/javascript">
var i=0
do
{
document.write("The number is " + i)
document.write("<br />")
i=i+1
}
while (i<0)
</script>
</body>
</html>
```

※ 范例效果图

范例效果如图 9.7 所示。

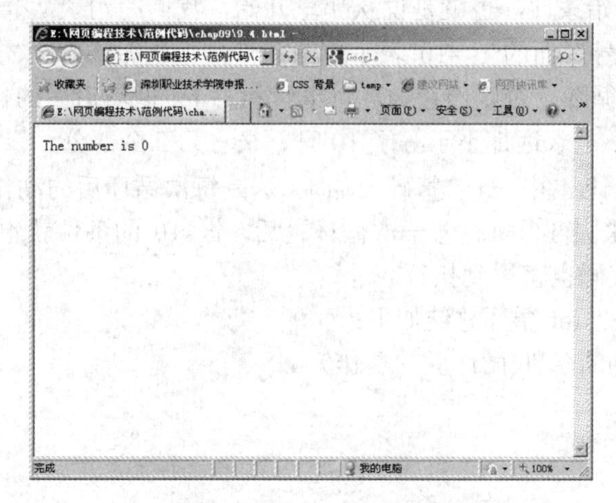

图 9.7 do…while 语句

9.4.4 for 语句

在了解 for 循环的语法之前，还是来看一个简单的例子吧：有十个菜鸟报数，“菜鸟 1 号、菜鸟 2 号……”。有了 for 循环，使用很少的代码就可以实现十个菜鸟的报数。

※ 范例代码 9.5.html

```
<script type="text/JavaScript">
var i=1;
for (i=1;i<=10;i++)
{
document.write("菜鸟"+i+"号<br />");
}
</script>
```

※ 范例效果图

范例效果如图 9.8 所示。

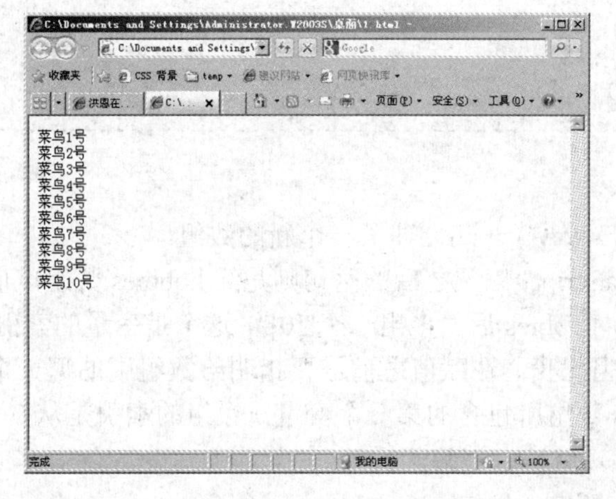

图 9.8 for 语句

在上面的例子中，循环恰好执行了 10 次，那么和"for (i=1;i<=10;i++)"一句中的 10 是不是 10 次的意思呢？下面我们就来看看 for 循环的工作机制。

首先"i=1"叫做初始条件，也就是说从哪里开始，我们的例子从 i=1 开始。

出现在第一个分号后面的"i<=10"表示判断条件，每次循环都会先判断这个条件是否满足，如果满足则继续循环，否则停止循环，继续执行 for 循环后面的代码。你可能想问了，我们设定了 i=0，岂不是永远都小于等于 10 吗？来看第三个部分。

最后的"i++"表示让 i 在自身的基础上加 1，这是每次循环后的动作。也就是说，每次循环结束，i 都会比原来大 1，执行若干次循环之后，i<=10 的条件就不满足了，这时循环结束，for 循环后面的代码也将得到执行。

至此，我们可以把 for 循环总结如下：

```
for（初始条件;判断条件;循环后的动作）
{
    循环代码
}
```

9.4.5 for…in 语句

JavaScript 中的 for…in 循环通常用来遍历数组。

我们来看一个保存了爱好的数组实例：

※ 范例代码 9.6.html

```
<html>
<body>
<script type="text/JavaScript">
var x;
var hobbies = new Array();//创建一个新的数组
hobbies[0] = "JavaScript";
hobbies[1] = "CSS";
hobbies[2] = "篮球";
for (x in hobbies)//数组中的每一个变量
{
document.write(hobbies[x] + "<br />");
}
</script>
</body>
</html>
```

※ 代码分析

var hobbies = new Array();一句创建了一个新的数组。

hobbies[0] = "JavaScript";以及之后的两句则是给 hobbies 数组赋值。这与我们之前见过的变量赋值不太一样，hobbies 后面多出一个"[0]"，这个是变量的索引。我们之前已经讲过，数组是变量的集合，因此我们在赋值之前需要指明给数组中的哪一个变量赋值。在这里，"[0]"表示的是 hobbies 数组所包含的第一个变量（数组的索引是从 0 开始的）。

最后的 for…in 循环就很好理解了。

for (x in hobbies)//数组中的每一个变量

```
{        document.write(hobbies[x] + "<br />");        }
```

表示遍历 hobbies 数组的所有变量，并且将它们逐一输出。

※ 范例效果图

范例效果如图 9.9 所示。

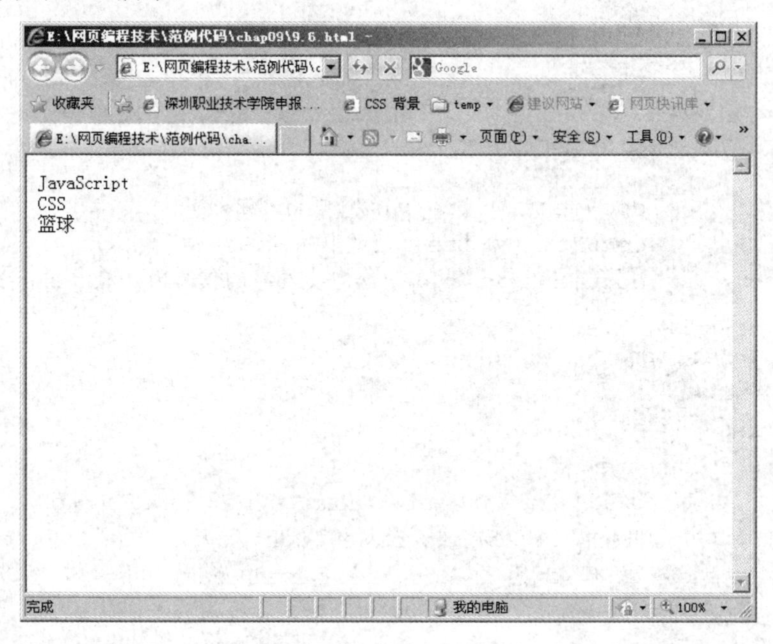

图 9.9　for…in 语句

9.4.6　with 语句

JavaScript 的 with 关键字的原本用意是为逐级的对象访问提供命名空间式的速写方式，也就是在指定的代码区域，直接通过节点名称调用对象。

※ 基本语法：with(object)

　　　　statement；

object 表示对象，statement 表示一个或多个语句，语句块的默认对象为 object。with 语句能够有效地将 object（对象）添加到作用域链的头部，然后执行 statement 语句，再把作用域链恢复到初初始的状态。使用 with 语句，可以节省大量的输入工作。

在下面的简单例子中，请注意 Math 的重复使用：

```
x=Math.cos(3*Math.PI)+Math.sin(Math.LN10);
```

当使用 with 语句时，代码变得更短更易读：

```
with9(Math){
x=cos(3*PI)+sin(LN10)
}
```

※ 范例代码　9.7.html

```
<html>
    <head>
        <title>with 语句的实例</title>
```

```
        <script type="text/javascript">
          function print()
          {
             with(document.f1)
             {
                 v1=nam.value;
                 v2=con.value;
                 v3=texta.value;
             }
             document.write(v1+",您好<br>");
             document.write("您的联系电话为"+v2+"<br>")
             document.write( "您想要发布的信息为: <br>"+v3);
          }
        </script>
    </head>
    <body>
        <form name="f1">
          <p>姓名: <input name="nam" type="text"></p>
          <p>联系电话: <input name="con" type="text"></p>
          <p>发布信息: <br><textarea name="texta" cols="20"
rows="5"></textarea></p>
          <p><input name="button1" type="button" value="查看填写
信息" onclick="print()"></p>
        </form>
    </body>
</html>
```

※ 范例效果图

范例效果如图 9.10 所示。

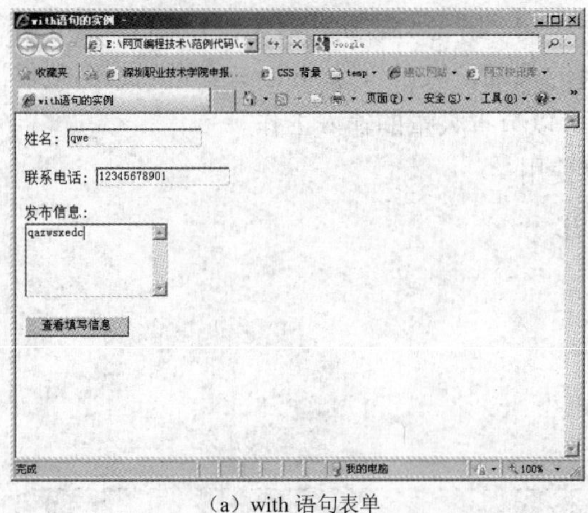

（a）with 语句表单

（b）with 语句结果

图 9.10　with 语句的效果

9.5 函数

通常情况下，函数是完成特定功能的一段代码。把一段完成特定功能的代码块放到一个函数里，以后就可以重复调用这个函数，这样就省去了重复输入大量代码的麻烦。函数是 JavaScript 中非常重要的概念。

JavaScript 中的函数不同于其他的语言，每个函数都是作为一个对象被维护和运行的。通过函数对象的性质，可以很方便地将一个函数赋值给一个变量或者将函数作为参数进行传递。

※ 基本语法：

```
(1) function func1(…){…}
(2) var func2=function(…){…};
(3) var func3=function func4(…){…};
(4) var func5=new function();
```

9.5.1 定义函数

1. 创建函数

※ 基本语法：

```
function 函数名(var1,var2,...,var x)
  {
  代码…
  }
```

说明：var1、var2 指的是传入函数的变量或值。{} 定义了函数的开始和结束。

注意：无参数的函数必须在其函数名后加括号。

例如：

```
function 函数名()
    {
    代码…
    }
```

注意：别忘记 JavaScript 中大小写字母的重要性。“function”这个词必须是小写的，否则 JavaScript 就会出错。另外需要注意的是，必须使用大小写完全相同的函数名来调用函数。

2. return 语句

return 语句用来规定从函数返回的值。

因此，如需要返回某个值的函数必须使用这个 return 语句，如以下例子的函数会返回两个数相乘的值（a 和 b）：

```
function prod(a,b)
{
x=a*b
return x
}
```

当您调用上面这个函数时，必须传入两个参数：

```
product=prod(2,3)
```

而从 prod() 函数的返回值是 6，这个值会存储在名为 product 的变量中。

9.5.2 调用函数

函数可以通过其名字加上括号中的参数进行调用，如果有多个参数。

下面通过一个简单的例子来进行说明。

※ 范例代码 9.8.html

```
<html>
<body>
<script type="text/javascript">
function sayHi(sName, sMessage) {
  alert("Hello " + sName + sMessage);
}
sayHi("David", " Nice to meet you!");
</script>
</body>
</html>
```

※ 范例效果图

范例效果如图 9.11 所示。

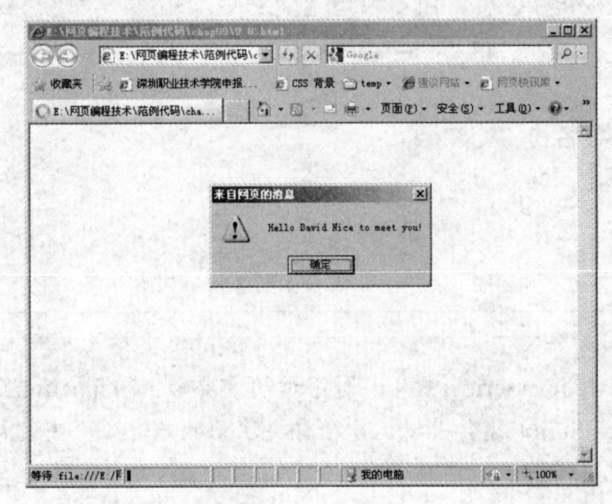

图 9.11 函数调用

9.5.3 内置函数

JavaScript 的内置函数不从属于任何对象，在 JavaScript 语句的任何地方都可以使用这些函数。下面是这些函数的解释。

1. 常规函数

JavaScript 常规函数包括以下 9 个函数，如表 9-12 所示。

表 9-12 常规函数

函 数	描 述
alert	显示一个警告对话框，包括一个“OK”按钮
confirm	显示一个确认对话框，包括“OK”、“Cancel”按钮
escape	将字符转换成 Unicode 码
eval	计算表达式的结果
isNaN	测试是(true)否(false)为一个数字
parseFloat	将字符串转换成浮点数字形式
parseInt	将符串转换成整数数字形式(可指定几进制)
prompt	显示一个输入对话框，提示等待用户输入
unescape	解码由 escape 函数编码的字符

2. 数组函数

JavaScript 数组函数包括以下 4 个函数，如表 9-13 所示。

表 9-13 数组函数

函 数	描 述
join	转换并连接数组中的所有元素为一个字符串
length	返回数组的长度
reverse	将数组元素的顺序颠倒
sort	将数组元素的重新排序

3. 日期函数

JavaScript 日期函数包括以下 20 个函数，如表 9-14 所示。

表 9-14 日期函数

函 数	描 述
getDate	返回日期的“日”部分，值为 1～31
getDay	返回星期几，值为 0～6，其中 0 表示星期日，1 表示星期一…… 6 表示星期六
getHours	返回日期的“小时”部分，值为 0～23
getMinutes	返回日期的“分钟”部分，值为 0～59
getMonth	返回日期的“月”部分，值为 0～11。其中 0 表示 1 月，2 表示 3 月……11 表示 12 月
getSeconds	返回日期的“秒”部分，值为 0～59
getTime	返回系统时间
getTimezoneOffset	返回此地区的时差（当地时间与 GMT 格林威治标准时间的地区时差），单位为分钟

续表

函　数	描　述
getYear	返回日期的“年”部分。返回值以 1900 年为基数，例如 1999 年为 99
parse	返回从 1970 年 1 月 1 日零时整算起的毫秒数（当地时间）
setDate	设定日期的“日”部分，值为 0～31
setHours	设定日期的“小时”部分，值为 0～23
setMinutes	设定日期的“分钟”部分，值为 0～59
setMonth	设定日期的“月”部分，值为 0～11。其中 0 表示 1 月……11 表示 12 月
setSeconds	设定日期的“秒”部分，值为 0～59
setTime	设定时间。时间数值为 1970 年 1 月 1 日零时整算起的毫秒数
setYear	设定日期的“年”部分
toGMTString	转换日期成为字符串，为 GMT 格林威治标准时间
setLocaleString	转换日期成为字符串，为当地时间
UTC	返回从 1970 年 1 月 1 日零时整算起的毫秒数，以 GMT 格林威治标准时间计算

- setHours 函数：设定日期的“小时”部分，值为 0～23。
- setMinutes 函数：设定日期的“分钟”部分，值为 0～59。
- setMonth 函数：设定日期的“月”部分，值为 0～11。其中 0 表示 1 月……11 表示 12 月。
- setSeconds 函数：设定日期的“秒”部分，值为 0～59。
- setTime 函数：设定时间。时间数值为 1970 年 1 月 1 日零时整算起的毫秒数。
- setYear 函数：设定日期的“年”部分。
- toGMTString 函数：转换日期成为字符串，为 GMT 格林威治标准时间。
- setLocaleString 函数：转换日期成为字符串，为当地时间。
- UTC 函数：返回从 1970 年 1 月 1 日零时整算起的毫秒数，以 GMT 格林威治标准时间计算。

4. 数学函数

JavaScript 数学函数其实就是 Math 对象，它包括属性和函数（或称方法）两部分。其中，属性的内容如表 9-15 所示。

表 9-15　数学对象属性

属　性	描　述
Math.e	自然对数
Math.LN2	2 的自然对数
Math.LN10	10 的自然对数
Math.LOG2E	e 的对数，底数为 2
Math.LOG10E	e 的对数，底数为 10
Math.PI	π
Math.SQRT1_2	1/2 的平方根值
Math.SQRT2	2 的平方根值

数学函数如表 9-16 所示。

表 9-16　数学函数

函　　数	描　　述
abs	Math.abs(以下同)，返回一个数字的绝对值
acos	返回一个数字的反余弦值，结果为 0～π 弧度(radians)
asin	返回一个数字的反正弦值，结果为-π /2～π /2 弧度
atan	返回一个数字的反正切值，结果为-π /2～π /2 弧度
atan2	返回一个坐标的极坐标角度值
ceil	返回一个数字的最小整数值（大于或等于
cos	返回一个数字的余弦值，结果为-1～1
exp	返回 e（自然对数）的乘方值
floor	返回一个数字的最大整数值（小于或等于）
log	自然对数函数，返回一个数字的自然对数（e）值
max	返回两个数的最大值
min	返回两个数的最小值
pow	返回一个数字的乘方值
random	返回一个 0～1 的随机数值
round	返回一个数字的四舍五入值，类型是整数
sin	返回一个数字的正弦值，结果为-1～1
sqrt	返回一个数字的平方根值
tan	返回一个数字的正切值

5. 字符串函数

JavaScript 字符串函数完成对字符串的字体大小、颜色、长度和查找等操作，共包括 20 个函数，如表 9-17 所示。

表 9-17　字符串函数

函　　数	描　　述
anchor	产生一个链接点（anchor）以作超级链接使用。anchor 函数设定<A NAME...>的链接点的名称，另一个函数 link 设定<A HREF=...>的 URL 地址
big	将字体加到一号，与<big>...</big>标签结果相同
blink	使字符串闪烁，与<blink>...</blink>标签结果相同
bold	使字体加粗，与<b>...</b>标签结果相同
charAt	返回字符串中指定的某个字符
fixed	将字体设定为固定宽度字体，与<tt>...</tt>标签结果相同
fontcolor	设定字体颜色，与<font color=color>标签结果相同
fontsize	设定字体大小，与<font size=n>标签结果相同
indexOf	返回字符串中第一个查找到的下标 index，从左边开始查找
italics	使字体成为斜体字，与<i>...</i>标签结果相同
lastIndexOf	返回字符串中第一个查找到的下标 index，从右边开始查找
length	返回字符串的长度（不用带括号）
link	产生一个超级链接，相当于设定<a href=...>的 URL 地址
small	将字体减小一号，与<small>...</small>标签结果相同
strike	在文本的中间加一条横线，与<strike>...</strike>标签结果相同
sub	显示字符串为下标字（subscript）
substring	返回字符串中指定的几个字符
sup	显示字符串为上标字（superscript）
toLowerCase	将字符串转换为小写
toUpperCase	将字符串转换为大写

9.6 页面实例——应用 JavaScript 的页面

函数为程序设计人员提供了极大的方便性。通常在设计一个复杂的程序时，总是根据所要完成的功能，将程序划分为一些相对独立的部分，每部分编写一个函数，从而，各部分充分独立，任务单一，程序清晰、易懂。

本例通过定义不同的函数和调用函数，讲解了 JavaScript 编程基础的相关知识点。

※ **部分代码**:

```
<script language="JavaScript">
<!--
var caution = false
function setCookie(name, value, expires, path, domain, secure) {
	var curCookie = name + "=" + escape(value) +
		((expires) ? "; expires=" + expires.toGMTString() : "") +
		((path) ? "; path=" + path : "") +
		((domain) ? "; domain=" + domain : "") +
		((secure) ? "; secure" : "")
	if (!caution || (name + "=" + escape(value)).length <= 4000)
		document.cookie = curCookie
	else
		if (confirm("Cookie exceeds 4KB and will be cut!"))
			document.cookie = curCookie
}

function getCookie(name) {
	var prefix = name + "="
	var cookieStartIndex = document.cookie.indexOf(prefix)
	if (cookieStartIndex == -1)
		return null
	var cookieEndIndex = document.cookie.indexOf(";", cookieStartIndex
+ prefix.length)
	if (cookieEndIndex == -1)
		cookieEndIndex = document.cookie.length
	return unescape(document.cookie.substring(cookieStartIndex +
prefix.length, cookieEndIndex))
}

function deleteCookie(name, path, domain) {
	if (getCookie(name)) {
		document.cookie = name + "=" +
		((path) ? "; path=" + path : "") +
		((domain) ? "; domain=" + domain : "") +
		"; expires=Thu, 01-Jan-70 00:00:01 GMT"
	}
}
function fixDate(date) {
```

```
        var base = new Date(0)
        var skew = base.getTime()
        if (skew > 0)
                date.setTime(date.getTime() - skew)
}

var now = new Date()
fixDate(now)
now.setTime(now.getTime() + 365 * 24 * 60 * 60 * 1000)
var visits = getCookie("counter")
if (!visits)
        visits = 1
else
        visits = parseInt(visits) + 1
setCookie("counter", visits, now)
document.write("朋友您已来这儿" + visits + "次.")

// -->
</script>
```

※ 范例效果图

范例效果如图 9.12 所示。

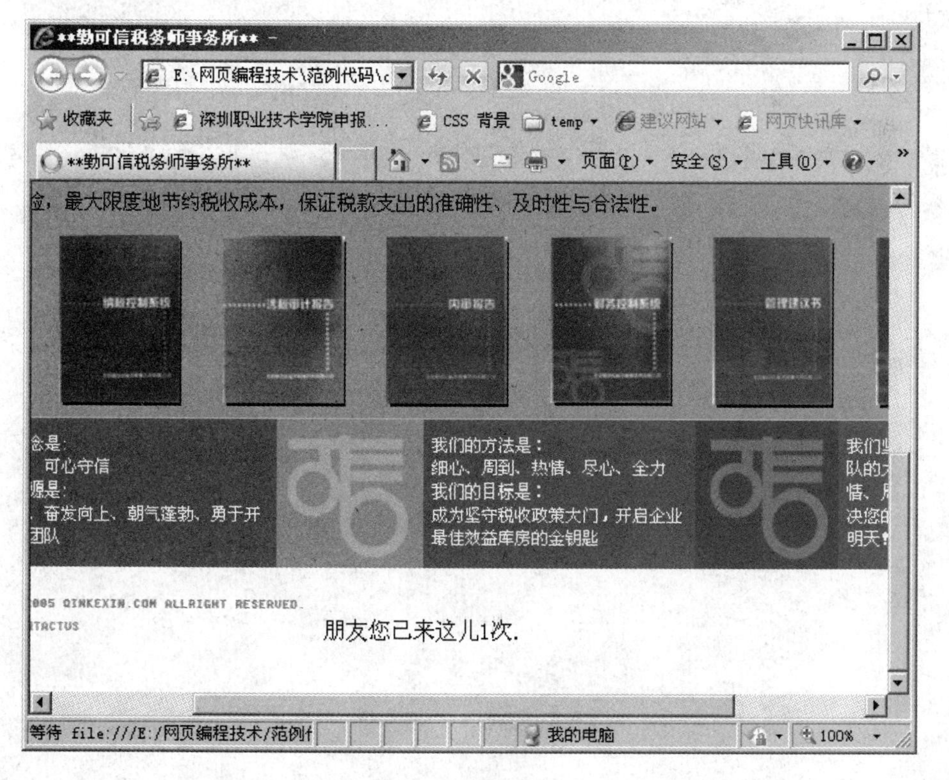

图 9.12　编程基础

9.7 上机练习

1．编写关于判断润年非闰年的函数。判断闰年的条件是：

（1）能被 4 整除，但是不能被 100 整除。

（2）能被 100 整除，又能被 400 整除。

2．使用 switch 语句，编写脚本，在页面上弹出提示对话框，当用户输入数字 0～6 时，弹出警示框，上面显示对应的星期数。

3．写出九九乘法表，要符合小学生的使用习惯。

第 10 章 事件与事件处理

【本章要点】

▲掌握 JavaScript 事件的概念

▲掌握 JavaScript 事件驱动的概念

▲掌握常用的 JavaScript 事件

用户可以通过多种方式与浏览器中的页面进行交互，而事件是交互的桥梁。Web 应用程序开发人员通过 JavaScript 脚本内置的和自定义的事件处理器来响应用户的动作，就可以开发出更具交互性、动态性的页面。

本章主要介绍 JavaScript 脚本中的事件处理的概念、方法，列出了 JavaScript 预定义的事件处理器，并且介绍了如何编写用户自定义的事件处理函数，以及如何将它们与页面中用户的动作相关联，以得到预期的交互性能。

10.1 事件驱动与事件处理

广义上讲，JavaScript 脚本中的事件是指用户载入目标页面，直到该页面被关闭期间浏览器的动作及该页面对用户操作的响应。事件的复杂程度大不相同，简单的如鼠标的移动、当前页面的关闭、键盘的输入等，复杂的如拖曳页面图片或单击浮动菜单等。

事件处理器是与特定的文本和特定的事件相联系的 JavaScript 脚本代码，当该文本发生改变或者事件被触发时，浏览器执行该代码并进行相应的处理操作，响应某个事件而进行的处理过程称为事件处理。

10.1.1 事件的定义

事件是用户在某些内容上的单击、鼠标经过某个特定元素或按下键盘上的某些按键。

事件也是Web浏览器中发生的事情，比如某个Web页面加载完成，或者是用户滚动窗口或改变窗口大小。

网页中的每个元素都可以产生某些可以触发JavaScript函数的事件。比如，我们可以在用户单击某按钮时产生一个onClick事件来触发某个函数。事件在HTML页面中定义。

常见的事件如下：

鼠标单击

页面或图像载入

鼠标悬浮于页面的某个热点之上

在表单中选取输入框

确认表单

键盘按键

注意：事件通常与函数配合使用，当事件发生时函数才会执行。

10.1.2 事件的处理

如前所述，JavaScript脚本中的事件并不限于用户的页面动作，如MouseMove、Click等，还包括浏览器的状态改变，如在绝大多数浏览器获得支持的Load、Resize事件等。Load事件在浏览器载入文档时触发，如果某事件（如启动定时器、提前加载图片等）要在文档载入时触发，一般都在<body>标记里面加入类似于 onload="MyFunction()"的语句；Resize事件则在用户改变了浏览器窗口的大小时触发，当用户改变窗口大小时，有时需改变文档页面的内容布局，使其以恰当、友好的方式显示给用户。

浏览器响应用户的动作，如鼠标单击按钮、链接等，并通过默认的系统事件与该动作相关联，但用户可以编写自己的脚本，来改变该动作的默认事件处理器。举个简单的例子，模拟用户单击页面链接的例子，该事件产生的默认操作是浏览器载入链接的href属性对应的URL地址所代表的页面，但利用JavaScript脚本可很容易编写另外的事件处理器来响应该单击鼠标的动作。代码如下：

```
    <a name=MyA href=http://www.baidu.com/ onclick="javascript:this.
href='http://www.sina.com/'">MyLinker</a>
```

鼠标单击页面中名为“MyLinker”的文本链接，其默认操作是浏览器载入该链接的href属性对应的URL地址（本例中为“http://www.baidu.com/”）所代表的页面，但程序员编写了自定义的事件处理器即：

onclick="javascript:this.href='http://www.sina.com/'"，通过该JavaScript脚本代码，上述事件处理器取代了浏览器默认的事件处理器，并将页面引导至URL地址为“http://www.sina.com/”的页面。

现代事件模型中引入Event对象，它包含其他对象使用的常量和方法的集合。当事件发生后，产生临时的Event对象实例，并附加当前事件的信息如鼠标定位、事件类型等，然后传递给相关的事件处理器进行处理。事件处理完毕后，该临时 Event 对象实例所占据的内存空间被清理出来，浏览器等待其他事件的出现并进行处理。如果短时间内发生的事件较多，浏览器按事件发生的顺序将这些事件进行排序，然后按照该顺序依次执行。

事件发生的场合很多，包括浏览器本身的状态改变和页面中的按钮、链接、图片、层等。同时根据 DOM 模型，文本也可以作为对象，并响应相关动作，如鼠标双击，文本被选择等。总体来说，浏览器的版本越新，所支持的事件处理器就越多，支持也就越完善。基于此，在编写 JavaScript 脚本时，要充分考虑浏览器的兼容性，以编写适合大多数浏览器的安全脚本。

10.2 鼠标事件

鼠标事件是日常见到的事件之一，下面介绍几个常见的鼠标事件。

10.2.1 onMouseDown

鼠标上的按钮被按下时触发该事件，同时 onMouseDown 指定的事件处理程序或代码将被调用执行。

事件适用对象：button，document，link。

使用的事件属性如表 10-1 所示。

表 10-1 onMouseDown 事件属性

属　性	描　述
type	标明了事件的类型
target	标明了事件原来发送的对象
layerX, layerY, pageX, pageY, screenX, screenY	表明了 onMouseDown 事件发生时鼠标指针的位置
which	表示一个鼠标左按钮 1 下和右鼠标按钮 3 下
modifiers	包含了发生 onMouseDown 事件时按住的控制键清单

10.2.2 onMouseMove

用户移动鼠标指针时触发该事件。

事件适用对象：无

使用的事件属性如表 10-2 所示。

表 10-2 onMouseMove 事件属性

属　性	描　述
type	标明了事件的类型
target	标明了事件原来发送的对象
layerX, layerY, pageX, pageY, screenX, screenY	描述了发生 onMouseMove 事件时的鼠标指针位置

10.2.3 onMouseOut

当每次鼠标指针离开区域（客户端图像地图）或链接时触发该事件。

事件适用对象 Layer，Link。

使用的事件属性如表 10-3 所示。

表 10-3 onMouseOut 事件属性

属　性	描　述
type	标明了事件的类型
target	标明了事件原来发送的对象
layerX, layerY, pageX, pageY, screenX, screenY	描述了发生 onMouseOut 事件时的鼠标指针位置

10.2.4 onMouseOver

当每次鼠标指针移动到某个区域（客户端图像地图）或网页对象时触发该事件。

事件适用对象 Layer，Link。

使用的事件属性如表 10-4 所示。

表 10-4 onMouseOver 事件属性

属　性	描　述
type	标明了事件的类型
target	标明了事件原来发送的对象
layerX, layerY, pageX, pageY, screenX, screenY	描述了发生 onMouseOver 事件时的鼠标指针位置

10.2.5 onMouseUp

当松开鼠标按键时触发该事件。

事件适用对象：button，document，link。

使用的事件属性如表 10-5 所示。

表 10-5 onMouseUp 事件属性

属　性	描　述
type	标明了事件的类型
target	标明了事件原来发送的对象
layerX, layerY, pageX, pageY, screenX, screenY	表明了 onMouseUp 事件发生时鼠标指针的位置
which	表示一个鼠标左按钮 1 下和右鼠标按钮 3 下
modifiers	包含了发生 onMouseUp 事件时松开的控制键清单

10.2.6　onClick

当用户单击鼠标按钮时，产生该事件。同时 onClick 指定的事件处理程序或代码将被调用执行。通常在下列基本对象中产生：

- button（按钮对象）
- checkbox（复选框）或（检查列表框）
- radio（单选按钮）
- reset buttons（重要按钮）
- submit buttons（提交按钮）
- 一切文本和图片

因为这是最为常见的事件之一，特举例加以说明。

※ 范例代码　10.1.html

```
<html>
<head>
</head>
<body>
<Form>
<Input type="button" Value="你好 " onClick="alert('你好！我是JavaScript')">
</Form>
</body>
</html>
```

※ 范例效果图

范例效果如图 10.1 所示。

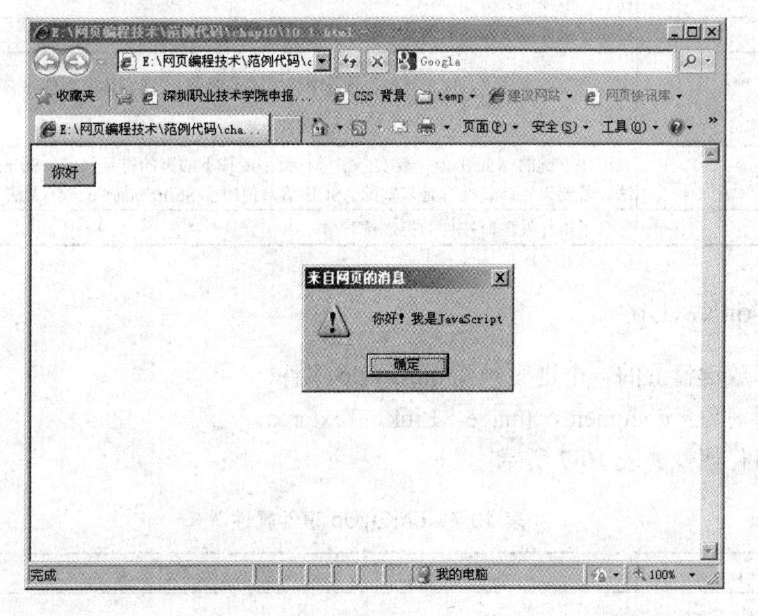

图 10.1　onClick 事件

10.3 键盘事件

JavaScript 事件主要通过以下 3 个事件来捕获键盘事件：onKeyDown，onKeyPress 与 onKeyUp。该 3 个事件的执行顺序如下：onKeyDown→onKeyPress→onKeyUp。在一般情况下，采用三种键盘事件均可对键盘输入进行有效的响应。当在实际使用中，会发现这三种事件有着不同的差别。

onKeyPress 事件不能对系统功能键（例如：后退、删除等，其中对中文输入法不能有效响应）进行正常的响应，onKeyDown 和 onKeyUp 均可以对系统功能键进行有效的拦截，但事件截获的位置不同，可以根据具体的情况选择不同的键盘事件。

由于 onKeyPress 不能对系统功能键进行捕获，导致 window.event 对象的 keyCode 属性和 onKeyDown，onKeyUp 键盘事件中获取的 keyCode 属性不同，主要表现在 onKeyPress 事件的 keyCode 对字母的大小写敏感，而 onKeyDown、onKeyUp 事件对字母的大小写不敏感；onKeyPress 事件的 keyCode 无法区分主键盘上的数字键和副键盘上的数字键，而 onKeyDown、onKeyUp 的 keyCode 对主副键盘的数字键敏感。

10.3.1 onKeyDown

onKeyDown 事件在一个键被按下时会触发。

事件适用对象：document，Image，Link，Textarea。

使用的事件属性如表 10-6 所示。

表 10-6 onKeyDown 事件属性

属　性	描　述
type	标明了事件的类型
target	标明了事件原来发送的对象
layerX, layerY, pageX, pageY, screenX, screenY	在一个窗口事件中，代表光标位置在事件发生的时间。 在窗体的事件中它们表示窗体元素的位置
which	表示按下键的 ASCII 值。要实际字母、数字或按下的键的符号使用，String.fromCharCode 方法。若要设置此属性时是未知的 ASCII 值，使用了 String.charCodeAt 方法
modifiers	包含了事件发生时按住的控制键清单

10.3.2 onKeyUp

当用户释放键盘上的一个键时触发 onKeyUp 事件。

事件适用对象：document，Image，Link，Textarea。

使用的事件属性如表 10-7 所示。

表 10-7 onKeyUp 事件属性

属　性	描　述
type	标明了事件的类型
target	标明了事件原来发送的对象

续表

属　性	描　述
layerX, layerY, pageX, pageY, screenX, screenY	在一个窗口事件的这些代表的光标位置在事件发生的时间。在窗体的事件，它们表示窗体元素的位置
which	表示按下的键的 ASCII 值。 要实际字母、数字或按下的键的符号使用，String.fromCharCode 方法。若要设置此属性时是未知的 ASCII 值，使用了 String.charCodeAt 方法
modifiers	包含了事件发生时按住的控制键清单

10.3.3　onKeyPress

当用户按下一个键并释放时，触发 onKeyPress 事件。

事件适用对象：document，Image，Link，Textarea。

使用的事件属性如表 10-8 所示。

表 10-8　onKeyPress 事件属性

属　性	描　述
type	标明了事件的类型
target	标明了事件原来发送的对象
layerX, layerY, pageX, pageY, screenX, screenY	在一个窗口事件的这些代表的光标位置在事件发生的时间。 在窗体的事件，它们表示窗体元素的位置
which	表示按下的键的 ASCII 值。要实际字母、数字或按下的键的符号使用，String.fromCharCode 方法。若要设置此属性时是未知的 ASCII 值，使用了 String.charCodeAt 方法
modifiers	包含了事件发生时按住的控制键清单

10.4　其他常用事件

10.4.1　onFocus 和 onBlur

1. onFocus 事件

当一个对象处于被选中（获得焦点）状态时触发 onFocus 事件。

事件适用对象：Button，Checkbox，FileUpload，Layer，Password，Radio，Reset，Select，Submit，Text，Textarea，Window

使用的事件属性如表 10-9 所示。

表 10-9　onFocus 事件属性

属　性	描　述
type	标明了事件的类型
target	标明了事件原来发送的对象

2. onBlur 事件

当一个对象失去焦点时触发 onBlur 事件。

事件适用对象：Button，Checkbox，FileUpload，Layer，Password，Radio，Reset，Select，Submit，Text，Textarea，Window

使用的事件属性如表 10-10 所示。

表 10-10 onBlur 事件属性

属　性	描　述
type	标明了事件的类型
target	标明了事件原来发送的对象

10.4.2 onChange 和 onSelect

1. onChange 事件

当一个 Select、Text 或 Textarea 域失去焦点并更改值时触发 onChange 事件。

事件适用对象：FileUpload，Select，Text，Textarea

使用的事件属性如表 10-11 所示。

表 10-11 onChange 事件属性

属　性	描　述
type	标明了事件的类型
target	标明了事件原来发送的对象

2. onSelect 事件

当用户选择文本或文本区域内的某些文字时触发 onSelect 事件。

事件适用对象：Text，Textarea

使用的事件属性如表 10-12 所示。

表 10-12 onSelect 事件属性

属　性	描　述
type	标明了事件的类型
target	标明了事件原来发送的对象

10.4.3 onSubmit 和 onReset

1. onSubmit 事件

提交表单时触发 onSubmit 事件。

事件适用对象：form

使用的事件属性如表 10-13 所示。

表 10-13 onSubmit 事件属性

属　性	描　述
type	标明了事件的类型
target	标明了事件原来发送的对象

2. onReset 事件

当用户重置表单（单击重置按钮）时触发 reset 事件。

事件适用对象：form

使用的事件属性如表 10-14 所示。

表 10-14 onReset 事件属性

属　　性	描　　述
type	标明了事件的类型
target	标明了事件原来发送的对象

10.4.4 onLoad 和 onUnload

1. onLoad 事件

载入网页文档时触发 onLoad 事件。

事件适用对象：Image，Layer，Window

使用的事件属性如表 10-15 所示。

表 10-15 onLoad 事件属性

属　　性	描　　述
type	标明了事件的类型
target	标明了事件原来发送的对象
width, height	窗口的宽度和高度

2. onUnLoad 事件

当用户卸载网页文档时触发 onUnLoad 事件。

事件适用对象：window

使用的事件属性如表 10-16 所示。

表 10-16 onUnLoad 事件属性

属　　性	描　　述
type	标明了事件的类型
target	标明了事件原来发送的对象

10.4.5 onError

当页面或页面下载图像出错，触发 onError 事件。

事件适用对象：window，image

只要页面中出现脚本错误，就会产生 onError 事件。

如果需要利用 onError 事件，就必须创建一个处理错误的函数，你可以把这个函数叫做 onError 事件处理器（onerror event handler）。这个事件处理器使用三个参数来调用：msg（错误消息）、url（发生错误的页面的 url）、line（发生错误的代码行）。

下面通过一个简单的例子来说明：

<img src="image.gif"onerror="alert('The image could not be loaded.')">

在上面的一行代码中，如果图片不存在或下载发生错误时，将用警告提示框显示“The image could not be loaded.”。

10.5 页面实例——将事件应用于按钮中

下面通过这个实例练习 JavaScript 中各类事件的使用方法。

※ 部分范例代码

```
<html>
<head>
<title>北京：大学毕业贷款创业可获贴息</title>
<meta http-equiv="Content-Type" content="text/html; charset=
GBK">
<link rel="stylesheet" href="images_files/style.css" type="text/css">
<style type="text/css">
…
</style>
</head>
<body leftmargin="0" topmargin="0" bgcolor="#ffffff" marginheight=
"0" marginwidth="0">
…
<input name="button" type=button onclick="document.execCommand
('print','true','true')" value=打印>
<input name="button2" type=button onclick="document.execCommand
('saveas','true','海娃在线.htm')" value=另存为htm>
<input name="button3" type=button onclick="document.execCommand
('saveas','true','海娃在线.txt')" value=另存为txt>
…
<INPUT name="button4" type=button onclick="Related();event.
returnValuc=false" value="Search">
…
<INPUT name="button5" type=button onclick="saOC.NavigateToDefaultSearch();
event.returnValue=false" value="Search1">
…
</body>
</html>
```

代码解释：定义了多个按钮的 onClick 方法，从而单击鼠标后实现相应的功能。

※ 范例效果图

范例效果如图 10.2 所示。

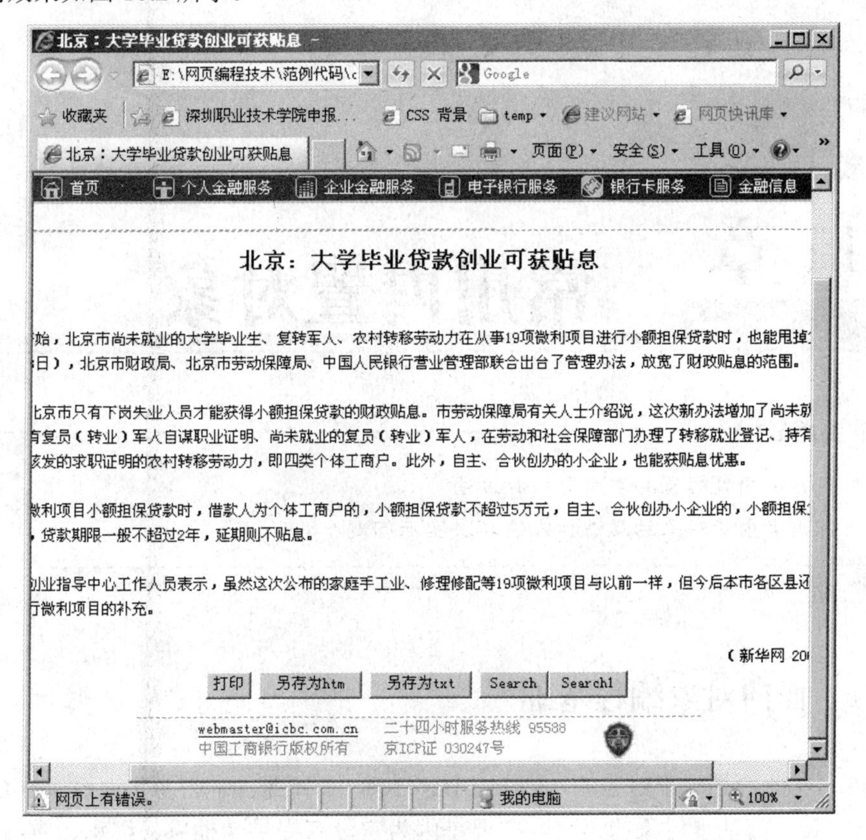

图 10.2　各种事件

10.6　上机练习

1．用 JavaScript 写出简单的计算器。

2．写出验证电子邮件的页面。

第 11 章 常用内置对象

【本章要点】

▲掌握各种内置对象的常用属性和方法

▲熟练应用内置对象的属性和方法解决实际问题

11.1 面向对象编程基础

JavaScript 语言是基于对象的（Object-Based），而不是面向对象的（Object-Oriented）之所以说它是一门基于对象的语言，主要是因为它没有提供像抽象、继承、重载等有关面向对象语言的许多功能。而是把其他语言所创建的复杂对象统一起来，从而形成一个非常强大的对象系统。虽然 JavaScript 语言是一门基于对象的语言，但它还是具有一些面向对象的基本特征。它可以根据需要创建自己的对象，从而进一步扩大 JavaScript 的应用范围，增强编写功能强大的 Web 文档。

1. 对象的基本结构

JavaScript 中的对象是由属性（Properties）和方法（Methods）两个基本元素构成的。前者是对象在实施其所需要行为的过程中，实现信息的装载单位，从而与变量相关联；后者是指对象能够按照设计者的意图而被执行，从而与特定的函数相联。

2. 引用对象的途径

一个对象要真正被使用，可采用以下几种方式获得：

- 引用 JavaScript 内部对象
- 由浏览器环境中提供
- 创建新对象

这就是说一个对象在被引用之前，这个对象必须存在，否则引用将毫无意义而出现错误信息。从上面我们可以看出 JavaScript 引用对象可通过三种方式获取。要么创建新的对象，要么利用现存的对象。

3. 有关对象操作语句

JavaScript 不是面向对象的语言，它没有提供面向对象语言的许多功能，因此 JavaScript 设计者把它称为“基于对象”，而不是面向对象的语言，在 JavaScript 中提供了几个用于操作对象的语句和关键字及运算符。主要包括 for…in、with、this 和 new，其中 for…in 和 with 语句在第 9 章已经讲解，这里不再赘述。

（1）this 关键字

this 是对当前的引用，在 JavaScript 中，由于对象的引用是多层次，多方位的，往往一个对象的引用又需要对另一个对象的引用，而另一个对象有可能又要引用另一个对象，这样有可能造成混乱，最后自己已不知道现在引用的是哪一个对象，为此 JavaScript 提供了一个用于将对象指定当前对象的语句 this。

（2）new 运算符

虽然在 JavaScript 中对象的功能已经是非常强大的了。但更强大的是设计人员可以按照需求来创建自己的对象，以满足某一特定的要求。使用 new 运算符可以创建一个新的对象。

※ 基本语法： var newobject=new Object(Parameters table)；

其中，newobject 是创建的新对象，Object 是已经存在的对象，Parameters table 为参数表；new 是 JavaScript 中的命令语句。

例：创建一个日期新对象

```
var newDate=new Date();
birthday=new Date(December 12.1998)
```

之后就可使 newDate、birthday 作为一个新的日期对象了。

4. 对象属性的引用

对象属性的引用使用点（.）运算符

※ 基本语法：对象名.属性名

例如：
```
university.Name="云南省"
university.City="昆明市"
university.Date="1999"
```

其中，university 是一个已经存在的对象，Name、City、Date 是它的 3 个属性，并通过操作对其赋值。

5. 对象方法的引用

在 JavaScript 中对象方法的引用是非常简单的。

※ 基本语法：对象名.方法名()

例如：

```
document.write(Math.cos(35))
document.write(Math.sin(80))
```

11.2 字符串（String）对象

字符串是 JavaScript 的一种基本的数据类型，String 对象是 JavaScript 提供的一种字符串处理对象，该对象用于处理或格式化字符串，以及确定和定位字符串中的子串。任何一

个变量，如果它的值是字符串，那么，该变量就是一个字符串对象，在实际编程过程中字符串对象是使用频率最高的对象。

11.2.1 String 对象的属性

String 对象只有一个 length 属性，用于获得字符串中的字符个数，包括所有符号，即获得字符串的长度。

※ 基本语法：字符串变量名.length

例如：mytest = "This is a JavaScript";

strlen = mytest.length;

最后 strlen 返回 mytest 字串的长度为 20。

※ 范例代码 11.1.html

```
<html>
<body>
<script type="text/javascript">
var txt="Hello World!";
document.write(txt.length);
</script>
</body>
</html>
```

※ 范例结果

```
12
```

注意：1 个中文字符和 1 个英文字符的长度都为 1。

11.2.2 String 对象的方法

String 对象的方法非常丰富，主要有两类方法：一类方法模拟 HTML 标记，用于格式化字符串的显示，如用于有关字符串在 Web 页面中的显示、字体大小、字体颜色等；另一类方法用于处理字符串，如字符的搜索以及字符的大小写转换等功能，其中第一类方法如表 11-1 所示，第二类方法如表 11-2 所示。

※ 基本语法 字符串变量名.方法名( )

表 11-1 string 对象的显示字符串方法

方 法	描 述
big()	用于把字符串显示为大号字体
bold()	把字符串显示为粗体
fixed()	用于把字符串显示为打印机字体
fontcolor(color)	用于按照指定的颜色显示字符串
fontsize(size)	用于按照指定的字体大小显示字符串，其中 size 为 1～7 的数字

续表

方　法	描　述
italics()	用于斜体显示
strike()	显示删除线
sub()	显示下标字
sup()	显示上标字

※ 范例代码　11.2.html

```
<HTML>
 <HEAD>
   <TITLE>显示字符串方法的使用</TITLE>
    <SCRIPT Language="JavaScript">
    {
      var str="string对象方法的使用 ";
      document.write("str字符串为:",str,"<br>");
      document.write("str字符串长度为:"+str.length+"<br>");
      document.write("str字符串的big()方法:"+str.big()+"<br>");
      document.write("str字符串的bold()方法:"+str.bold()+"<br>");
      document.write("str字符串的fixed()方法:"+str.fixed()+
      "<br>");
      document.write("str 字符串的 fontcolor('blue')方法:"+str. fontcolor
          (blue")+"<br>");
      document.write("str字符串的fontsize(3)方法:"+str.fontsize(3)
      +"<br>");
      document.write("str字符串的italics()方法:"+str.italics()
      +"<br>");
      document.write("str字符串的strike()方法:"+str.strike()+ "<br>");
      document.write("str字符串的sub()方法:"+str.sub()+"<br>");
      document.write("str字符串的sup()方法:"+str.sup()+"<br>");
    }
   </SCRIPT>
 </BODY>
</HTML>
```

※ 范例效果图

范例效果如图 11.1 所示。

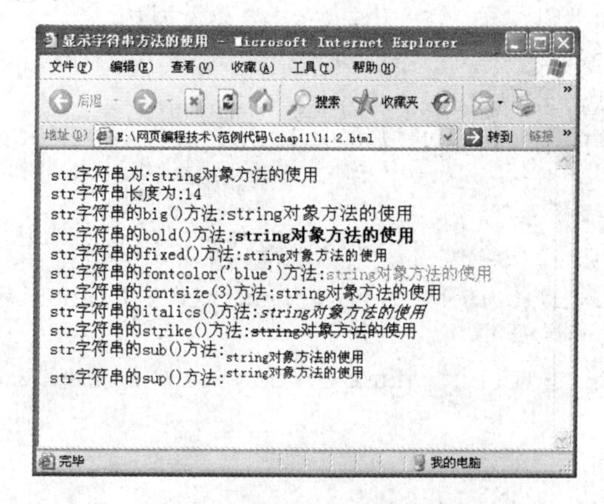

图 11.1　显示字符串方法

表 11-2　string 对象的处理字符串方法

方　法	描　述
charAt(n)	获取字符串中第 n 个位置的字符，n 从 0 开始计算
concat(str1,str2,...strn)	将 str1…str2 转换为字符串并拼接在该字符串对象的后面，形成一个新的字符串
indexOf(substring,start)	在字符串中从 start 位置开始寻找指定的子串 substring，并返回子串第一次出现的起始位置，如果没有找到，则返回-1，省略 start 时，从字符串头部开始搜索字符串
lastIndexOf(substring,start)	在字符串中从 start 位置开始寻找指定的子串 substring，并返回子串最后一次出现的起始位置，如果没有找到，则返回-1，省略 start 时，从字符串头部开始搜索字符串
subStr(start,length])	获取字符串中从 start 位置开始的连续 length 个字符组成的子串，省略 length 时获取从 start 开始到字符串结尾的子串
subString(from,to)	获取字符串中第 from 个字符开始，到 to-1 个字符结束的子串；如果省略 to，表示到字符串结尾。from 的有效值在 0 到字符串长度-1 之间
Split（分隔符）	分隔字符串到一个数组中
Replace（需要替代的字符串,新字符串）	替换字符串
toLowerCase()	变为小写字母
toUpperCase()	变为大写字母

1. charAt 方法

※ 范例代码　11.3.html

```
<html>
<head>
<title>String对象的方法--string.charAt()</title>
<script language="JavaScript">
 function showselect(){
    var string1="China is a fantastic place";
    var num=document.form1.input1.value;
     if(num<1||num>26)
       alert("您输入的数无效，请重新输入!");
     document.form2.result1.value=string1.charAt(num-1);
}
</script>
</head>
<body>
<p>给定的字符串："China is a fantastic place"。</p>
<form name="form1">
   输入一个数字（1~25）:
<input type="text" name="input1" size="20" defaultvalue="1">(默
认为 1)
</form>
<form name="form2">
  <input  type="button"  name="button1"  onclick="showselect()"
value="查看对应位置的字母">
  <p><input type="text" name="result1" size="20"></p>
</form>
</body>
</html>
```

※ **范例效果图**

范例效果如图 11.2 所示。

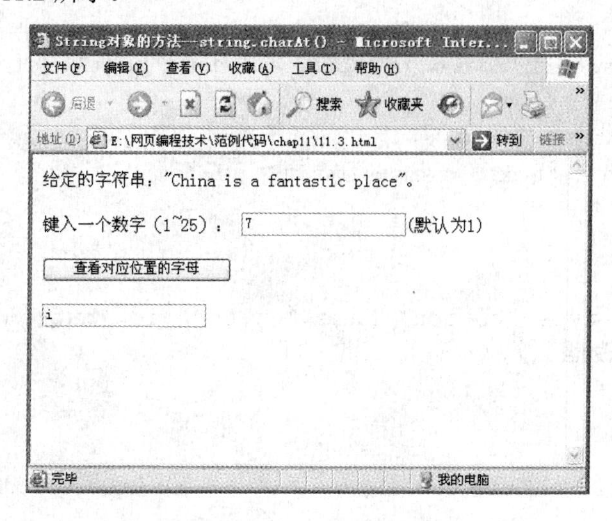

图 11.2　charAt 方法

2. indexOf 方法

※ **范例代码　11.4.html**

```
<head>
<meta http-equiv="Content-Type" content="text/html; charset= utf
-8" />
<title>无标题文档</title>
<SCRIPT LANGUAGE = "JavaScript">
   function checkEmail()
   {
     var e=document.myform.email.value;
     if (e.length==0)                    //检测长度是否为 0，即是否为空
     {
      alert("电子邮件不能为空!");
      return ;
     }
     if (e.indexOf("@",0)==-1)       //检测是否包含"@"符号
     {
         alert("电子邮件格式不正确\n 必须包含@符号! ");
         return ;
     }
     if (e.indexOf(".",0)==-1)       //检测是否包含"."符号
      {
          alert("电子邮件格式不正确\n 必须包含.符号! ");
          return ;
       }
     document.write("恭喜您!，注册成功! ");
   }
```

```
    </SCRIPT>
  </head>
  <body>
  <form id="myform" name="myform" method="post" action="">
    <label>
    您的电子邮件:
    <input type="text" name="email" id="email" />
    </label>
    *必填
    <label>
      <input type="button" name="button" id="button" value="注册"
onclick="checkEmail()" />
    </label>
  </form>
  </body>
```

※ 代码分析

读取文本框中的值，判断长度是否等于 0，如果等于 0，提示“电子邮件不能为空!”，判断字符@和.在字符串中的位置是否等于-1，如果等于-1，提示“电子邮件格式不正确\n 必须包含@符号!”或“电子邮件格式不正确\n 必须包含.符号!”，如果以上条件都符合要求，提示“恭喜您!，注册成功!”

※ 范例效果图

范例效果如图 11.3 和图 11.4 所示。

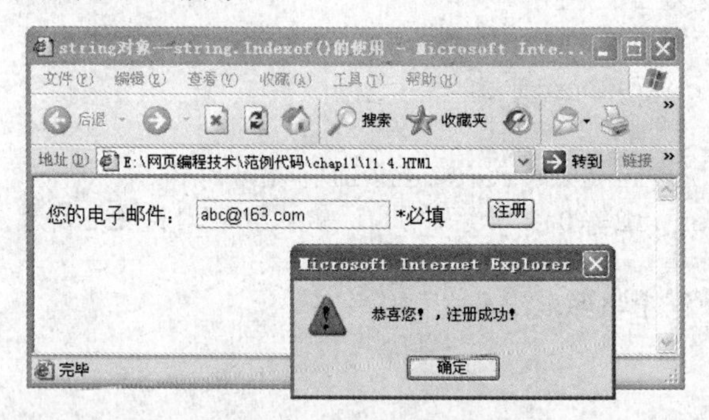

图 11.3　验证格式正确

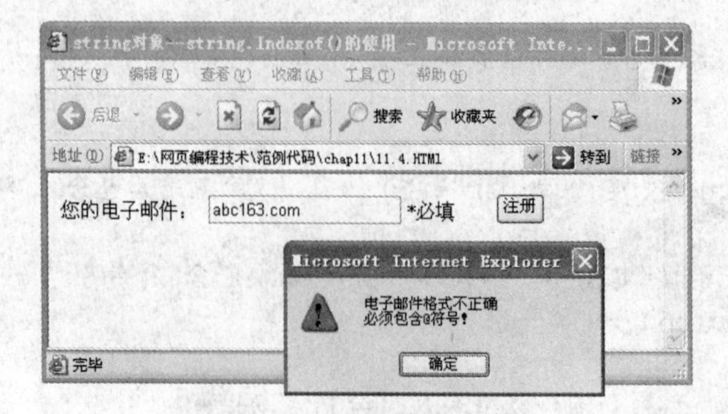

图 11.4　验证格式不正确

3. lastIndexOf 方法

※ 范例代码 11.5.html

```
<html>
<head>
<title>string 对象--string.lastIndexof()的使用</title>
</head>
<body>
<script language="JavaScript">
  var string1="I am in class 2.";
  document.write("给定的字符串是: ",string1,"<br>");
  document.write("使用第一种工作方式来查找字符 a 的返回的值是:
",string1.lastIndexOf("a"),"<br>");
  document.write("使用第二种工作方式来查找字符 a 的返回的值是(从倒数第 5
个字符开始): ",string1.lastIndexOf("a",5));
</script>
</body>
</html>
```

※ 代码分析

查找一个字符串“I am in class 2”中的字符 a，采用第一种工作方式，从右面往左查找，找到的是单词 class 中的 a，这个 a 的标号是 10，采用第二种工作方式查找，预设从右面往左第 5 个字符开始，那么找到的是单词 am 中的 a。这个 a 的标号是 2。

※ 范例效果图

范例效果如图 11.5 所示。

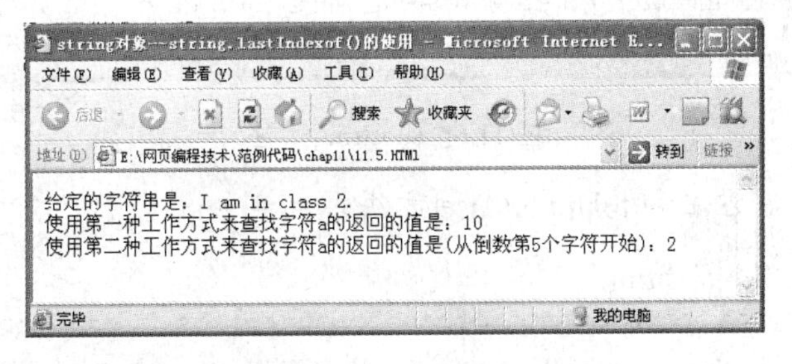

图 11.5　lastIndexOf 方法

4. substring 方法

※ 范例代码 11.6.html

```
<html>
<head>
<title>string 对象--string.substring()的使用</title>
</head>
<body>
<script language="JavaScript">
  var string1="I am in class 2.";
  document.write("给定的字符串是: ",string1,"<br>");
```

```
    document.write("从标号 2 到标号 5 将返回的值是: ",string1.
substring(2,5),"<br>");
    document.write("从标号 5 到标号 2 将返回的值是: ",string1.
substring(5,2),"<br>");
    document.write("从标号 2 到标号 2 将返回的值是: ",string1.
substring(2,2),"<br>");
    document.write("超范围的情况:从标号2到标号30将返回的值是:",string1.
substring(2,30),"<br>");
    document.write("超范围的情况: 从标号 25 到标号 20 将返回的值是: ",
string1.substring(25,20),"<br>");
    document.write("超范围的情况: 从标号 20 到标号 5 将返回的值是: ",
string1.substring(20,5),"<br>");
  </script>
  </body>
  </html>
```

※ 范例效果图

范例效果如图 11.6 所示。

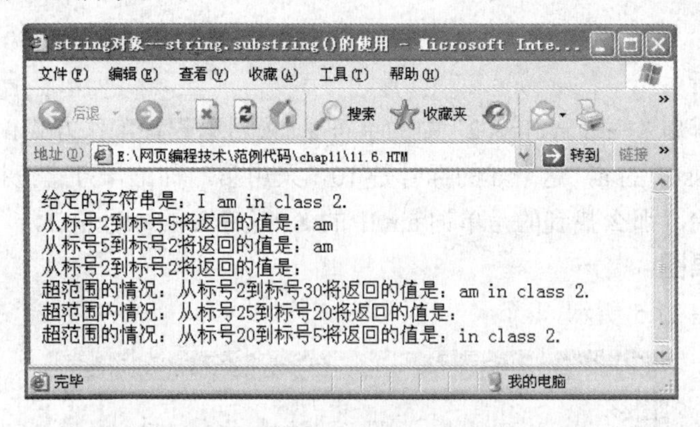

图 11.6　substring 方法

5. toLowerCase 方法和 toUpperCase 方法

※ 范例代码　11.7.html

```
  <html>
  <head>
  <title>string对象--大小写的转换</title>
  </head>
  <body>
  <script language="JavaScript">
    var string1="I am in class 2.It is a good class.";
    document.write("给定的字符串是: ",string1,"<br>");
    document.write("变成全部小写的结果是: ",string1.toLowerCase(),
"<br>");
    document.write("变成全部大写的结果是: ",string1.toUpperCase(),
"<br>");
  </script>
  </body>
  </html>
```

※ 范例效果图

范例效果如图 11.7 所示。

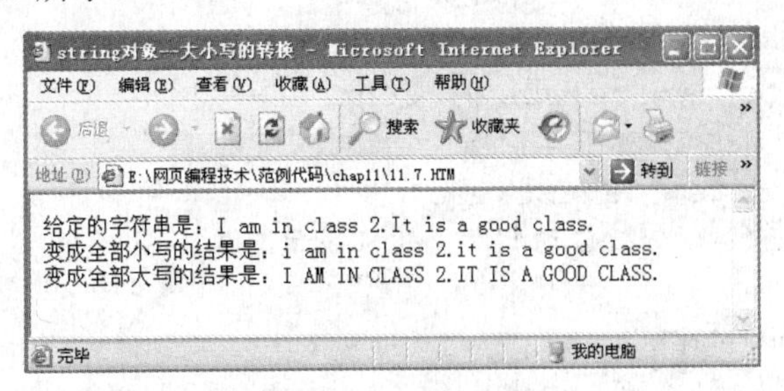

图 11.7　大小写的转换

注意：字符串中的第一个字符的位置是 0。

11.3　数学（Math）对象

Math 对象提供基本的数学运算函数和常数。

※ 基本语法：Math.属性|Math.方法

11.3.1　Math 对象的属性

Math 对象的属性提供了常用的数学常量，如圆周率 PI 等，如表 11-3 所示。

表 11-3　Math 对象的属性

属　　性	描　　述
PI	圆周率
LN2	2 的自然对象
SORT2	2 的平方根

11.3.2　Math 对象的方法

表 11-4　Math 对象的方法

方　　法	描　　述
abs(x)	返回 x 的绝对值
ceil(x)	返回大于等于 x 但最接近 x 的整数
exp(x)	返回指数函数(e^x)的值
floor(x)	返回小于等于 x 但最接近 x 的整数
max(x,y)	返回 x 和 y 中较大的一个数
min(x,y)	返回 x 和 y 中较小的一个数
pow(x,y)	x 的 y 次方，即 x^y 的值
random()	产生 0～1 的一个随机数
round(x)	对 x 四舍五入取整
Sqrt(x)	返回 x 的平方根

※ 范例代码 11.8.html

```
<HTML>
<HEAD>
<META  http-equiv="refresh"  content="2">
<TITLE>自动刷新</TITLE>
<SCRIPT language="JavaScript" >
 document.write("2秒自动刷新，随机显示图片");
 var i=0;
 i=Math.round(Math.random( )*8+1);
 document.write("<IMG width=640  height=433  src="+ i +".jpg>");
</SCRIPT>
</HEAD>
<BODY>

</BODY>
</HTML>
```

※ 范例效果图

范例效果如图 11.8 所示。

图 11.8　产生随机数

※ 范例代码 11.9.html

```
<html>
<head><title>数值的截断 </title></head>
<body>
<h2>ceil()、floor()和 round()方法对比 </h2>
<p>
<h3>
```

```
    <script language="JavaScript">
       <!--
       var num=eval(prompt("请输入数值数据(目的是演示数值的截断):", ""));
       document.write("<I>你输入的值为: ", num,"</I><br><br>");
       document.write("<I>Math.floor</I>方法的返回值为: " +Math.
floor(num) + "<br>");
       document.write("<I>Math.ceil</I> 方法的返回值为: " +Math.
ceil(num) +"<br>");
       document.write("<I>Math.round</I> 方法的返回值为: " + Math.
round(num) + "<br>");
       //-->
    </script>
    </h3>
    </body>
    </html>
```

※ 范例效果图

范例效果如图 11.9 所示。

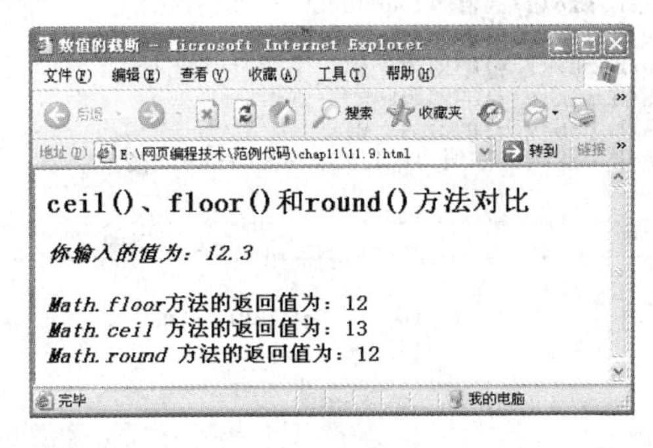

图 11.9　数值的截断

※ 范例代码　11.10.html

```
    <html>
    <head><title>其他 Math 方法演示 </title></head>
    <body>
    <h3>其他 Math 方法演示 </h3>
    <p>
    <h3>
    <script language="JavaScript">
      <!--
       var x=eval(prompt("请输入第一个参数值 x: ", ""));
       var y=eval(prompt("请输入第二个参数值 y: ", ""));
       document.write("你输入的 x 为:", x,"<br>你输入的 y 为:",y,"<br>");
       document.write("Math.abs(x)的值为: " +Math.abs(x)+ "<br>");
       document.write("Math.exp(x)的值为: " +Math.exp(x)+ "<br>");
       document.write("Math.max(x,y)的值为: " +Math.max(x,y)+ "<br>");
       document.write("Math.min(x,y)的值为: " +Math.min(x,y)+ "<br>");
```

```
        document.write("Math.pow(x,y)的值为: " +Math.pow(x,y)+ "<br>");
        document.write("Math.sqrt(x)的值为: " +Math.sqrt(x)+ "<br>");
      //-->
    </script>
    </h3>
    </body>
    </html>
```

※ 范例效果图

范例效果如图 11.10 所示。

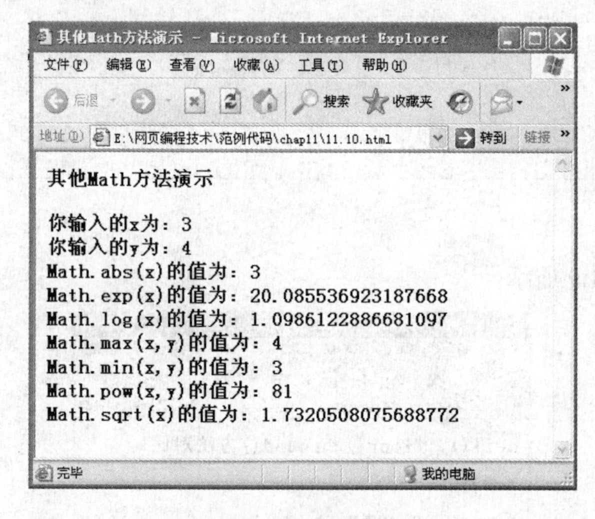

图 11.10　其他 Math 方法

注意：Math 不能用 new 运算符创建，可以直接使用。

11.4　日期（Date）对象

Date 对象用于处理日期和时间，提供了很多高级的处理方法，可以用来帮助网页制作人员读取和设置日期和时间，在 JavaScript 中，使用 Date 对象之前需要首先创建对象实例。

※ 基本语法：

格式一：var 变量名=new Date()；

格式二：var 变量名=new Date("month dd,yyyy,hh:mm:ss")；

格式三：var 变量名=new Date(yyyy,mm,dd,hh,mm,ss,ms)；

格式四：var 变量名=new Date(yyyy,mm,dd,hh,mm,ss)；

格式五：var 变量名=new Date(yyyy,mm,dd)；

格式六：var 变量名=new Date(milliseconds)；

格式一不带参数，表示以当前系统日期和时间创建对象。

例如：var newday = new Date();

格式二表示“按照月日年时分秒”格式创建一个指定初始日期值的新的 Date 对象，当忽略“时分秒”设置时，默认为 00：00：00。

例如：var newday = new Date(“April 10,2010”);

格式三表示按以整数表示的“年月日时分秒毫秒”的格式创建一个指定初始日期值的新的 Date 对象。

例如：var newday = new Date(2010,10,10,12,16,26,36);

格式四表示按以整数表示的“年月日时分秒”的格式创建一个指定初始日期值的新的 Date 对象，比格式三只缺少毫秒参数。

例如：var newday = new Date(2010,10,10,12,16,26);

格式五表示按以整数表示的“年月日”的格式创建一个指定初始日期值的新的 Date 对象，时间值默认为 0。

例如：var newday = new Date(2010,10,10);

格式六表示以整数的毫秒值表示的格式创建一个新的 Date 对象，并用从 1970 年 1 月 1 日 0 时到指定日期的毫秒总数为初值。

例如：var newday = new Date(200000000);

日期对象没有提供访问的属性，但提供了丰富的读取和设置日期和时间的方法，如表 11-5 所示。

表 11-5　Date 对象的获取日期时间的方法

方　法	描　述
getDate()	返回 Date 对象中月份中的天数，其值为 1～31
getDay()	返回 Date 对象中的星期几，其值为 0～6
getHours()	返回 Date 对象中的小时数，其值为 0～23
getMinutes()	返回 Date 对象中的分钟数，其值为 0～59
getSeconds()	返回 Date 对象中的秒数，其值为 0～59
getMonth()	返回 Date 对象中的月份，其值为 0～11
getFullYear()	返回 Date 对象中的年份，其值为四位数
getTime()	返回自某一时刻（1970 年 1 月 1 日）以来的毫秒数

Date 对象也同时提供了与读取时间方法相对应的设置时间的方法，用于对日期和时间进行自定义设置，如表 11-6 所示。

表 11-6　Date 对象的设置时间的方法

方　法	描　述
setDate()	设置 Date 对象中月份中的天数，其值为 1～31
setHours()	设置 Date 对象中的小时数，其值为 0～23
setMinutes()	设置 Date 对象中的分钟数，其值为 0～59
setSeconds()	设置 Date 对象中的秒数，其值为 0～59
setTime()	设置 Date 对象中的时间值
setMonth()	设置 Date 对象中的月份，其值为 1～12
setDay()	设置 Date 对象中的天数

※ 范例代码　11.11.html

```
<html>
<head>
<title>显示系统日期时间和星期</title>
</head>
<body>
<script language="JavaScript">
mytime=new Date();
mydate=mytime.getDate();
mymonth=mytime.getMonth() + 1 ;   //月份需要加1
myyear=mytime.getYear();
myhour=mytime.getHours();
myminute=mytime.getMinutes();
mysecond=mytime.getSeconds();
document.write("今天是"+myyear);
document.write("年");
document.write(mymonth);
document.write("月");
document.write(mydate);
document.write("日 ");
document.write(myhour,":",myminute,":",mysecond+" ");
myArray=new Array(6);
myArray[0]="星期日"
myArray[1]="星期一"
myArray[2]="星期二"
myArray[3]="星期三"
myArray[4]="星期四"
myArray[5]="星期五"
myArray[6]="星期六"
weekday=mytime.getDay();
if (weekday==0 | weekday==6){
document.write(myArray[weekday])
}
else{
document.write(myArray[weekday])
}
</script>
</body>
</html>
```

※ 范例效果图

范例效果如图 11.11 所示。

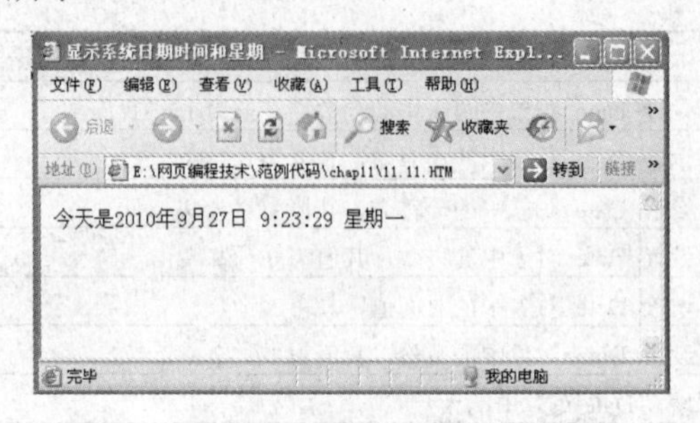

图 11.11　显示系统日期时间和星期

※ 范例代码 11.12.html

```
<html>
<head>
<title>Date对象的综合应用</title>
</head>
<body>
    <script language="javascript" type="text/javascript">
      var today=new Date();
      var newday=new Date(2011,1,1,0,0,0);
      var day;
      if(today.getDay()==0)
       {
           day="星期日";
       }
       if(today.getDay()==1)
       {
           day="星期一";
       }
       if(today.getDay()==2)
       {
           day="星期二";
        }
        if(today.getDay()==3)
        {
           day="星期三";
        }
        if(today.getDay()==4)
        {
           day="星期四";
        }
        if(today.getDay()==5)
        {
           day="星期五";
        }
        if(today.getDay()==6)
        {
           day="星期六";
        }
date1 = "<h2>今天是"+(today.getYear())+"年"+(today.getMonth()+1)
+"月"+today.getDate()+"日</h2>";
date2 = "<h2>"+day+"</h2>";
       document.write("<center>"+date1+date2+"</center>");
       var  time1=Math.round((newday.getTime()-today.getTime())/
(24*60*60*1000));
       document.write("<center><h1>距离 2011 年新年还有<font
color='red'>"+time1+"</font>天</h1></center>");
      </script>
</body>
</html>
```

※ 范例效果图

范例效果如图 11.12 所示。

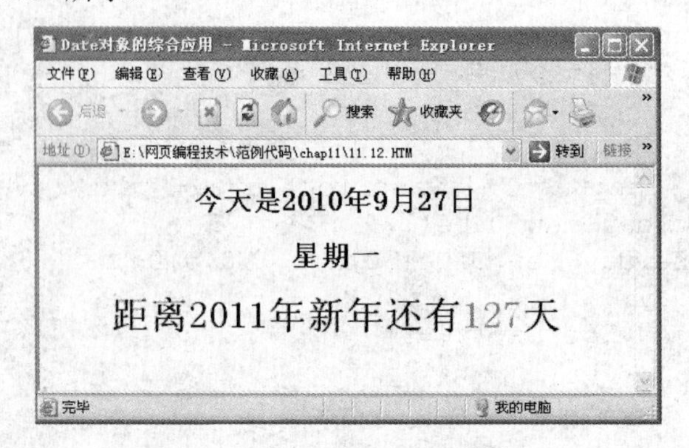

图 11.12　Date 对象的综合应用

※ 范例代码　11.13.html

```
<html>
<head>
<title>显示动态时间</title>
<script language=JavaScript>
function showtimes(){
var ctime;
var mytime= new Date();
hours=mytime.getHours();
mins=mytime.getMinutes();
secs=mytime.getSeconds();
if (hours<10)
hours="0"+hours;
if(mins<10)
mins="0"+mins;
if (secs<10)
secs="0"+secs;
//tim1为新建层的id属性
tim1.innerHTML="现在时间: "+hours+":"+mins+":"+secs;
ctimer=setTimeout('showtimes()',960);
}
</script>
</head>
<body onload="showtimes()">
<b>动态时间显示，就像一块电子表。<br></b>
 <div class="time" id="tim1"
  style="height:20px;left:40px;position:absolute;top:80px;
width:100px">
</div>
</body>
</html>
```

※ **代码分析**

setTimeout 方法会在 window 对象中详细介绍。

※ **范例效果图**

范例效果如图 11.13 所示。

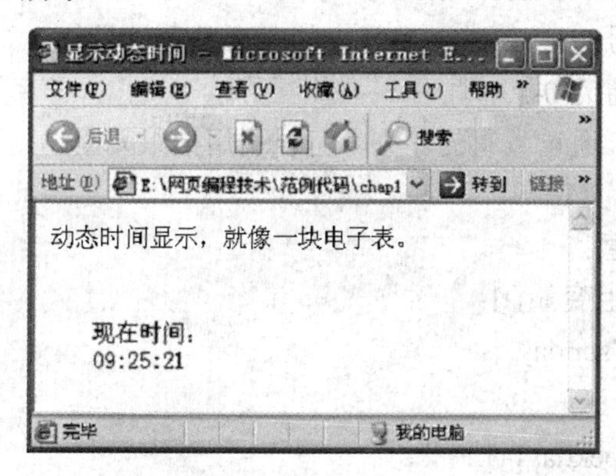

图 11.13　显示动态时间

> 注意：getMonth 方法获取当前系统日期的月份，有效值在 0～11，所以在页面显示月份时需要加 1。

11.5　数组（Array）对象

与其他计算机语言一样，JavaScript 也是使用数组 Array 来保存具有相同类型的数据，实际上，JavaScript 的数组就是一种 JavaScript 对象，因此，它具有属性和方法。

11.5.1　新建数组

（1）Array 对象用于存取任何数据类型的数组。在使用数组对象之前，必须先创建数组对象。使用 new 关键字创建数组对象。

※ **基本语法**：

格式一：var 变量名=new Array()；

格式二：var 变量名=new Array (n)；

格式三：var 变量名=new Array (e1,e2,…e_n)；

格式一不带参数，表示声明了一个空数组，它的元素个数默认为 0。

例如：var myArr = new Array();

格式二表示声明了一个具有 n 个元素的数组，但每个元素的值还没确定，需要在后面对数组元素进行赋值。

例如：var myArr = new Array(3);

格式三表示声明了一个具有 n 个元素的数组，并给它的每个元素赋值，其值分别为参数 e_1～e_n。

例如：var myArr = new Array(1,2,3);

（2）数组中的序列号。JavaScript 数组中的元素序列号是从 0 开始计算的，如长度为 4 的数组，其元素序列号将为 0-3。

（3）引用数组元素。通过数组的序列号可以引用数组元素，为数组元素赋值或取值。

※ 基本语法：

数组变量[i]=值；

变量名 = 数组变量[i]；

例如：weekday[0]="sunday";
weekday[1]="monday";
var aDay = weekday[4];

11.5.2 数组的属性和方法

所有数组都有一个特殊的属性 length，该属性用来表示数组的长度，也就是数组中包含元素的个数。

※ 范例代码 11.14.html

```
<html>
<head>
<title>数组属性的使用</title>
</head>
<body>
<script language="JavaScript">
 //创建数组
var array1=new Array("one","two","three");
var array2=new Array("I","am","a","good","boy");
document.write("数组 array1 中的元素<br>");
for(i=0;i<array1.length;i++)
{
   document.write(" ");
   document.write(array1[i]);
}
document.write("<br>数组 array2 中的元素<br>");
for(i=0;i<array2.length;i++)
{
   document.write(" ");
   document.write(array2[i]);

}
</script>
</body>
</html>
```

※ 范例效果

范例效果如图 11.14 所示。

图 11.14　数组属性的应用

Array 对象的常用属性如表 11-7 所示。

表 11-7　Array 对象的常用属性

属　　性	描　　述
concat(array1,arrayn)	将两个或两个以上的数组值连接起来，合并后返回结果
join(string)	将数组中元素合并为字符串，string 为分隔符，如省略参数则直接合并，不再分隔
pop()	移除数组中的最后一个元素并返回该元素
push(value)	在数组的末尾加上一个或多个元素，并且返回新的数组长度值
reverse()	颠倒数组中元素的顺序，反向排列
shift()	移除数组中的第一个元素并返回该元素
slice(start, deleteCount, [item1 [, item2[,...[,itemN]]]])	返回从一个数组中移除一个或多个元素，如果必要，在所移除元素的位置上插入新元素，返回所移除的元素
sort(compare Function)	在未指定排序号的情况下，按照元素的字母顺序排列，如果不是字符串类型则转换成字符串再排序，返回排序后的数组
splice()	为数组删除并添加新的元素
unshift(value)	为数组的开始部分加上一个或多个元素，并且返回该数组的新长度

※ 范例代码　11.15.html

```
<html>
<head>
<title>数组的使用</title>
</head>
<body>
<script language="JavaScript">
 //创建 3 个不同的数组
 var array1=new Array(1,2,3,4,5,6,7,8,9);
 var array2=new Array(3);
 array2[0]="char argument";
 array2[1]=5;
 array2[2]=true;
 var array3=new Array();
 array3[0]="yes";
```

```
  array3[1]="done";

//使用数组可以更加方便地处理多个元素的情况
//下面的 for 循环用于打印数组 array1 的所有元素
   document.write("数组 array1 中的元素<br>");
for(i=0;i<array1.length;i++)
{
   document.write(" ");
   document.write(array1[i]);
}
   document.write("<br>数组 array2 中的元素<br>");
 for(i=0;i<array2.length;i++)
{
   document.writeln(array2[i]);
}
   document.write("<br>数组 array3 中的元素<br>");
 for(i=0;i<array3.length;i++)
{
   document.writeln(array3[i]);
}
//下面的程序段演示 Array.concat()方法的使用
final=array2.concat("desk added",array3);
document.write("<br>向数组 array2 添加了字符 desk added 和数组 array3
以后形成的数组 final 的元素如下：<br>");
 for(i=0;i<final.length;i++)
{
   document.write(final[i],"<br>");
}
</script>
</body>
</html>
```

※ 范例效果图

范例效果如图 11.15 所示。

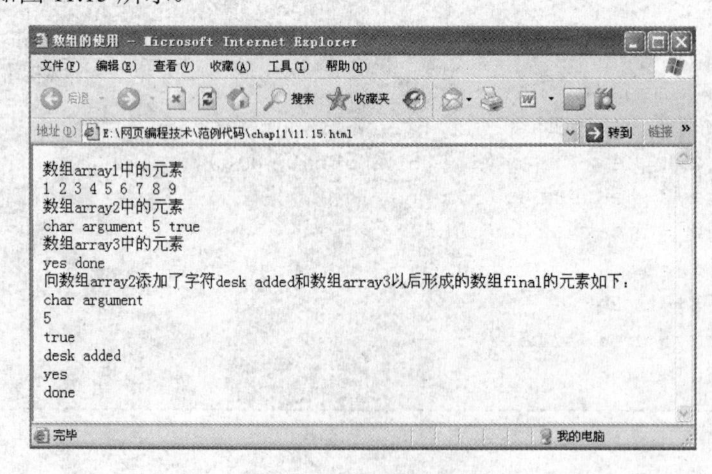

图 11.15　数组的使用

※ 范例代码 11.16.html

```
<html>
<head>
<title>数组方法的使用_3</title>
</head>
<body>
<script language="JavaScript">
 //创建数组
 var array1=new Array("one","two","three");
 var array2=new Array("I","am","a","good","boy");
 var array3=new Array("I","like","eat","fruits");
 document.write("数组 array1 中的元素<br>");
for(i=0;i<array1.length;i++){
   document.write(" ");
   document.write(array1[i]);
}
  new_array1=array1.reverse();
 document.write("<br>使用 reverse()方法改变以后，新数组 new_array1 中
的元素<br>");
for(i=0;i<new_array1.length;i++){
   document.write(" ");
   document.write(new_array1[i]);
}
document.write("<br><br>数组 array2 中的元素<br>");
for(i=0;i<array2.length;i++){
   document.write(" ");
   document.write(array2[i]);
}
 new_array2=array2.slice(2,3);
 document.write("<br>使用 slice 方法截取以后，新数组 new_array2 中的元
素<br>");
for(i=0;i<new_array2.length;i++){
   document.write(" ");
   document.write(new_array2[i]);
}
 document.write("<br><br>数组 array3 中的元素<br>");
for(i=0;i<array3.length;i++){
   document.write(" ");
   document.write(array3[i]);
}
 new_array3=array3.sort();
 document.write("<br>使用 sort 方法按照字母排列以后，新数组 new_array3
中的元素<br>");
for(i=0;i<new_array3.length;i++){
   document.write(" ");
   document.write(new_array3[i]);
}
 </script>
</body>
</html>
```

※ 范例效果图

范例效果如图 11.16 所示。

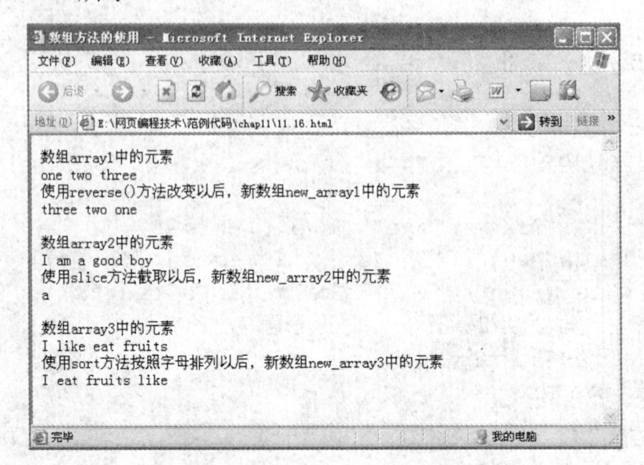

图 11.16 数组方法的使用

注意：数组的下标是从零开始到数组元素总数减 1。

11.6 页面实例——万年历制作

※ 范例代码 11.17.html

```
<html><head><title>万年历</title>
<meta http-equiv="Content-Type" content="text/html; charset=gb2312">
<link rel="stylesheet" href="images_files/lkk.css" type="text/css">
<SCRIPT LANGUAGE="JavaScript" TYPE="text/javascript">
//创建一个数组,用于存放每个月的天数
function montharr(m0, m1, m2, m3, m4, m5, m6, m7, m8, m9, m10, m11)
{
this[0] = m0;
this[1] = m1;
this[2] = m2;
this[3] = m3;
this[4] = m4;
this[5] = m5;
this[6] = m6;
this[7] = m7;
this[8] = m8;
this[9] = m9;
this[10] = m10;
this[11] = m11;
```

```
    }
    //实现月历
    function calendar() {
    var monthNames = "JanFebMarAprMayJunJulAugSepOctNovDec";
    var today = new Date();
    var thisDay;
    var monthDays = new montharr(31, 28, 31, 30, 31, 30, 31, 31, 30,
31, 30, 31);
    year = today.getYear() +1900;
    thisDay = today.getDate();
    if (((year % 4 == 0) && (year % 100 != 0)) || (year % 400 == 0))
monthDays[1] = 29;
    nDays = monthDays[today.getMonth()];
    firstDay = today;
    firstDay.setDate(1);
    testMe = firstDay.getDate();
    if (testMe == 2) firstDay.setDate(0);
    startDay = firstDay.getDay();
    document.write("<div id='rili' style='position:absolute;width:140px;
left:300px;top:100px;'>")
    document.write("<TABLE width='217' BORDER='0' CELLSPACING='0'
CELLPADDING='2' BGCOLOR='#0080FF'>")
    document.write("<TR><TD><table    border='0'    cellspacing='1'
cellpadding='2' bgcolor='Silver'>");
    document.write("<TR><th colspan='7' bgcolor='#C8E3FF'>");
    var dayNames = new Array("星期日","星期一","星期二","星期三","星期四
","星期五","星期六");
    var monthNames = new Array("1月","2月","3月","4月","5月","6月","7
月","8月","9月","10月","11月","12月");
    var now = new Date();
    document.writeln("<FONT STYLE='font-size:9pt;Color:#330099'>" +
"公元 " + now.getYear() + "年" + monthNames[now.getMonth()] + " " +
now.getDate() + "日 " + dayNames[now.getDay()] + "</FONT>");
    document.writeln("</TH></TR><TR><TH     BGCOLOR='#0080FF'><FONT
STYLE='font-size:9pt;Color:White'>日</FONT></TH>");
    document.writeln("<th                   bgcolor='#0080FF'><FONT
STYLE='font-size:9pt;Color:White'>一</FONT></TH>");
    document.writeln("<TH                   BGCOLOR='#0080FF'><FONT
STYLE='font-size:9pt;Color:White'>二</FONT></TH>");
    document.writeln("<TH                   BGCOLOR='#0080FF'><FONT
STYLE='font-size:9pt;Color:White'>三</FONT></TH>");
    document.writeln("<TH                   BGCOLOR='#0080FF'><FONT
STYLE='font-size:9pt;Color:White'>四</FONT></TH>");
    document.writeln("<TH                   BGCOLOR='#0080FF'><FONT
STYLE='font-size:9pt;Color:White'>五</FONT></TH>");
```

```
    document.writeln("<TH BGCOLOR='#0080FF'><FONT STYLE='font-size:
9pt;Color:White'>六</FONT></TH>");
   document.writeln("</TR><TR>");
   column = 0;
   for (i=0; i<startDay; i++) {
   document.writeln("\n<TD><FONT STYLE='font-size:9pt'> </FONT></TD>");
   column++;
   }
   for (i=1; i<=nDays; i++) {
   if (i == thisDay) {
   document.writeln("</TD><TD  ALIGN='CENTER'  BGCOLOR='#FF8040'>
<FONT STYLE='font-size:9pt;Color:#ffffff'><B>")
   }
   else {
   document.writeln("</TD><TD  BGCOLOR='#FFFFFF'  ALIGN='CENTER'><FONT
STYLE='font-size:9pt;font-family:Arial;font-weight:bold;Color:#33
0066'>");
   }
   document.writeln(i);
   if (i == thisDay) document.writeln("</FONT></TD>")
   column++;
   if (column == 7) {
   document.writeln("<TR>");
   column = 0;
   }
   }
   document.writeln("<TR><TD  COLSPAN='7'  ALIGN='CENTER'  VALIGN=
'TOP' BGCOLOR='#0080FF'>")
   document.writeln("<FORM NAME='clock' onSubmit='0'><FONT STYLE=
'font-size:9pt;Color:#ffffff'>")
   document.writeln(" 现 在 时 间 :<INPUT  TYPE='Text'  NAME='face'
ALIGN='TOP'></FONT></FORM></TD></TR></TABLE>")
   document.writeln("</TD></TR></TABLE></div>");
   }
   </SCRIPT>
   <SCRIPT LANGUAGE="JavaScript">
   var timerID = null;
   var timerRunning = false;
   unction stopclock (){
   if(timerRunning)
   clearTimeout(timerID);
   timerRunning = false;}
   //显示当前时间
   function showtime () {
   var now = new Date();
   var hours = now.getHours();
```

```
    var minutes = now.getMinutes();
    var seconds = now.getSeconds()
    var timeValue = " " + ((hours >12) ? hours -12 :hours)
    timeValue += ((minutes < 10) ? ":0" : ":") + minutes
    timeValue += ((seconds < 10) ? ":0" : ":") + seconds
    timeValue += (hours >= 12) ? " 下午 " : " 上午 "
    document.clock.face.value = timeValue;
    timerID = setTimeout("showtime()",1000);//设置超时，使时间动态显示
    timerRunning = true;}
    function startclock () {
    stopclock();
    showtime();}
    </SCRIPT>
    </head>
    <body  bgcolor="#ffffff"  text="#000000"  onLoad="startclock();
timerONE=window.setTimeout">
    <script language="JavaScript" type="text/javascript">
    <!--
    calendar();
    //-->
    </script></p>
    </body></html>
```

※ 范例效果图

范例效果如图 11.17 所示。

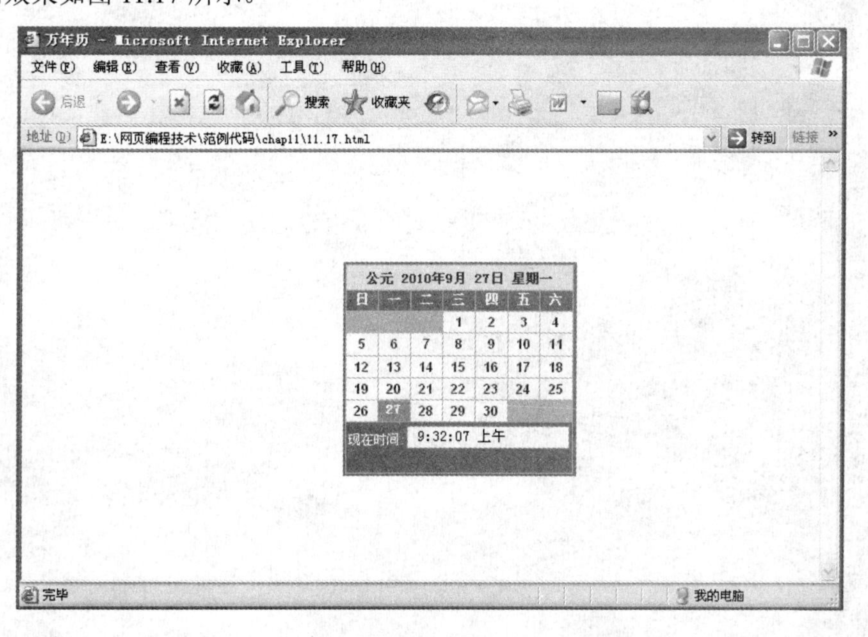

图 11.17　万年历

11.7　上机练习

1．补充范例 11.2.4 中的代码，使电子邮件的条件判断中字符“@”必须位于字符“.”的前面。提示：可以通过方法 charAt 实现要求。

2．制作如图 11.18 所示的个性化日历。

图 11.18　日历

3．使用文本框创建动态变化的时钟，如图 11.19 所示。

图 11.19　动态时钟

第 12 章 常用的窗口对象与框架对象

【本章要点】

▲掌握 window 对象的常用属性和方法

▲掌握 Frame 对象的常用属性和方法

window 对象代表的是打开的浏览器窗口。通过 window 对象可以控制窗口的大小和位置、由窗口弹出的对话框、打开窗口与关闭窗口，还可以控制窗口上是否显示地址栏、工具栏、状态栏等栏目。对于窗口中的内容，window 对象可以控制是否重载网页、返回上一个文档或前进到下一个文档。在框架方面，window 对象可以处理框架与框架之间的关系，并通过这种关系在一个框架处理另一个框架中的文档。window 对象还是所有其他对象的顶级对象，通过对 window 对象的子对象进行操作，可以实现更多的动态效果。

12.1 窗口（window）对象

可以通过 window 对象来访问浏览器窗口的各个方面，如滚动条、状态栏、弹出窗口、历史导航条等信息，以及设置窗口的大小、位置和改变大小等。window 对象和其他对象一样具有它自己的属性、方法和事件。属性应用于指明窗口以及其组件的信息，方法用于操作 Web 浏览器窗口。

12.1.1 常用的属性和方法

window 对象的属性和方法在 JavaScript 中的引用和其他对象的引用方法一样，即是对对象名称的引用。

※ 基本语法：

window.属性

window.方法

另一种引用window对象的方法可以用self属性来代替window引用当前窗口的属性和方法。

※ 基本语法：

self.属性

self.方法

使用self引用window对象的属性和方法和使用window对象效果是一样的，不过在JavaScript中经常可以不使用标识符window和self，直接引用window对象的属性和方法。window对象常用的属性如表12-1所示。

表12-1 window对象常用的属性

属 性	描 述
name	窗口的名称
closed	判断窗口是否已经被关闭，返回布尔值
length	窗口内的框架个数
opener	代表使用open打开当前窗口的窗口
self	当前窗口
location	网址对象
history	历史对象
window	当前窗口
top	当前框架的顶层窗口
parent	当前窗口的父窗口
defaultStatus	默认情况下的状态栏信息
status	状态栏信息

window对象的常用方法如表12-2所示。

表12-2 window对象的常用方法

方 法	描 述
Alert（提示信息）	弹出警告信息，包括一段提示信息和一个“确定”按钮，用来弹出警告信息
confirm（提示信息）	显示一个确认对话框，包含一个确定取消按钮
prompt（提示信息,默认值）	弹出提示信息框
open（URL,窗口名称,窗口风格）	打开具有指定名称的新窗口，并加载给定URL所指定的文档；如果没有提供URL，则打开一个空白文档
close()	关闭窗口
clearInterval（定时器名）	清除定时器，无返回值
clearTimeout（超时名）	清除先前设置的超时，无返回值
setTimeout（函数或表达式,n毫秒数）	在指定的毫秒数后调用函数或计算表达式
setInterval（函数或表达式,n毫秒数）	按照指定的周期（以毫秒计）来调用函数或计算表达式
moveBy（水平点数,垂直点数）	正值为窗口向右下移动，负值相反
moveTo(x,y)	窗口移到x，y坐标处，以左上角为坐标(0,0)点
resizeTo(w,h)	调整窗口大小，宽w,高h
scrollBy(x,y)	将窗口中显示的文档向右滚动x像素，向下滚动y像素
scrollTo(x,y)	表示将滚动窗口中显示的文档指定到x，y指定的像素点上，以左上角为坐标(0,0)点

※ 范例代码　12.1.html

```
<html>
<head>
<title>获得当前窗口的详细信息</title>
</head>
<body>
获得当前窗口的详细信息如下：<br>
<script language="JavaScript">
document.writeln("当前位置：",window.location,"<br>");
document.writeln("包含窗格个数：",window.length,"<br>");
document.writeln("当前状态栏信息：",window.status,"<br>");
document.writeln("当前标题栏信息：",document.title,"<br>");
document.writeln("当前窗口名称：",window.name,"<br>");
</script>
</body>
</html>
```

※ 范例效果图

范例效果如图 12.1 所示。

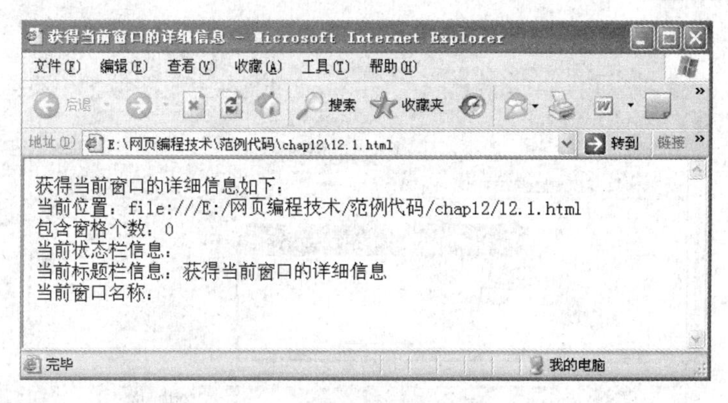

图 12.1　window 对象的属性

> 注意：window 对象名称是小写字母。

12.1.2　对话框

window 对象里有 3 种方法，可以用来创建 3 种不同的对话框，分别是警告框 alert、确认框 confirm 和提示框 prompt。这 3 个方法都属于 window 对象的方法，所以可以直接简写为 alert()、confirm()和 prompt()。下面详细介绍这 3 种对话框的具体用法。

1. 警告框

警告框通常用来确保用户收到某项信息，因为当一个警告窗口弹出后，用户必须单击“确认”（“OK”）按钮才能继续。使用 window 对象的 alert()方法可以在浏览器窗口上弹出

一个警告框，警告框里可以显示一段信息和一个“确定”按钮，用来传出警告信息，用户单击“确定”按钮即可关闭提示框。用户必须先关闭该消息框后才能继续进行其他操作。

※ 基本语法：window.alert(“文本内容”)

※ 范例代码　12.2.html

```
<html>
<head>
<title>alert 提示窗口</title>
<script type="text/javascript">
function disp_alert()
{
alert("你好!" + '\n' + "欢迎光临")
}
</script>
</head>
<body onload="disp_alert()">
</body>
</html>
```

※ 范例效果图

范例效果如图 12.2 所示。

图 12.2　alert 警告框

2. 确认框

确认框通常是需要用户验证或接收某些信息时使用。当一个确认框弹出后，用户必须单击“确认”(“OK”) 或“取消”(“Cancel”) 按钮才能继续。如果用户单击“确认”(“OK”) 按钮，窗口返回值为真（true)。如果用户单击“取消”(“Cancel”) 按钮，窗口返回值为假 (false)。使用 window 对象的 confirm()方法可以在浏览器窗口中弹出一个确认框。用户必须单击其中任何一个按钮后，才能进行其他的操作。

※ 基本语法：window.confirm(“文本内容”)

※ 范例代码　12.3.html

```
<html>
<head>
<title>confirm 确认框</title>
<script type="text/javascript">
```

```
function disp_confirm()
{
var r=confirm("Press a button")
if (r==true)
{
document.write("You pressed OK!")
}
else
{
document.write("You pressed Cancel!")
}
}
</script>
</head>
<body><input type="button" onclick="disp_confirm()" value="显示确认窗口" /></body>
</html>
```

※ 范例效果图

范例效果如图 12.3 所示。

图 12.3 confrim 确认框

3. 提示框

如果需要用户在进入页面前先输入某些信息，通常使用提示框。当一个提示框弹出后，用户需要输入某些信息并单击“确认”（“OK”）或“取消”（“Cancel”）按钮才能继续。如果用户选择了“确认”（“OK”），窗口返回值为用户输入的信息，否则，返回空值（null）。使用 window 对象的 prompt()方法可以在浏览器窗口中弹出一个提示框。

※ 基本语法：window.prompt(“文本内容”,”默认值”)

※ 范例代码 12.4.html

```
<head>
<title>对话框的练习</title>
<script language="javascript">
 function choose()
 {
   var input=prompt("您要选择哪一门课程？","");
   if(input=="")
```

```
      alert("对不起，您选择的课程为空，请重新选择！");
    else
      show(input);
  }
  function show(num)
  {
    switch(num)
    {
     case "1":
     alert("您选择的课程是\n 数据库");
     break;
     case "2":
     alert("您选择的课程是\nC 程序设计语言");
     break;
     case "3":
     alert("您选择的课程是\nJavaScript 脚本语言");
     break;
     case "4":
     alert("您选择的课程是\nxml");
     break;
    }
  }
</script>
</head>
…
```

※ 范例效果图

范例效果如图 12.4 所示。

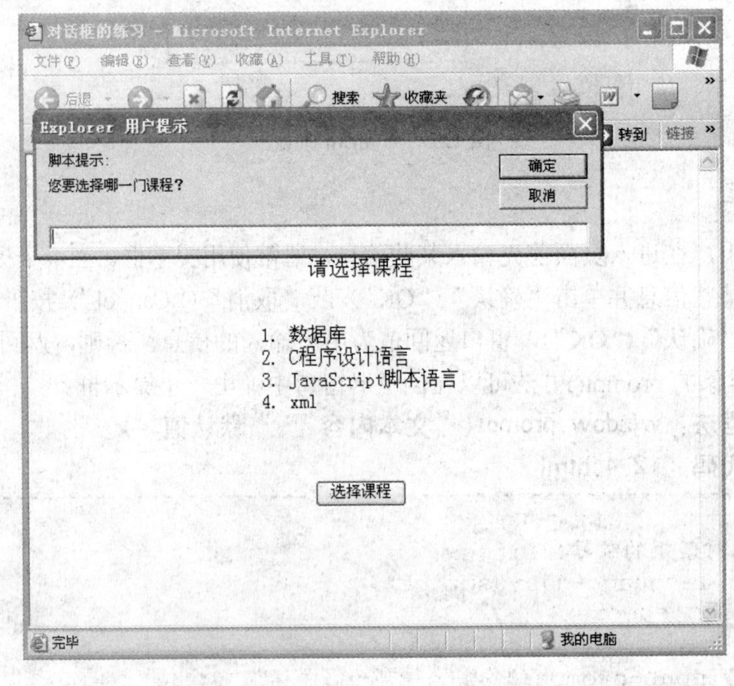

图 12.4　prompt 提示框

12.1.3 打开新窗口

在浏览网页时，打开一个 Web 浏览器窗口，就代表浏览器创建了一个 window 对象。通过这个 window 对象可以对整个浏览器进行操作。但在某些情况下，希望在浏览网页时，打开一个新的窗口或在已经存在的窗口来显示内容。例如，打开网站首页时，弹出新闻公告等窗口。简单的广告窗口都可以通过窗口对象的 open 方法来实现。

浏览器开启时，打开的窗口就是一个 Window 对象，在这个窗口加载的页面上调用了 Window.Open()方法，则浏览器会开启另一个新窗口，为这个窗口的子窗口。

※ 基本语法：open(<URL 字符串>, <窗口名称字符串>, <参数字符串>);

<URL 字符串>描述所打开的窗口具体打开哪一个网页，如果是空串（''），则不打开任何网页。<窗口名称字符串>描述被打开的窗口的名称，可以使用'_top'、'_blank'等名称。这里的名称跟<a href="..." target="...">里的"target"属性是一样的。<参数字符串>描述被打开的窗口的样貌。如果只需要打开一个普通窗口，该字符串为空串（' '），如果要指定窗口的样式，就在字符串里写上一到多个参数，参数之间用逗号隔开。

例如：打开一个 400 x 100 的简单窗口：

open('','_blank','width=400,height=100,menubar=no,toolbar=no,location=no,directories=no,status=no, scrollbars=yes,resizable=yes')

open 的参数具体含义如表 12-3 所示。

表 12-3 open 参数的具体含义

参 数	描 述
top	窗口顶部离开屏幕顶部的像素数
left	窗口左端离开屏幕左端的像素数
width	窗口的宽度
height	窗口的高度
menubar	窗口有没有菜单，取值 yes 或 no
toolbar	窗口有没有工具条，取值 yes 或 no
location	窗口有没有地址栏，取值 yes 或 no
directories	窗口有没有连接区，取值 yes 或 no
scrollbars	窗口有没有滚动条，取值 yes 或 no
status	窗口有没有状态栏，取值 yes 或 no
resizable	窗口能不能调整大小，取值 yes 或 no

注意：open() 方法有返回值，返回的就是它打开的窗口对象。

例如：var newWindow = open('','_blank');

这样把一个新窗口赋值到“newWindow”变量中，以后通过“newWindow”变量就可以控制窗口了。

※ 范例代码 12.5.html

```
<html>
<head>
<meta http-equiv="Content-Type" content="text/html; charset=gb2312">
<title>无标题文档</title>
<script language="javascript">
var newwin;
//实现打开窗口
function opwin()
{
newwin = window.open
("newe.htm","","location=0,status=0,menubar=0,scrollbars=1,resiza
ble=0,width=200,height=150,top=200,left=200");
}
</script>
</head>
<body>
<form name="form1" method="post" action="">
  <p>
    <input type="button" name="Submit" value="打开新窗口" onClick=
"opwin()">
  </p>
</form>
</body>
</html>
```

※ **范例效果图**

范例效果如图 12.5 所示。

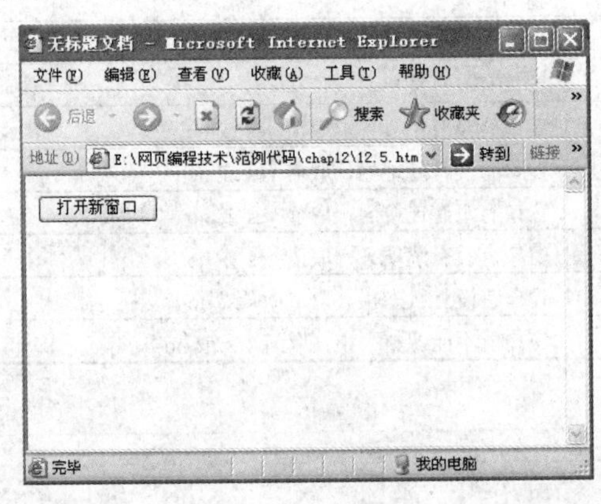

图 12.5 打开新窗口

12.1.4 关闭窗口

当打开一个窗口后，可以使用 close()方法来关闭窗口。

※ **基本语法：window.close()或 self.close()**

当关闭一个打开的窗口时，使用 Window 对象的 close()方法，即可以关闭窗口。在关闭窗口前，页面会弹出一个对话框，以再次确认是否要关闭浏览器窗口。

※ 范例代码　12.6.html

```
1 <html>
2 <head><title>打开新窗口时使用选项并提供一个关闭窗口的链接 </title>
3 <script language="JavaScript">
4 <!--
5  function openNewWindow(){
6  winObj=open("rose.jpg", "tulip",
7  "width=640,height=350,toolbar=1,status=0," +
8  "resizable=0,scrollbars=1,location=1,menubar=1");
9  winObj.focus();       //将窗口放在其他窗口之前
10 }
11  function closeNewWindow(){
12  winObj.close();      //关闭窗口
13  }
14 //  -->
15 </script>
16 </head>
17 <body bgColor="lightblue">
18 <br>单击查看图片 <br>
19 <a href="javascript:openNewWindow()">玫瑰花<a>
20 <p>要关闭新打开的窗口时，请单击这里 <br>
21 <a href="javascript:closeNewWindow()">关闭新窗口 </a></h3>
22 </body>
23 </html>
```

※ 代码分析

（1）第 5 行，定义方法 openNewWindow。

（2）第 6 行～8 行，在一个新窗口中显示图片，并将该窗口对象赋值给变量 winObj，定义窗口的各项属性，

（3）第 9 行，通过 focus 方法将窗口置于其他窗口的前端 。

（4）第 11 行，定义方法 closeNewWindow。

（5）第 12 行，调用新窗口对象 winObj 的 close 方法，关闭新打开的窗口。

（6）第 19 行，通过超链接文字“玫瑰花”，调用方法 openNewWindow，打开新窗口。

（7）第 21 行，单击“关闭新窗口”超链接文字，调用方法 closeNewWindow。

※ 范例效果图

范例效果如图 12.6 所示。

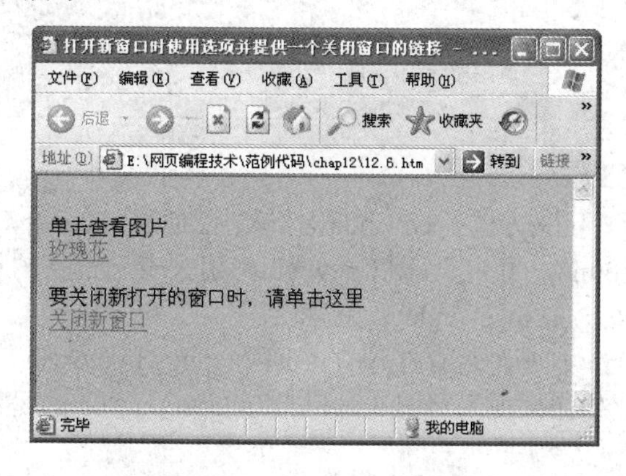

图 12.6　打开和关闭窗口

※ 范例代码　12.7.html

```
 1 <html>
 2 <head>
 3 <meta http-equiv="Content-Type" content="text/html; charset=gb2312">
 4 <title>关闭窗口</title>
 5 <script language="javascript">
 6 var newwin;
 7 function openwindow()
 8 {
 9 newwin=window.open("new.htm","openwindow","width=200,height=
     300,menubar=0,location=0,status=0,resize=0");
 10 }
 11 function closewindow()
 12 {
 13   if(newwin)
 14   {
 15      if(!newwin.closed)//closed指明窗口是否已经被关闭,true已关闭,
false未关闭。
 16       {
 17     if(window.confirm("确定要关闭吗? "))
 18     newwin.close();
 19   }
 20   else
 21      alert("新窗口已关闭! ")
 22    }
 23   else
 24   alert("请打开新窗口")
 25 }
 26  </script>
 27  </head>
 28  <body>
 29  <form name="form1" method="post" action="">
 30  <p>
 31  <input type="button" name="Submit" value="打开窗口"
 32  onclick= "openwindow()">
 33 </p>
 34  <input type="button" name="Submit" value="关闭窗口" onclick=
35"closewindow()">
 36 </p>
 37 </form>
 38 </body>
 39 </html>
```

※ 代码分析

（1）第7行～10行，定义方法openwindow，该方法通过window对象的open方法，在新窗口中打开页面“new.htm”，并定义变量newwin，用来表示定义的新窗口对象。

（2）第11行，定义方法closewindow。

（3）第15行～25行，判断是否有打开的新页面，newwin.close()表示关闭新打开的窗口，如图12.8所示。此处如果改写代码为window.close()，关闭的是原页面，而不是新打开的窗口页面。

（4）第 31 行～32 行，单击“打开窗口”按钮，调用如图 12.7 所示。

（5）第 34 行～35 行，当单击“关闭窗口”按钮，调用方法 closewindow。

※ 范例效果图

范例效果如图 12.7 和图 12.8 所示。

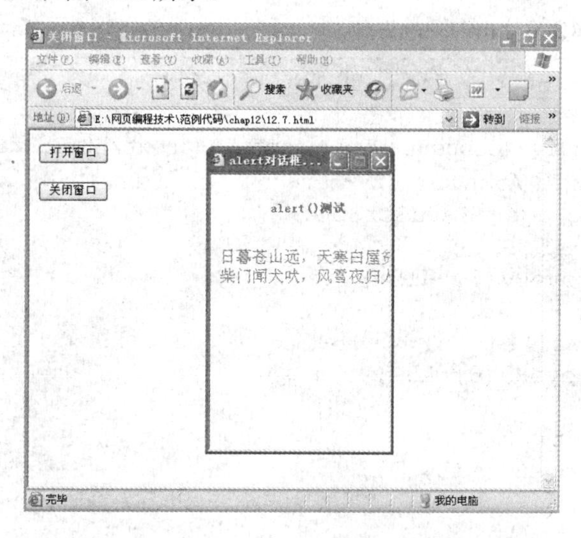

图 12.7　打开窗口

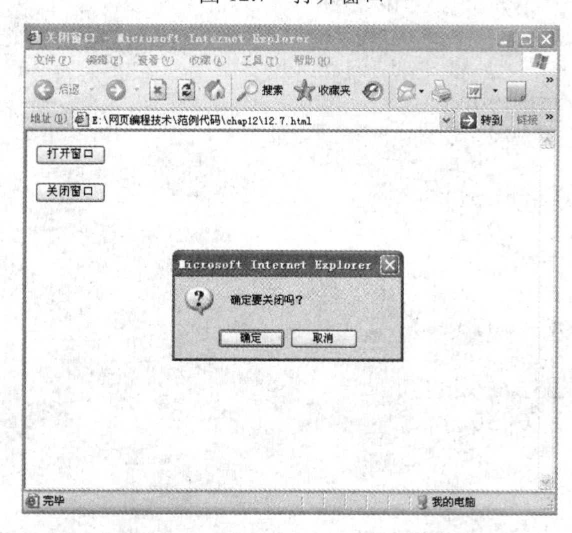

图 12.8　关闭窗口

12.1.5　移动窗口

可以使用 Window 对象的 moveBy(x,y)和 moveTo(x,y)两个方法移动窗口，把窗口放在指定的位置。moveBy(x,y)以相对方式移动窗口，窗口的大小不变。如果为正值，则表示窗口在 x 轴方向上向右移动 x 像素，在 y 轴方向，向下移动 y 像素。如果为负值则表示，在 x 轴方向上向左移动 x 像素，在 y 轴方向上向上移动 y 像素。

※ 基本语法：moveBy(x,y)

例如：moveBy(10,20)

而 moveTo(x,y)表示用绝对方式移动窗口。x 和 y 表示窗口在屏幕上的坐标值。窗口中

屏幕的左上角的坐标为(0,0)。该语句表示将窗口移动到距离左上角 x 轴方向为 x 像素，y 轴方向为 y 像素。

※ **基本语法**：moveTo(x,y)

例如：moveTo(10,20)

※ **范例代码 12.8.html**

```
<html xmlns="http://www.w3.org/1999/xhtml">
<head>
<meta http-equiv="Content-Type" content="text/html; charset=gb2312" />
<title>移动窗口</title>
<script language="JavaScript">
function up(){
   window.moveBy(0, -15);
}
function down(){
   window.moveBy(0, 15);
}
function left(){
   window.moveBy(-15, 0);
}
function right(){
   window.moveBy(15, 0);
}

function movrightup(){
window.moveTo(400,0);
}
function movleftup(){
window.moveTo(0,0);
}
function movrightdown(){
window.moveTo(400,300);
}
function movleftdown(){
window.moveTo(0,300);
}
</script>
</head>
<body >
<input type="button" value="上移" onclick="up();"/>
<input type="button" value="下移" onclick="down();" />
<input type="button" value="左移" onclick="left();"/>
<input type="button" value="右移" onclick="right();"/>
<input type="button"  value="左上角" onclick="movleftup();"/>
<input type="button"  value="右上角" onclick="movrightup();"/>
<input type="button"  value="左下角" onclick="movleftdown();"/>
<input type="button"  value="右下角" onclick="movrightdown();"/>
</body>
</html>
```

※ 范例效果图

范例效果如图 12.9 所示。

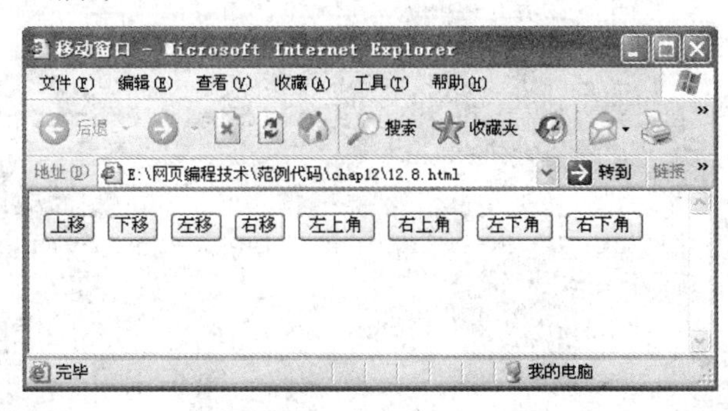

图 12.9　移动窗口

12.1.6　改变窗口的大小

在 Window 对象中，可以使用 resizeTo(x,y)方法和 resizeBy(x, y)函数改变窗口的大小。

※ 基本语法：resizeTo(x,y)

resizeTo(x,y)表示以绝对方式改变窗口大小，使窗口调整大小到 x 像素的宽度和 y 像素的高度。

例：resizeTo(500,400)，表示将窗口大小修改为横向 500 像素，纵向 400 像素。

※ 基本语法：resizeBy(x, y)

resizeBy(x, y)表示以相对方式改变窗口大小使窗口调整大小，即窗口宽度增加 x 像素，高度增加 y 像素。如果取负值，则表示缩小窗口。

例：resizeBy(20, 20)，表示窗口在当前大小的基础上横向放大 20 像素、纵向放大 20 像素。

※ 范例代码　12.9.html

```
<html>
<head>
<title>窗口的尺寸的改变</title>
<script language="JavaScript">
function movrighta(){
window.resizeBy(10,0);
}
function movrightm(){
window.resizeBy(-10,0);
}
function movup(){
window.resizeBy(0,10);
}
function movdown(){
window.resizeBy(0,-10);
}
</script>
</head>
<body>
```

```
单击下面的按钮，窗口的大小就会按指定尺寸(10)像素改变。
<form name="form1">
<table>
<tr><td  width="100" align="center">
<input type="button" name="up" onclick="movrighta()" value="水平
增加"></td>
<td align="center">
<input type="button" name="right" onclick="movrightm()" value="
水平减少">
</td>
</tr>
<tr>
<td width="100" align="center">
<input type="button" name="left" onclick="movup()" value="竖直增
加">
</td>
<td  align="center">
<input type="button" name="down" onclick="movdown()" value="竖直
减小">
</td>
</tr>
</table>
</form>
</body>
</html>
```

※ 范例效果图

范例效果如图 12.10 所示。

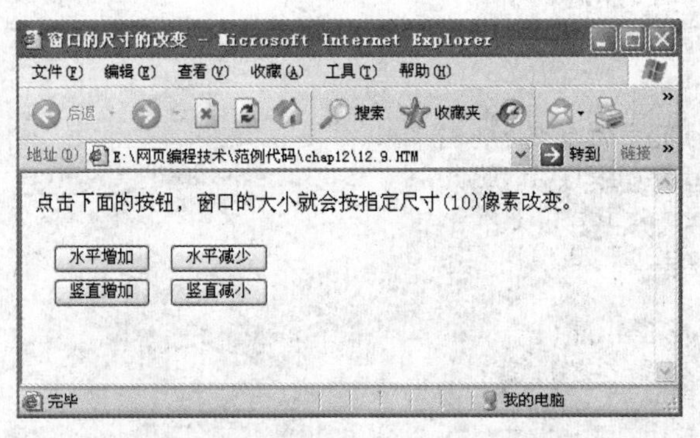

图 12.10　窗口大小的改变

12.1.7　定时功能

Window 对象的 setTimeout()方法可以在打开窗口一定时间后，执行一个自定义函数或者语句，起到一个定时器的功能。

※ 基本语法：setTimeoutname= setTimeout(代码，n 毫秒数)

（1）setTimeoutname 表示定时器的名称，用来控制定时器。

（2）表达式表示要执行的代码，可以为语句或者自定义的函数。需要注意这些代码只能调用一次。如果返回调用必须在代码自身中含有 setTimeout()方法。

（3）n 毫秒数表示延迟的时间，以毫秒为单位，1000 毫秒为 1 秒。

※ 范例代码 12.10.html

```
<head>
<script language=JavaScript>
function move( )
{
document.getElementById("Layer1").style.left= Math.random()*500;
document.getElementById("Layer1").style.top= Math.random()*500;
setTimeout("move()",1000);
}
</script>
</head>
<body onload="move( )"">
<DIV  id="Layer1" style="position:absolute; left:14px; top:44px;
width:150px; height:102px; z-index:1">
<IMG src="piaofu.jpg" border="0">
</DIV>
<H2>随机漂浮的广告</H2>
</BODY>
```

※ 代码分析

getElementById(“ID 名称”)方法是根据 ID 名称获取 HTML 元素，这里表示获取层对象 Layer1。left 和 top 表示层 Layer1 的左边距和上边距，设定为随机的值。每隔 1 秒调用 move()函数随机改变层的位置，从而实现随机漂浮的效果。

※ 范例效果图

范例效果如图 12.11 所示。

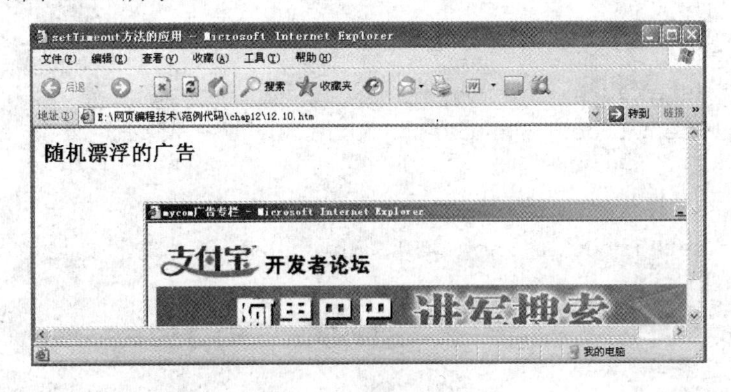

图 12.11 随机漂浮的广告

12.1.8 设置状态栏

状态栏位于浏览器底部的左下角，用于向用户显示信息。在状态栏中可以显示的信息通常有以下两种：在浏览器加载文件的过程中，在状态栏里显示加载的文件或进度。当鼠

标放在超链接上时，在状态栏里显示出超链接的URL地址。

通常情况下，状态栏里的信息都是空的，只有在加载网页或将鼠标放在超链接上时，状态栏中才会显示这些瞬间信息。Window对象的defaultStatus属性可以用来设置在状态栏中的默认文本，当不显示瞬间信息时，状态栏可以显示这个默认文本。defaultStatus属性是一个可读写的字符串。

※ 基本语法：window.defaultStatus ="字符串"

Window对象的defaultStatus属性可以用来读取或设置状态栏的默认信息，但如果要设置状态栏的瞬间信息，就必须要使用到Window对象的status属性了。在默认情况下，将鼠标放在一个超链接上时，状态栏会显示该超链接的URL地址，此时的状态栏信息就是瞬间信息。当鼠标离开超链接时，状态栏就会显示默认的状态栏信息，瞬间信息消失。

※ 基本语法：window.status = "字符串"

※ 范例代码 12.11.html

```
<html>
<head>
<title>状态栏里的打字效果</title>
<script language="JavaScript">
var message="欢迎光临！！" ; //要显示的信息
//在后面被用做设定打字的速度，单位为毫秒
var interval=250
var step=0;
function show()
{
 width= message.length;
 window.status = message.substring(0, step+1);
 step=step+1;
 if (step>=width)
 {
  step= 0;
  window.status = '';
  window.setTimeout("show();", interval );
 }
 else
 window.setTimeout("show();", interval );
}
show();
</script>
</head>
<body>
这个程序创建的效果是使字符串一一从左边显示出来，就象是在打字一样。
</body>
</html>
```

※ 范例效果图

范例效果如图 12.12 所示。

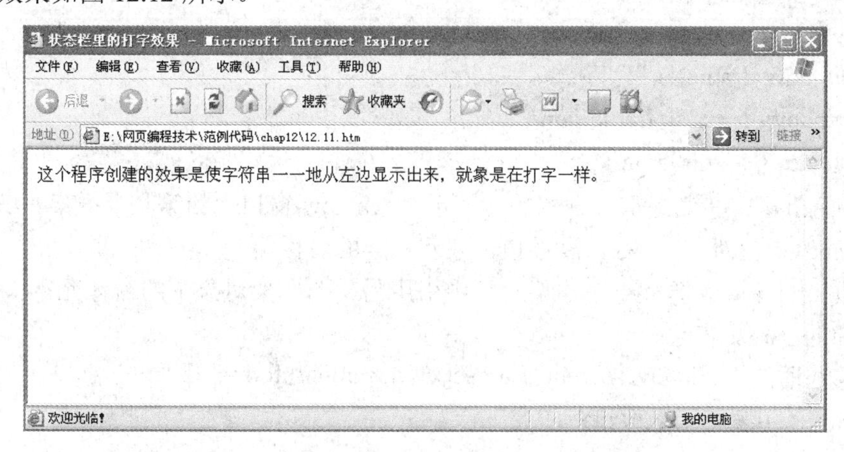

图 12.12 打字效果的状态栏

12.2 框架（frame）对象

在 Window 对象中，所涉及的实例操作都是针对着一个窗口。而大多数情况下，可以使用 JavaScript 对象对浏览器窗口中的多个窗口或者框架进行操作。浏览器窗口可以划分为多个独立的小窗口，每个小窗口称为框架（frame）。在 HTML 文档中通过<frameset>标记可以定义多个框架。网页中的框架页面的创建和划分，可参考第 3 章 HTML 高阶中的框架标签。

浏览器对象中的 frame 对象，是一种可以用来引用窗口中的框架的对象，也称为框架对象。但是有一点需要明确，在窗口中存在的每一个框架，是单独的窗口，都表示一个 Window 对象。严格意义上说，框架对象是不存在的。一个窗口中的框架页面都是 Window 对象的一个实例。它们所具有的属性、方法和事件都是与 Window 对象相同的。窗口和框架之间互相引用的常用属性如表 12-4 所示。

表 12-4 frame 对象的常用属性

属　性	描　述
contentDocument	容纳框架的内容的文档
frameBorder	设置或返回是否显示框架周围的边框
id	设置或返回框架的 id
name	设置或返回框架的名称
noResize	设置或返回框架是否可以调整大小
scrolling	设置或返回框架是否带滚动条
src	设置或返回加载到框架中的页面的 URL 地址

12.2.1 访问框架对象

在 Window 对象中，使用 frames[]数组引用窗口中的子窗口；使用 parent 表示对父窗口的引用；使用 top 表示对最高级窗口的应用；self 表示对自身窗口的引用。一个框架可以使

用属性 frames、top、parent 来应用另一个框架。窗体中不同框架页面引用其他框架页面所使用的访问方式也各不相同。

※ **基本语法**：

```
window.frames[x]
window.frames['frameName']
window.frameName
```

x 是数组下标，其值是从 0 开始的，表示在 window 窗口中的第几个框架。frameName 指的是<frame>标签对应的 name 属性值，表示框架的名称。

在多框架对象中，要从一个框架对象中引用另一个框架对象中的窗体元素，可以使用窗口对象中的 parent 属性。

※ **基本语法**：window.parent.frames[x].document.forms[n]

n 表示窗体中表单元素数组对应的下标。

12.2.2 框架间的相互引用

同一个窗口中的不同框架之间可以相互引用，即一个框架中执行的结果可以在另一个框架中显示出来，或者用一个框架中的值去改变另一个框架的内容。

※ **范例代码** 12.12.html

```
1 <frameset rows="20%,*">
2  <frame src="frame1.htm" name="frame1">
3  <frame src="frame2.htm" name="frame2">
4 </frameset>
5 frame1.htm
6 <html>
7 <head>
8 <script language="javascript">
9  function showpage()
10 {
11
parent.frame2.location.href=window.document.forms[0].txt.value;
12 }
13 </script>
14 </head>
15 <body>
16 <form>
17  URl地址:<input type="text" name="txt">
18  <input type="button" value="显示网页" onClick="showpage();">
19 </form>
20 </body>
21 </html>
22 frame2.htm
23 <html>
24 <head>
25 </head>
26 <body>
27 </body>
28 </html>
```

※ 代码分析

在页面中，将页面划分为上下两个框架，名称分别是 frame1 和 frame2，其中 frame1 框架显示 frame1.htm 页面的内容，frame2 框架显示 frame2.htm 页面的内容。在 frame1.htm 页面中包含两个表单元素，分别是一个文本框和一个按钮，单击按钮，调用 showpage 方法，在 showpage 方法中，通过 parent.frames.lacation.href 定义在当前框架中定义父框架中 frame2 框架的 location 对象的 href 属性，即网页的 URL 地址，其值是 window.document.forms[0].txt.value，表示当前窗口中文档对象中第一个表单元素的文本元素 txt 的 value 值。这样就可以在 frame1 框架中，通过输入 URL 地址，在 frame2 框架对象中显示具体的页面内容了，实现了从一个框架对象控制另一个框架对象的功能。

※ 范例效果图

范例效果如图 12.13 所示。

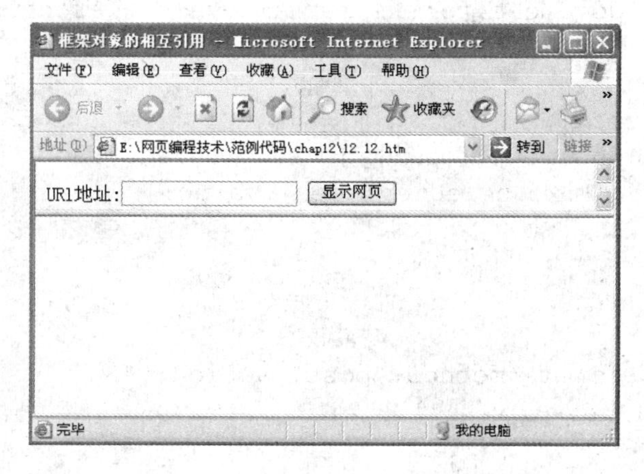

图 12.13 框架之间的相互引用

※ 范例代码 12.13.html

```
<html>
<head>
</head>
<frameset rows="*" cols="25%,*">
  <frame src="left.htm" name="left">
  <frame src="right.htm" name="right">
</frameset>
<noframes></noframes>
<body>
</body>
</html>
left.htm
<html>
<head>
<meta http-equiv="Content-Type" content="text/html; charset=gb2312">
</head>
<body>
<form name="form1" method="post" action="">
  <p>个人信息</p>
```

```
    <p>姓名: </p>
    <p><input type="text" name="username"></p>
    <p>籍贯: </p>
    <p><input type="text" name="jg" ></p>
  </form>
  </body>
  </html>
  right.htm
  <html>
  <head>
  <meta http-equiv="Content-Type" content="text/html; charset=gb2312">
  <script language="javascript">
  function chan(){
  parent.left.document.form1.username.value=parent.right.documen
t.form1.username.value;
  }
  function putbox(){
  parent.left.document.form1.jg.value=parent.right.document.form
1.x1.options[form1.x1.selectedIndex].value;
  }
  </script>
  </head>
  <body>
  <form name="form1" method="post" action="">
    <p>请输入用户名: </p>
    <p>
      <input type="text" name="username" onKeyUp="chan()">
  </p>
    <p>请选择省份: </p>
    <p>
      <select name="x1" onchange="putbox()">
        <option value="辽宁" selected>辽宁</option>
       <option value="黑龙江">黑龙江</option>
       <option value="吉林">吉林</option>
       <option value="北京">北京</option>
       <option value="上海">上海</option>
       <option value="四川">四川</option>
       <option value="湖南">湖南</option>
       <option value="湖北">湖北</option>
       <option value="河南">河南</option>
       <option value="河北">河北</option>
       <option value="海南">海南</option>
       <option value="天津">天津</option>
      </select>
  </p>
  </form>
  </body>
  </html>
```

※ 代码分析

范例 12.13.html 将页面划分成一行两列，左右两个框架，框架名分别为 left 和 right，其中 left 框架显示的是 left.htm 页面的内容，right 框架显示的是 right.htm 页面的内容。left.htm 页面中定义了两个文本框，分别用来显示个人信息的姓名和籍贯。在 right.htm 页面中定义一个用来输入用户名的文本框和用来选择省份的下拉列表框，定义方法 chan，表示将当前页面中输入用户名的文本框中的值赋值给 left 框架中的姓名文本框。定义方法 putbox，表示将当前页面中下拉列表框中的值赋值给 left 框架中的籍贯文本框，方法 chan 是在 username 的 onKeyUp 事件下调用，即当键盘输入内容时，调用方法 chan，而方法 putbox 是在 x1 下拉列表的 onchange 事件下调用，即当下拉列表的内容改变时，调用方法 putbox，从而实现了框架之间元素的相互引用的功能。

※ 范例效果图

范例效果如图 12.14 和图 12.15 所示。

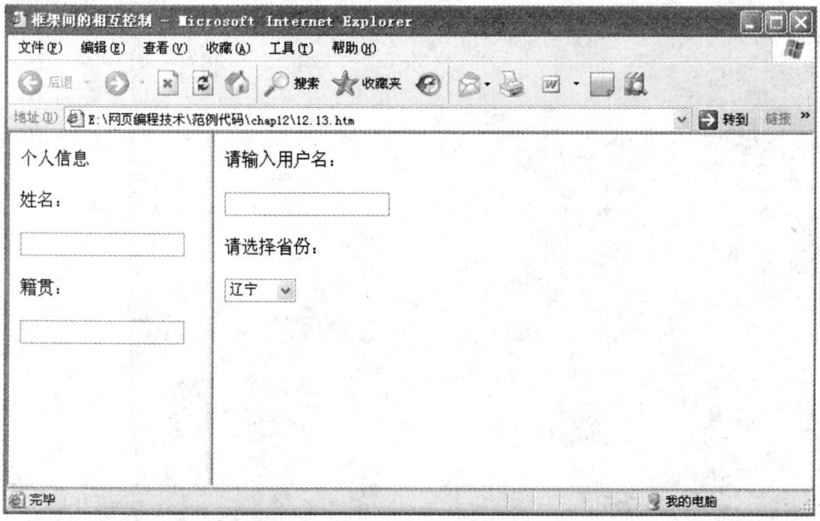

图 12.14　框架间的相互控制

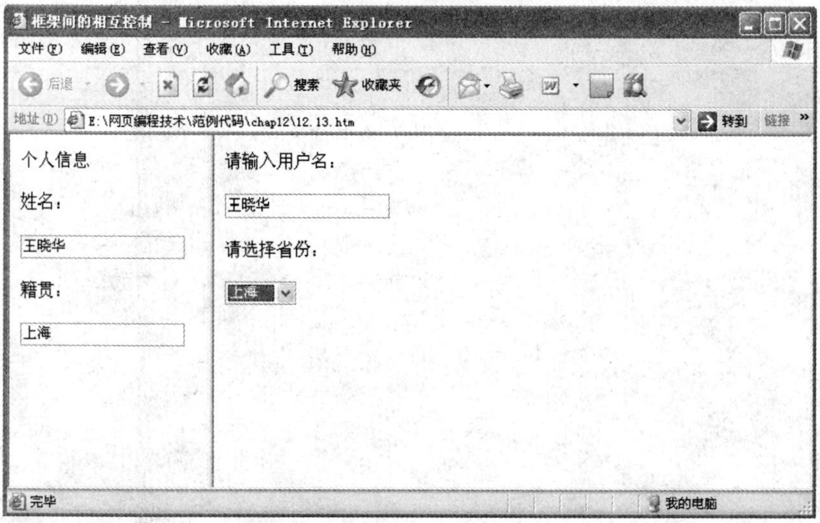

图 12.15　框架间的相互控制显示结果

12.3 页面实例——窗口移动动画

※ 范例代码 12.14.html

```
<SCRIPT Language="JavaScript">
<!--初始化窗口-->
window.scrollBy(0, 100)
<!--最初的大小为 0-->
window.resizeTo(0,0)
window.moveTo(0,0)<!--最初的位置在（0、0）点-->
document.bgColor=0x000000<!--背景颜色为透明-->
document.fgColor=0x000000<!--前景颜色为透明-->
setTimeout("move()", 1);<!--每隔 1 毫秒调用一次 move()函数-->
var mxm=50
var mym=25
var mx=0
var my=0
var sv=50
var status=1<!--移动的步骤-->
var szx=0
var szy=0
var c=255
var n=0
var sm=30
var cycle=2
var done=2
function move()
        {
        if (status == 1)<!--第一步-->
                {
                mxm=mxm/1.05<!--获得新的步长 x 方向-->
                mym=mym/1.05<!--获得新的步长 y 方向-->
                mx=mx+mxm<!--获得新的横坐标-->
                my=my-mym<!--获得新的纵坐标-->
                mxm=mxm+(400-mx)/100<!--计算 mxm 的值-->
                mym=mym-(300-my)/100<!--计算 mym 的值-->
                window.moveTo(mx,my)<!--移动窗口到新的位置-->
                rmxm=Math.round(mxm/10)<!--取整-->
                rmym=Math.round(mym/10)<!--取整-->
                if (rmxm == 0)<!--如果 mxm 为 0-->
                        {
                        if (rmym == 0)<!--如果 mym 为 0-->
                                {
                                status=2<!--进入第二步-->
```

```
                    }
                }
            }
        if (status == 2)<!--第二步-->
            {
            sv=sv/1.1
            scrratio=1+1/3
            mx=mx-sv*scrratio/2<!--获得新的横坐标-->
            my=my-sv/2<!--获得新的纵坐标-->
            szx=szx+sv*scrratio<!--计算 szx 的值-->
            szy=szy+sv<!--计算 szy 的值-->
            window.moveTo(mx,my)<!--移动窗口到新的位置-->
            window.resizeTo(szx,szy)<!--变化窗口大小-->
            if (sv < 1)<!--如果 sv 小于 0.1-->
                {
                status=3<!--进入第三步-->
                }
            }
        if (status == 3)<!--第三步-->
            {
            document.fgColor=0xffffFF<!--前景颜色为白色-->
            c=c-16<!--获得 c 的值-->
            document.bgColor=0xffffFF<!--背景颜色为白色-->
            if (c<0)
                {status=4}<!--如果 c 小于 0，转到第八步-->
            }
       if (status == 4)
            {
            window.moveTo(0,0)<!--移动窗口位置-->
            sx=screen.availWidth<!--设置窗口宽度-->
            sy=screen.availHeight<!--设置窗口高度-->
            window.resizeTo(sx,sy)<!--更新窗口大小-->
            status=9
}
        var timer=setTimeout("move()",0.3)<!--设置移动的速度-->
        }
</script>
```

12.4　上机练习

1．设计页面，通过超链接文字，打开链接显示一张图片。

2．设计页面包含两个按钮，分别为“打开窗口”和“关闭窗口”，单击“打开窗口”按钮，打开一个新窗口，宽度 300×200，参照表 12-3，设置相关参数。单击“关闭窗口”

按钮，出现提示框，提示“是否关闭”，如果单击“确定”按钮则关闭小窗口。

3．设计页面如图 12.16 所示，要求在上面的文本框中输入内容，单击右侧“接收”按钮，对在对应的内容文本框中显示左侧输入的内容，单击“复位”按钮，清空当前文本框中的内容。

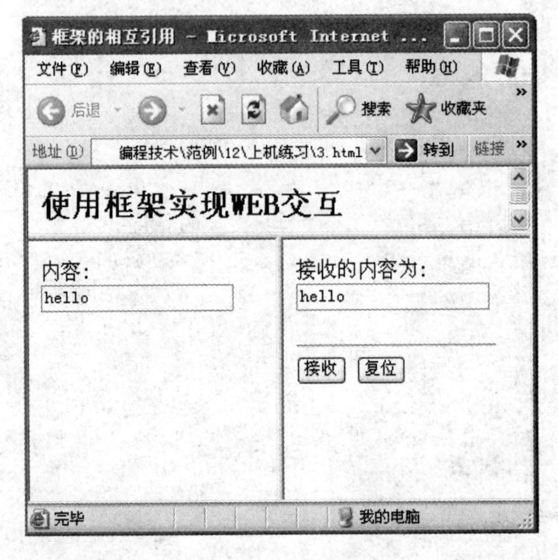

图 12.16 框架交互

第13章 常用文档对象

【本章要点】

▲document 对象的属性和方法

▲image 对象的应用

▲link 对象的属性

▲cookie 对象的应用

文档（document）对象是一种最基本的浏览器对象，表示浏览器中显示的 HTML 文档。使用该对象可以访问页面上的各种元素，通过控制这些页面元素可以实现需要的效果或功能。document 对象是 window 对象的一个属性。

13.1 document 对象

document 对象代表当前浏览器窗口中的文档，使用它可以访问到文档中的所有其他对象（例如图片、表单、超链接等）。本节将分别介绍 document 对象的各种属性及方法。

13.1.1 常用属性

表 13-1 列出了 document 对象的常用属性，IE 和 Netscape 都支持这些属性。

※ 基本语法：document.属性

表 13-1 document 对象的常用属性

属性	描述
anchors	表示文档中所有 anchor（锚）对象的数组，锚是指带有 name 属性的链接对象
all	表示文档中所有 HTML 标记符的数组
applets	表示文档中所有 Java 小应用程序
bgColor	表示文档的背景颜色，字符串类型
cookie	表示与文档有关的 Cookie，字符串类型
domain	表示提供文档的服务器域，用于安全目的，字符串类型
embeds	表示文档中使用<embed>标记嵌入的数据
fgColor	表示文档的前景颜色，字符串类型
forms	表示文档中所有表单的数组
images	表示文档中所有图像的数组
lastModified	表示文档中最后一次修改的日期，字符串类型，只读属性
linkColor	表示文档中未被访问的超链接的颜色
links	表示文档中所有超链接的数组，超链接是指带<ahref>标记的对象
referrer	表示链接到当前文档的 URL，如果当前文档是从另外一个文档调用而进入的，则当前文档的 referrer 属性为该文档的 URL，只读属性
title	表示文档的标题
URL	指定当前文档的 URL，只读属性
vlinkColor	表示已被访问的超链接的颜色

※ 范例代码 13.1.html

```
<HTML>
<HEAD>
  <TITLE>文档属性示例</TITLE>
</HEAD>
<BODY>
<A NAME="#top"></A>
<img src="images/zhiwen_02.gif" width="945" height="109">
<FORM>
 <INPUT TYPE="BUTTON" VALUE="提交">
</FORM>
<A HREF="http://www.dlpu.edu.cn">友情链接</A>
<A HREF="#top">返回页首</A>
<HR>
<SCRIPT LANGUAGE = JavaScript TYPE="text/javascript">
<!--
document.write("<H3>本文档的统计信息如下：</H3>")
document.write("本文档的标题为："+document.title+"<BR>")
document.write("本文档的最后修改时间为："+document.lastModified+
"<BR>")
document.write("本文档中包含 <B>"+document.links.length+"</B>个超
链接<BR>")
```

```
    document.write("本文档中包含 <B>"+document.anchors.length+" </B>
个锚点<BR>")
    document.write("本文档中包含 <B>"+document.forms.length+"</B>个表
单<BR>")
    document.write("本文档中包含 <B>"+document.images.length+" </B>个
图像<BR>")
    document.write("本文档中包含 <B>"+document.applets.length+" </B>
个 Java 小应用程序<BR>")
    document.write("本文档中包含 <B>"+document.embeds.length+" </B>个
嵌入对象<P>")
    // -->
    </SCRIPT>
    </BODY>
    </HTML>
```

※ 范例效果图

范例效果如图 13.1 所示。

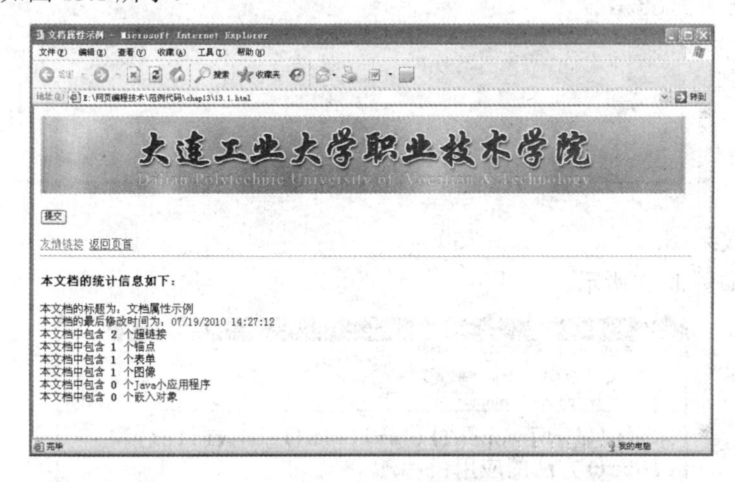

图 13.1　文档属性示例

13.1.2　常用方法

表 13-2 列出了 document 对象的常用方法。

※ 基本语法：document.方法

表 13-2　document 对象的常用方法

方　法	描　述
close()	关闭文档的输出流
open(mimeType)	清除当前文档并为要放置到该文档中的新数据打开一个流。该方法可以接受一个可选的参数 mimeType，以指定要写到文档中的数据的类型。该参数是以下中的一种：text/html、text/plain、image/gif、image/jpeg 或 image/x-bitmap，但 IE 仅支持 text/html
write(value1,value2…)	将参数作为字符串添加到文档中
writeln(value1,value2…)	将参数作为字符串添加到文档中。与 write()不同的是在最后一个参数写入文档后，在文档中添加一个换行符
getElementById(id)	返回第一个使用指定 id 的对象

在下面的例子中，主要介绍 write()和 writeln()方法的不同之处以及 getElementById()方法的应用。

※ 范例代码 13.2.html

```
<HTML>
<HEAD>
  <TITLE> document 对象的方法</TITLE>
</HEAD>
<BODY>
<H1>本示例显示了 open()、writeln() 、 write()和close()方法的应用：</H1>
<SCRIPT Language ="JavaScript" TYPE="text/javascript">
<!--
document.open()
document.writeln("<pre>JavaScript")
document.writeln("示例</pre>")
document.write("<pre>JavaScript")
document.write("示例</pre>")
document.close()
//-->
</SCRIPT>
</BODY>
</HTML>
```

※ 范例效果图

范例效果如图 13.2 所示。

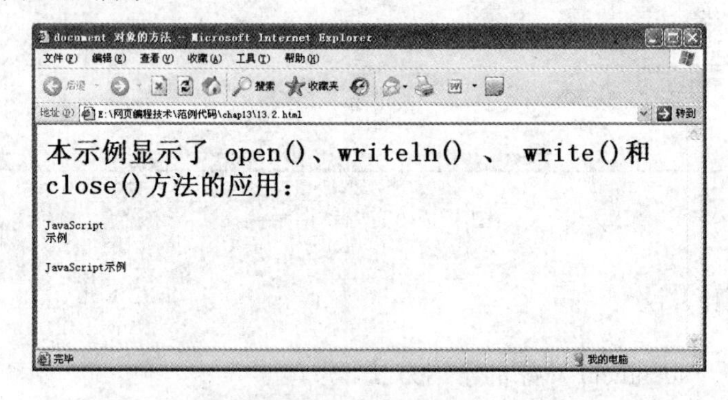

图 13.2 文档方法示例

※ 范例代码 13.3.html

```
<HTML>
<HEAD>
  <TITLE> document 对象的方法</TITLE>
<SCRIPT LANGUAGE ="JavaScript" TYPE="text/javascript">
<!--
function getId()
{
 var x=document.getElementById("myId");
```

```
    alert("HTML 标记为: "+x.tagName);
  }
  //-->
    </SCRIPT>
  </HEAD>
  <BODY>
  <P ID="myId" onClick="getId()">请点击</P>
  </BODY>
  </HTML>
```

※ 范例效果图

范例效果如图 13.3 所示。

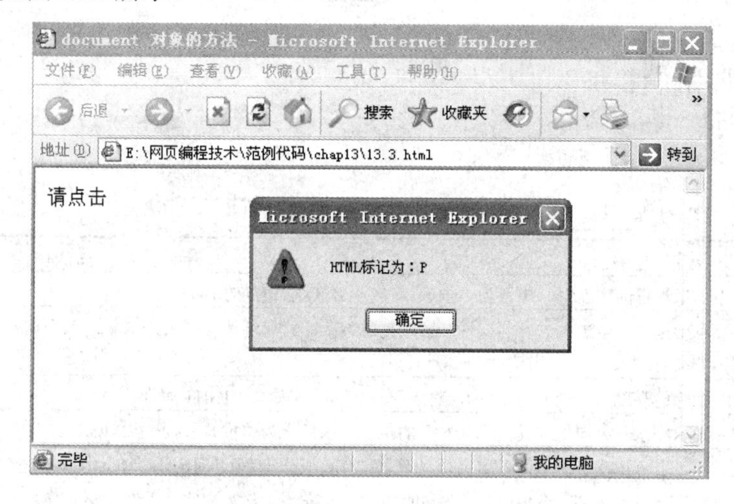

图 13.3　文档方法示例

> 注意：必须使用 pre 标记，才能使换行符显示出来，否则看不出 write()和 writeln()的区别。

13.2　image 对象

网页中的图像均被看做是 image 对象，当用户使用 img 标记向页面中插入了一张图像时，就创建了一个 image 对象，这些对象可以使用 document.images[]数组访问，并依顺序分别表示为 document.images[0]，document.images[1]，...

可以使用代码创建 image 对象，运用的是 Image()构造函数，此构造函数有两个可选的参数，分别是 width 和 height，用于指定图像的宽度和高度。创建好对象后，要使用 src 属性指定图像的路径。

※ 基本语法：图像对象名称=new Image([宽度],[高度])

例如：

myImg=new Image(50,50);

myImg.src= "images/zhiwen_02.gif";

用这种方式创建的 image 对象可以预先下载到浏览器并缓存到浏览器的缓冲区，当需要时再装入页面。

注意：用 Image()构造函数创建的 image 对象不能用 document.images[]数组来访问。

13.2.1 常用属性

表 13-3 列出了 image 对象的常用属性。

表 13-3 image 对象的属性

属 性	含 义
border	表示图像边框的宽度（以像素为单位），对应于 IMG 标记符的 BORDER 属性
complete	表示图像是否完全装入的布尔属性。如果完成装入，此属性值为 true；如果装入失败或发生错误，此属性值为 false
height	表示图像的高度（以像素为单位），对应于 IMG 标记符的 HEIGHT 属性
hspace	表示图像在水平方向上与其他相邻对象的距离（以像素为单位），对应于 IMG 标记符的 HSPACE 属性
lowsrc	表示用于低分辨率显示器的备用图像（通常具有较低分辨率），对应于 IMG 标记符的 LOWSRC 属性。在高分辨率显示器上装入图像时，先装入此低分辨率图像，然后用实际图像替换
name	表示图像的名称，对应于 IMG 标记符的 NAME 属性
src	表示图像的路径，对应于 IMG 标记符的 SRC 属性
vspace	表示图像在垂直方向上与其他相邻对象的距离（以像素为单位），对应于 IMG 标记符的 VSPACE 属性
width	表示图像的宽度（以像素为单位），对应于 IMG 标记符的 WIDTH 属性

13.2.2 创建翻转图像

在网页中经常会使用这样的图片效果：当用户将鼠标指针移动到图像时，图像动态切换到另一张图像，当鼠标指针移出图像时，又切换回原始图像。这一效果就可以使用 image 对象的 src 属性来完成。

※ 范例代码 13.4.html

```
1 <HTML>
2 <HEAD>
3 <TITLE>翻转图像</TITLE>
4 <SCRIPT language = JavaScript TYPE="text/javascript">
5 <!--
6 var myImg1;
7 var myImg2;
```

```
8 function loadImages()
9 {
10 myImg1=new image(200,200);  //myImg1 是全局变量
11 myImg2=new image(200,200);  //myImg2 是全局变量
12 myImg1.src="images/Winter.jpg";
13 myImg2.src="images/Water lilies.jpg"
14 }
15 function imgOver()
16 {  //当鼠标指针移进时，切换到第二幅图像。
17 document.images[0].src=myImg2.src;
18 }
19 function imgOut()
20 {  //当鼠标指针移出时，切换回第一幅图像。
21  document.images[0].src=myImg1.src;
22 }
23 //-->
24 </SCRIPT>
25 </HEAD>
26 <BODY onload=loadImages()>  <!-- 将图像下载到缓冲区 -->
27 <DIV align=center>
28 <H1>请将鼠标指针移动到图像上</H1>
29 <IMG name = img1 src = "images/Winter.jpg" width = 320 height
= 240 onmouseover = "imgOver()" onmouseout = "imgOut()">
30 </DIV>
31 </BODY>
32 </HTML>
```

※ 代码分析

（1）第 8 行，定义 JavaScript 函数，名为 loadImages()。

（2）第 10、11 行，利用构造函数创建高为 200px、宽为 200px 的 image 对象。

（3）第 12、13 行，设置初始的图片路径。

（4）第 17 行，定义了页面中有<img>标记的图片的路径为所创建的 image 对象所指定的路径。

（5）第 26 行，页面加载时把图片调入缓冲区。

（6）第 29 行，当鼠标移进时，调用 imgOver()函数，显示第二张图片；当鼠标移出时，调用 imgOut()函数，显示原来的图片。

※ 范例效果图

当浏览页面时，图片显示如图 13.4 所示，当把鼠标移到图片上时，会显示另外一张图片，如图 13.5 所示。

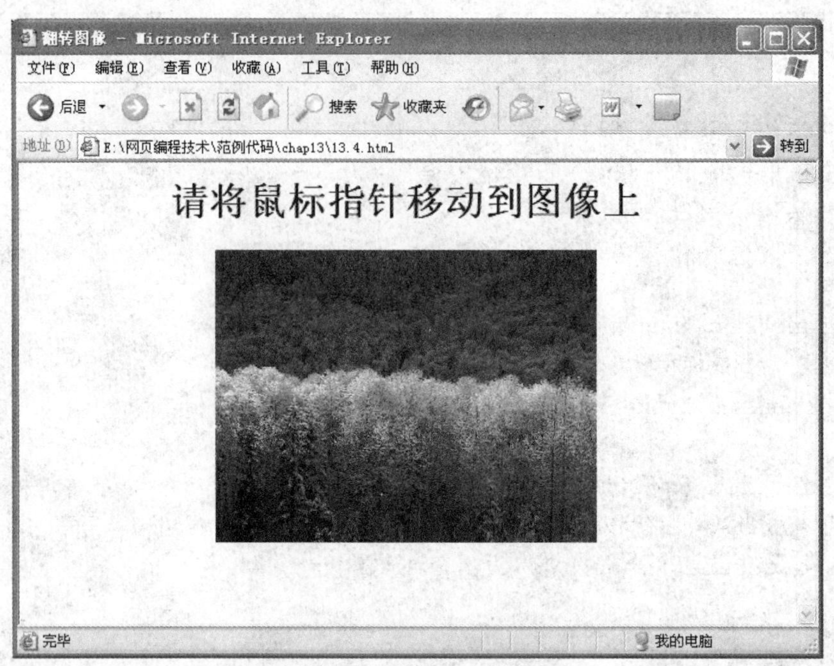

图 13.4 鼠标移出图片

图 13.5 鼠标移进图片

13.2.3 创建循环的广告条

广告是网站收入的主要来源之一，因此网页中的广告横幅是不可或缺的。它需要每隔一定的时间随机显示一幅广告图片，从而达到广告的效果，主要通过 image 对象和随机函数来完成。

※ 范例代码 13.5.html

```
1 <HTML>
2 <HEAD>
3 <TITLE>广告横幅示例</TITLE>
4 <SCRIPT LANGUAGE = JavaScript TYPE="text/javascript">
5 <!--
6 function loadImages()
7 {
8 image1=new Image();
9 image2=new Image();
10 image3=new Image();
11 image1.src="images/zhiwen_02.gif";
12 image2.src="images/top.jpg"
13 image3.src="images/zy_01.gif"
14 }
15 function changeUrl()
16 {
17 randomIndex=Math.floor(Math.random()*3)%3  // 随机生成 0、1、2
18 randomIndex++;
19 eval("imgStr=image"+randomIndex+".src");
20 document.images[0].src=imgStr;
21 }
22 //-->
23 </SCRIPT>
24 </HEAD>
25 <BODY onLoad="loadImages();setInterval('changeUrl()',2000)">
26 <h1 align="center">广告横幅示例</h1>
27 <hr>
28 <div align="center"><IMG 31.src="images/zhiwen_02.gif" width="945"
height="250" border="0" align="middle">
29 </div>
30 <hr>
31 </BODY>
32 </HTML>
```

※ 代码分析

（1）第 8 行至第 13 行，定义了 3 个 image 对象并设置了 src 属性。

（2）第 17 行，随机生成了 0、1、2 三个数字。

（3）第 20 行，定义了页面中有<img>标记的图片的路径。

（4）第 25 行，页面加载时把图片调入缓冲区，并进行定时，隔 2 秒调用一次 changeUrl() 函数，达到广告轮换的目的。

※ 范例效果图

范例效果如图 13.6 所示。

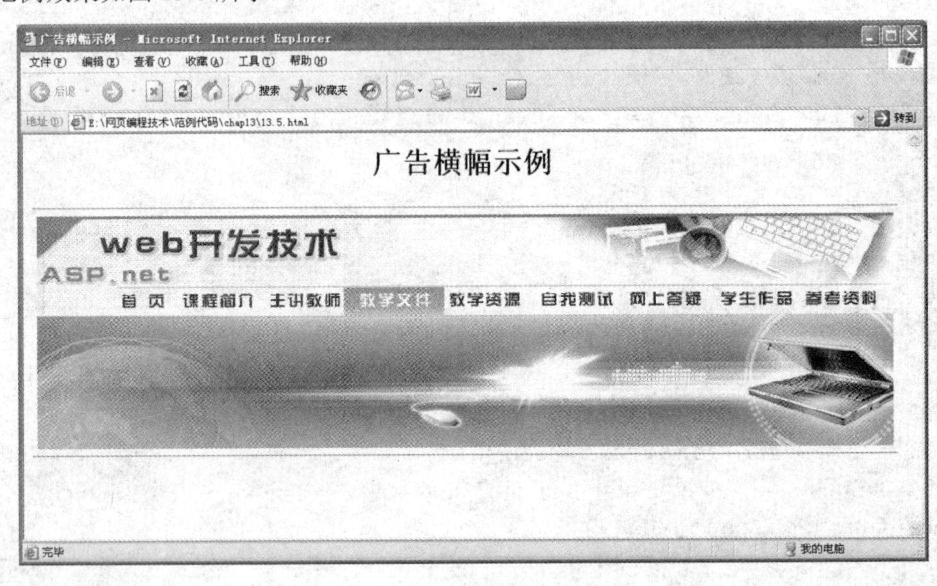

图 13.6 广告横幅示例

13.2.4 在循环广告条中添加链接

在前面一个例子中，只是循环显示广告图片，而通常的广告条是单击图片会进入相应链接的网站上，由于涉及超链接，因此也需要用到 link 对象，下面我们把这部分内容补充完整，有关链接对象将在后面详细介绍。

※ 范例代码 13.6.html

```
1 <HTML>
2 <HEAD>
3  <TITLE>广告横幅示例</TITLE>
4 <SCRIPT LANGUAGE = JavaScript TYPE="text/javascript">
5 <!--
6 imageSrc=new Array("http://zyjsxy.dep.dlpu.edu.cn", "http://www.
baidu.com", "http://www.163.com");
7 function loadImages()
8 {
9 image1=new Image();
10 image2=new Image();
11 image3=new Image();
12 image1.src="images/zhiwen_02.gif";
13 image2.src="images/top.jpg"
14 image3.src="images/zy_01.gif"
15 }
16 function changeUrl()
17 {
18 randomIndex=Math.floor(Math.random()*imageSrc.length)%3
// 随机生成 0、1、2
```

```
19 document.links[0].href=imageSrc[randomIndex];
20 randomIndex++;
21 eval("imgStr=image"+randomIndex+".src");
22 document.images[0].src=imgStr;
23 }
24 //-->
25 </SCRIPT>
26 </HEAD>
27 <BODY onLoad="loadImages();setInterval('changeUrl()',2000)">
28 <h1 align="center">广告横幅示例</h1>
29 <hr>
30 <div align="center"><a href="http://zyjsxy.dep.dlpu.edu.cn">
<IMG 31.src="images/zhiwen_02.gif" width="945" height="250" border=
"0" align="middle"></a>
32 </div>
33 <hr>
34 </BODY>
35 </HTML>
```

※ 代码分析

（1）第 6 行，定义了一个数组，存储的是图片的链接地址。

（2）第 19 行，定义了页面中<a>标记的超链接的路径是 imageSrc 数组中定义的一个地址。

※ 范例效果图

当鼠标指向图片时，在状态栏中显示出链接的网站地址，如图 13.7 所示。

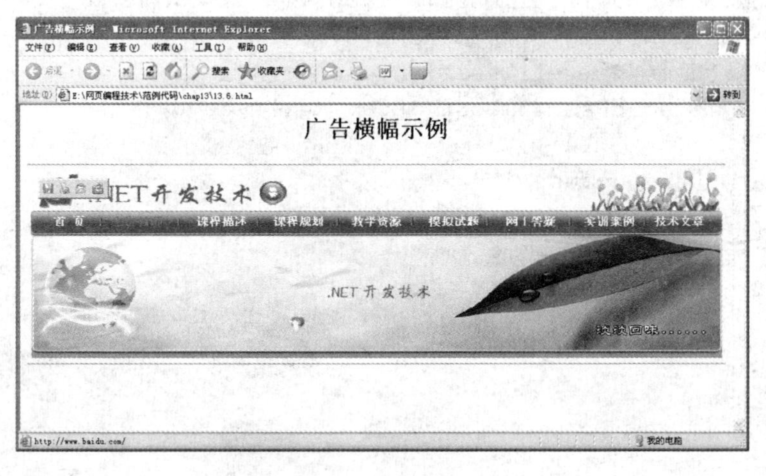

图 13.7　添加超链接

13.2.5　幻灯片显示

在 Windows 系统中，查看图片时可以采用幻灯片的方式，方便用户浏览图片，下面这个例子就是仿照这种方式来显示图片，可以根据用户的操作显示图片，也可以让图片自动

切换。在这个例子中，首先创建了一个全局数组保存将要显示的图像的文件名，然后根据要求把这些文件名赋值给 src 属性，达到更换显示图像的目的，对于循环播放的功能，主要是设置定时器，同时设置一些滤镜效果，在图片切换时达到美化的目的。

※ 范例代码 13.7.html

```
….
1 < SCRIPT LANGUAGE = JavaScript TYPE="text/javascript">
2    ImgName=new Array(10);
3    ImgName[0]="images/0.jpg";
4    ImgName[1]="images/1.jpg";
5    ImgName[2]="images/2.jpg";
6    ImgName[3]="images/3.jpg";
7    ImgName[4]="images/4.jpg";
8    ImgName[5]="images/5.jpg";
9    ImgName[6]="images/6.jpg";
10    ImgName[7]="images/7.jpg";
11    ImgName[8]="images/8.jpg";
12    ImgName[9]="images/9.jpg";
13    var t=0;
14    function playImg()
15    {
16     if (t==ImgName.length-1)
17      {t=0;}
18     else
19      {t++;}
20    document.img.style.filter="blendTrans(Duration=3)";
21    document.img.filters[0].apply();
22    document.img.src=ImgName[t];
23    document.img.filters[0].play();
24    mytimeout=setTimeout("playImg()",5000);
25    }
26    function pausePic()
27   {
28    clearInterval(mytimeout);
29   }
30   function previousPic()
31   {
32    t--;
33    if(t>=0)
34    {
35      document.img.src=ImgName[t];
36    }
37   else
38    {
39      t=ImgName.length-1;
40      document.img.src=ImgName[t];
```

```
    41      }
    42     }
    43   function nextPic()
    44   {
    45    t++;
    46    if(t<ImgName.length)
    47    {
    48      document.img.src=ImgName[t];
    49    }
    50    else
    51    {
    52    t=0;
    53      document.img.src=ImgName[t];
    54    }
    55   }
    56 <body bgcolor="#FFFFFF" text="#000000">
    57 <div align="center">
    58   <p><img src="images/0.jpg" name="img" width="500" height=
"350" align="middle" ></p>
    59   <p>
    60   <label>
    61   <a href="#" onclick="previousPic()">上一张</a>
    62   <a href="#" onclick="nextPic()">下一张</a>
    63   <a href="#" onclick="playImg()">循环播放</a></label>
    64   <a href="#" onclick="pausePic()">停止循环播放</a>  </p>
    65   </body>
    …
```

※ 代码分析

（1）第 2～12 行，定义了全局数组 ImgName，并将要显示的图像文件的名称指定为数组各元素的值。

（2）第 13 行，声明全局变量 t，作为数组下标计数器。

（3）第 14 行，定义 playImg()函数，功能是循环显示图像。

（4）第 16、17 行，如果计数器超过了数组最大索引值，则设置为 0，从头开始。

（5）第 18、19 行，否则计数器加 1。

（6）第 20 行，设置图像的滤镜效果是淡入淡出，变换的时间为 3 秒。

（7）第 21 行，开始捕获对象内容的初始显示，为转换做必要的准备，当此方法一旦被调用后，对象属性的任何改变都不会被显示，直到调用 play 方法开始转换。

（8）第 22 行，在页面中有 img 标志的位置中显示指定的图像。

（9）第 23 行，开始转换。

（10）第 24 行，设置定时器，隔 5 秒调用一次函数 playImg()，达到循环的目的。

（11）第 28 行，取消定时器的设置。

（12）第 30～42 行，定义了函数 previousPic()，功能是用来显示前一张图像，如果计数

器小于 0，则设置为数组的最大索引值。

（13）第 43～55 行，定义了函数 nextPic()，功能是用来显示下一张图像，如果计数器超过了数组最大索引值，则设置为 0，从头开始。

（14）第 61～62 行，调用 onclick 事件，调用指定功能的函数。

※ 范例效果图

范例效果如图 13.8 所示。

图 13.8　幻灯片显示

> 注意：在幻灯片示例中，代码 document.img.src 也可以换成 document.images[0].src。

13.3　超链接对象

超链接是网页的基础，任何一个网站，都会有一些链接。这些链接使用的是 a 标记，并且设置了 href 属性，这就创建了 link 对象，也就是超链接对象。如果要在 JavaScript 中访问这些 link 对象，通常采用 links[]数组，因为每一个文档都可以定义为多个链接，因此每个链接都是 links[]数组的一个元素。

※ 基本语法：document.links[index]

参数 index 为索引值，从 0 开始，例如，第一个链接的方法是 document.links[0]，以此类推。

13.3.1 常用属性

表 13-4 列出了 link 对象的常用属性。

表 13-4 link 对象的常用属性

属 性	含 义
hash	表示 URL 中锚点的名称。例如，<a href="http://zyjsxy.dep.dlpu.edu.cn/mysearch/index.html?my#top">，hash 的值为 top
host	表示 URL 中的主机名称和端口号，例如，www.baidu.com:80
hostname	表示 URL 中的主机名称
href	表示一个链接的完整的 URL
pathname	表示 URL 中的路径名称部分。例如，<a href="http://zyjsxy.dep.dlpu.edu.cn/mysearch/index.html?my#top">，path 的值为 mysearch/index.html
port	表示 URL 中端口的部分
protocol	表示 URL 中协议的部分
search	表示 URL 中查询字符串部分。例如，<a href="http://zyjsxy.dep.dlpu.edu.cn/mysearch/index.html?my#top">，search 的值为 my
target	表示超链接结果的目标窗口，对应于 A 标记的 target 属性

13.3.2 输出页面中的超链接对象

下面的例子输出了页面中的超链接对象，以及对象的相关属性。

※ 范例代码 13.8.html

```
...
<a href="http://www.dlpu.edu.cn/kcjj/kcjj.html?myname=ss"><img src="images/k_03.jpg" name="Image21" width="87" height="31" border="0" id="Image21" /></a></td>
          <td width="92">
          <a href="zjjs/zjjs.html" ><img src="images/k_04.gif" name="Image22" width="92" height="31" border="0" id="Image22" /></a></td>
          <td width="91">
          <a href="jxwj/jxwj.html" ><img src="images/k_05.gif" name="Image24" width="91" height="31" border="0" id="Image24" /></a></td>
          <td width="90">
          <a href="jxzy/jxzy.html" ><img src="images/k_06.gif" name="Image12" width="90" height="31" border="0" id="Image12" /></a></td>
          <td width="91">
          <a href="zwcs/wsks.html"><img src="images/k_10.gif" name="Image10" width="97" height="31" border="0" id="Image10" /></a>
          <a href="zwcs/zwcs.html" ></a></td>
          <td width="92">
          <a href="xszp/xszp.html"><img src="images/k_09.gif" name="Image19" width="88" height="31" border="0" id="Image19" /></a></td>
          <td width="78">
```

```
            <a href="wsdy/wsdy.asp"><img src="images/k_08.gif" name=
"Image18" width="92" height="31" border="0" id="Image18" /></a></td>
            <td width="107">
            <a  href="ckzl/ckzl.html"  ><img  src="images/k_ck.gif"
width="92" height="31" name="ck"  border="0" id="ck" /></a>
   …
   <script language="javascript">
   document.write("本文档的链接数量为: "+document.links.length+"<br>");
   document.write("其中第一个超链接的属性如下: <br>");
   document.write("hash = "+document.links[0].hash+"<br>")
   document.write("host = "+document.links[0].host+"<br>")
   document.write("hostname = "+document.links[0].hostname+"<br>")
   document.write("href = "+document.links[0].href+"<br>")
   document.write("pathname = "+document.links[0].pathname+"<br>")
   document.write("port = "+document.links[0].port+"<br>")
   document.write("protocol = "+document.links[0].protocol+"<br>")
   document.write("search = "+document.links[0].search+"<br>")
   document.write("target = "+document.links[0].target+"<br>")
   </script>
```

※ 范例效果图

范例效果如图 13.9 所示。

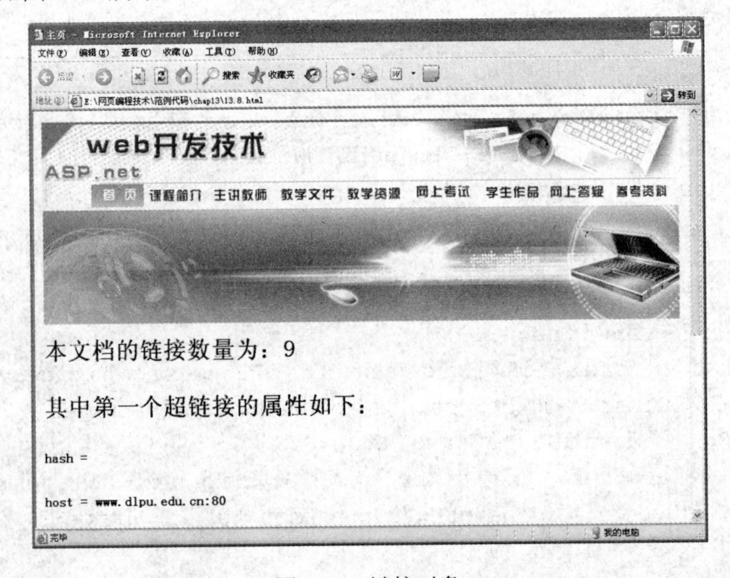

图 13.9　链接对象

13.4　锚对象

很多网页文章的内容比较多，导致页面很长，浏览者需要不断地拖动浏览器的滚动条才能找到需要的内容。超链接的锚可以解决这个问题，它是网页上的一个点，可以作为超链接的目标，当用户单击时会跳转到页面上固定的位置，用于在单个页面内不同位置的跳转。

只要用户在网页中使用了 a 标记，并且使用了 name 属性，就创建了一个锚（anchor）对象，即锚点对象。如果要在 JavaScript 中访问这些 anchor 对象，通常采用 anchors[]数组。

※ 基本语法：document.anchors [index]

参数 index 为索引值，从 0 开始。例如，访问第一个锚对象的方法是 document.anchors[0]，以此类推。

anchor 对象只有一个属性 name，表示锚的名称，对应的是 a 标记中的 name 属性。下面是一个 anchor 对象的例子。

※ 范例代码 13.9.html

```
…
<SCRIPT LANGUAGE="JavaScript" TYPE="text/javascript">
<!--
document.write("<B>本文档中包含 "+document.links.length+"个链接;</B><P>")
document.write("<B>本文档中包含 "+document.anchors.length+" 个锚点，它们的名称分别是: </B>")
for(i=0;i<document.anchors.length;i++)
{
  document.write(document.anchors[i].name+" ")
}
//-->
</SCRIPT>
…
```

※ 范例效果图

范例效果如图 13.10 和图 13.11 所示。

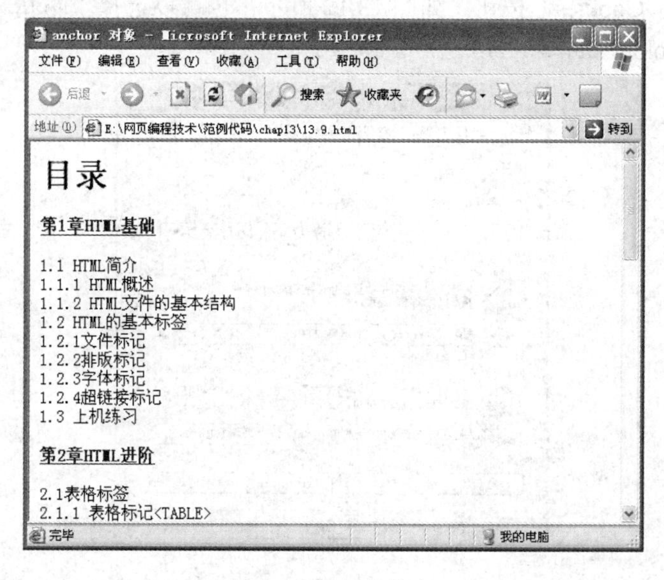

图 13.10　初始状态

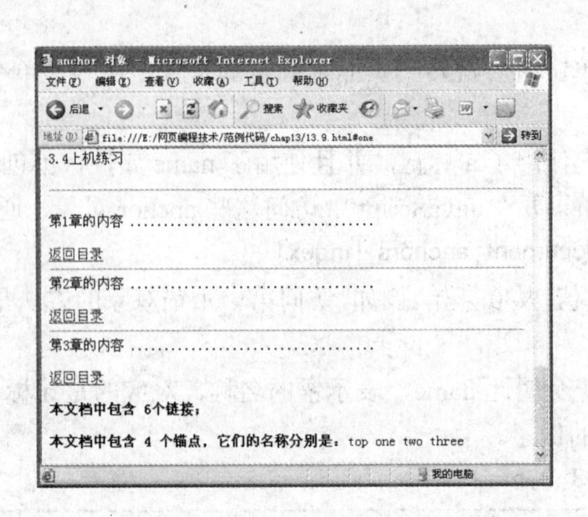

图 13.11　跳转到锚点

13.5　Cookie 的使用

Cookie 通常用来记录对一个 Web 站点的访问，为保存用户相关信息提供了一种有效的方法。当用户访问某个网站时，该站点可以利用 Cookie 保存用户首选项或其他信息，这样当用户下次再访问该站点时，应用程序就会检索以前保存的信息。

如果使用 IE 浏览器访问 Web 站点，就会看到保存在硬盘上的 Cookie。对于 Windows XP 系统来说，它们通常保存在 C:\Documents and Settings\用户名\Cookies 目录中，在这个文件夹里，每个 Cookie 文件都是一个普通的文本文档，通过文件名可以看到是哪个 Web 站点在你的计算机中放置了 Cookie 文件。

利用 Cookie，可以使网页更加人性化、更加友好，它可以存储用户的相关信息、网站的访问次数，跟踪购买的物品等等。当然它也可能带来一些不安全的问题，那么你可以选择关闭这项功能。对于 IE 浏览器，具体的做法是，右击 IE，选择“属性”，在“常规”选项卡中单击“删除 Cookies”按钮，如图 13.12 所示；也可以选择“隐私”选项卡，调整滑块，控制使用 Cookie，如图 13.13 所示。

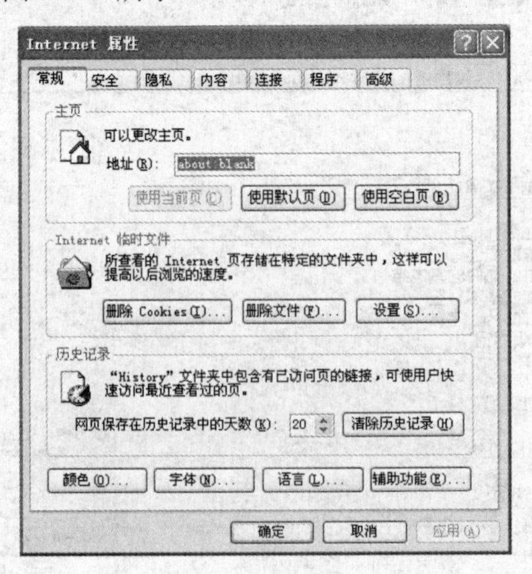

图 13.12　删除 Cookie

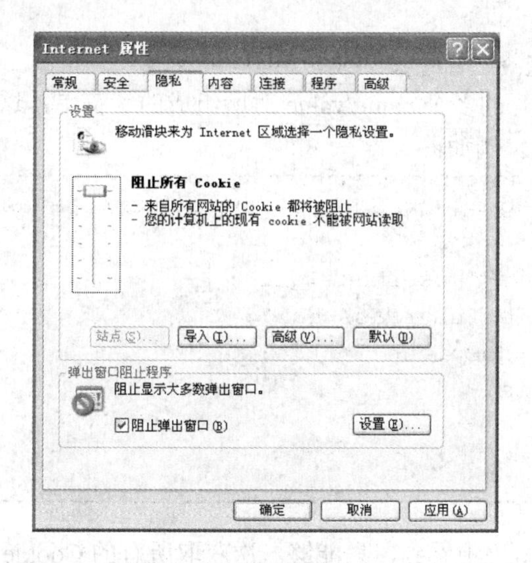

图 13.13　控制使用 Cookie

13.5.1　设置 Cookie

1. 设置 Cookie 的名称和值

每个 Cookie 都是一个 name/value 对，可以把下面这样一个字符串赋值给 document.cookie，具体如下：

※ **基本语法**：document.cookie=" userName=wll";

在 Cookie 的 name 或 value 中不能使用分号（;）、逗号（,）、等号（=）以及空格。

2. 设置 Cookie 的有效期 expires

这是一个可选项，指定 Cookie 的过期日期。到现在为止，所有的 Cookie 都是单会话 Cookie，即浏览器关闭后这些 Cookie 将会丢失，事实上这些 Cookie 仅仅是存储在内存中，而没有建立相应的硬盘文件。在实际开发中，Cookie 常常需要长期保存，例如保存用户登录的状态。这就需要设置 expires 属性了。

※ **基本语法**：document.cookie=" userName=wll; expires=GMT_String";

其中，GMT_String 是以 GMT 格式表示的时间字符串，这条语句就是将 userName 这个 Cookie 设置为 GMT_String 表示的过期时间，超过这个时间，Cookie 将自动被删除。例如，如果要将 Cookie 设置为 10 天后过期，可以这样实现：

```
var date=new Date();
//将 date 设置为 10 天以后的时间
date.setTime(date.getTime()+10*24*3600*1000);
//将 userName Cookie 设置为 10 天后过期
document.cookie=" userName=wll; expires="+date.toGMTString();
```

13.5.2　取出 Cookie

下面介绍如何取出 Cookie 的值。Cookie 的值可以由 document.cookie 直接获得：

※ **基本语法**：var strCookie=document.cookie；

这将获得以分号隔开的多个 name/value 对所组成的字符串，这些 name/value 对包括了该域名下的所有 Cookie。例如：

```
<script language="JavaScript" type="text/javascript">
<!--
document.cookie=" userName=wll";
document.cookie="userPass=123";
var strCookie=document.cookie;
alert(strCookie);
//-->
</script>
```

从图 13.14 显示的结果中看到，只能够一次获取所有的 Cookie 值，而不能指定 Cookie 名称来获得指定的值，这正是处理 Cookie 值最麻烦的一部分。用户必须自己分析这个字符串来获取指定的 Cookie 值。例如，要获取 userName 的值，可以这样实现：

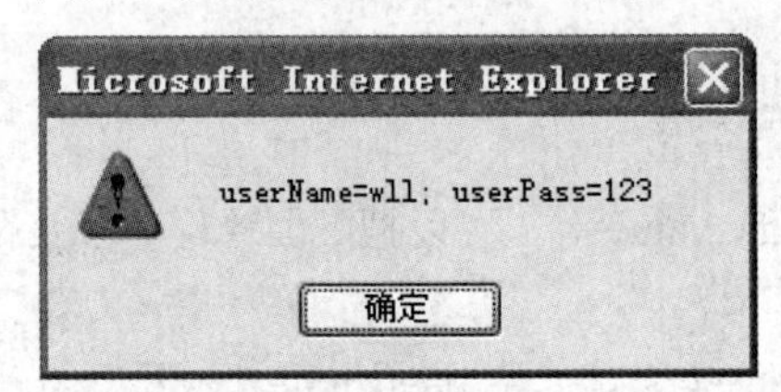

图 13.14　获取 Cookie

```
<script language="JavaScript" type="text/javascript">
<!--
//设置两个 Cookie
document.cookie="userName=wll";
document.cookie="userPass=123";
//获取 Cookie 字符串
var strCookie=document.cookie;
//将多 Cookie 切割为多个名/值对
var arrCookie=strCookie.split(";");
var userName;
//遍历 Cookie 数组，处理每个 Cookie 对
for(var i=0;i<arrCookie.length;i++){
          var arr=arrCookie[i].split("=");
//找到名称为 userName 的 Cookie，并返回它的值
          if("userName"==arr[0]){
               userName=arr[1];
               break;
          }
}
alert(userName);
//-->
</script>
```

13.5.3 删除 Cookie

删除指定名称的 Cookie，采用的方式就是让该 Cookie 的有效值过期。具体如下：

```
<script language="JavaScript" type="text/javascript">
<!--
//获取当前时间
var date=new Date();
//将 date 设置为过去的时间
date.setTime(date.getTime()-10000);
//将 userName 这个 Cookie 删除
document.cookie="userName=wll; expire="+date.toGMTString();
//-->
</script>
```

下面的这个实例是 Cookie 的综合例子，主要记录登录用户的用户名。如果用户第一次登录，输入用户名和密码，单击“提交”按钮，系统会把用户名信息记录在 Cookie 中，当用户下一次登录时，把用户名直接显示在文本框中。

※ 范例代码　13.10.html

```
…
<script language="javaScript">
function makeCookie()
{
var date=new Date();
//将 date 设置为 10 天以后的时间
date.setTime(date.getTime()+10*24*3600*1000);
//将 userName Cookie 设置为 10 天后过期
var myUser=document.form1.uname.value;
document.cookie="
userName="+myUser+";expires="+date.toGMTString();
alert("提交成功！");
}
function getCookie()
{
var strCookie=document.cookie;
//将多 Cookie 切割为多个名/值对
var arrCookie=strCookie.split(";");
var userName;
//遍历 Cookie 数组，处理每个 Cookie 对
for(var i=0;i<arrCookie.length;i++)
   {
            var arr=arrCookie[i].split("=");
            //找到名称为 userName 的 Cookie，并返回它的值
            if("userName"==arr[0]){
                 userName=arr[1];
```

```
                    document.form1.uname.value=userName;
                    break;
               }
          }
     }
     </script>
     </head>
     <body onload="getCookie()">
     <p> </p>
     <form id="form1" name="form1" method="post" action="">
       用户登录
       <label>
       <input name="uname" type="text" id="uname" />
       </label>
       <p>用户密码
         <label>
         <input name="upass" type="password" id="upass" />
         </label>
       </p>
       <p>
         <label>
                    
         <input type="button" name="Submit" value="提交" onclick=
"makeCookie()"/>
         </label>
       </p>
     </form>
     …
```

※ 范例效果图

范例效果如图 13.15 和图 13.16 所示。

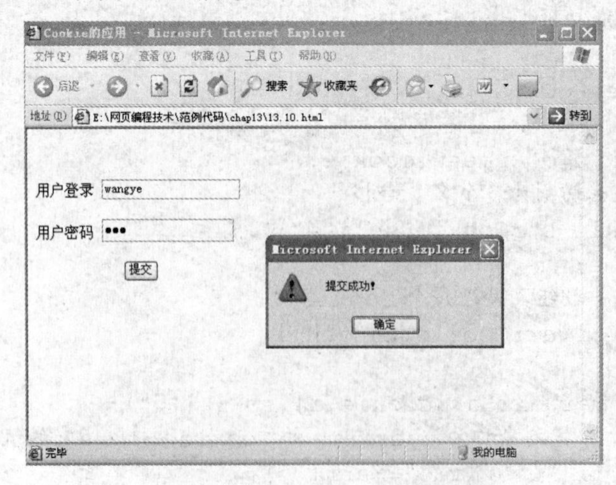

图 13.15　用户第一次登录

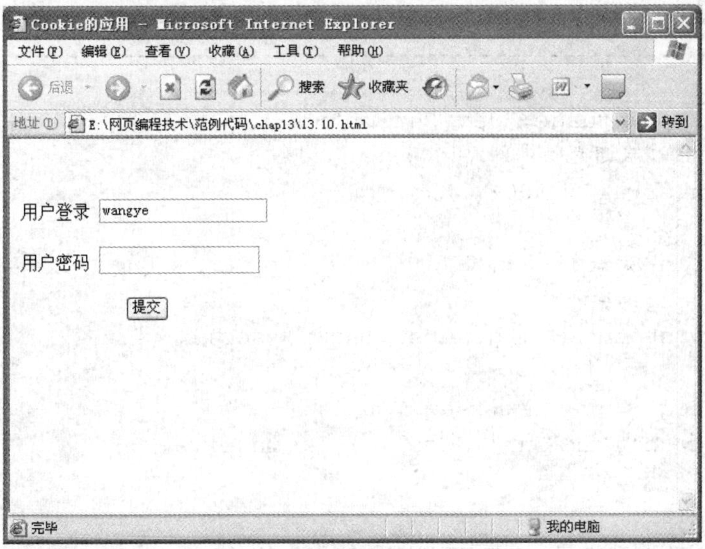

图 13.16　用户第二次登录

13.6　页面实例——课件首页

本案例是在一个课件的首页制作过程中运用了 JavaScript 特效，使得页面更加赏心悦目。

※　范例效果图

范例效果如图 13.17 所示。

图 13.17　综合案例

※ 范例代码 13.11.html

```
…
1 <SCRIPT Language="JavaScript">
2 var msg="欢迎光临本网站！";
3 var interval = 300;
4 seq = 0;
5 function Scroll() {
6 len = msg.length;
7 window.status = msg.substring(0, seq+1);
8 seq++;
9 if ( seq >= len ) { seq = 0 };
10 window.setTimeout("Scroll();", interval );
11 }
12 </SCRIPT>
13 <script language="JavaScript">
14 ImgName=new Array(4);
15 ImgName[0]="image/p1.jpg";
16 ImgName[1]="image/p2.jpg";
17 ImgName[2]="image/p3.jpg";
18 ImgName[3]="image/p4.jpg";
19 var t=0;
20 function playImg()
21 {
22 if (t==ImgName.length-1)
23 {t=0;}
24 else
25 {t++;}
26 document.img.style.filter="blendTrans(Duration=3)";
27 document.img.filters[0].apply();
28 document.img.src=ImgName[t];
29 document.img.filters[0].play();
30 mytimeout=setTimeout("playImg()",5000);
31 }
32 </script>
33 <body onload="Scroll();playImg()">
…
34 <img  name="img" src="image/p1.JPG" width="352" height="269" />
…
```

※ 代码分析

（1）第1～12行，制作跑马灯效果。

（2）第2行，定义在状态栏中显示的文字。

（3）第3行，定义显示的两个字之间的间隔时间是300ms。

（4）第4行，定义初始变量。

（5）第7行，定义在状态栏中显示的字为字符串中截取的字。

（6）第 8 行，变量自增。

（7）第 9 行代码，如果变量超过了所定义的字符串的长度，则归 0。

（8）第 10 行，表示在 300ms 后再次调用 Scroll()函数，实现循环调用。

（9）第 13～32 行，设置图片以淡入淡出的方式循环显示的效果。

（10）第 14～18 行，定义了全局数组 ImgName，并将要显示的图像文件的名称指定为数组各元素的值。

（11）第 19 行，声明全局变量 t，作为数组下标计数器。

（12）第 20 行代码定义 playImg()函数，功能是循环显示图像。

（13）第 22、23 行，如果计数器超过了数组最大索引值，则设置为 0，从头开始。

（14）第 24、25 行，否则计数器加 1。

（15）第 26 行，设置图像的滤镜效果是淡入淡出，变换的时间为 3 秒。

（16）第 27 行，开始捕获对象内容的初始显示，为转换做必要的准备，当此方法一旦被调用后，对象属性的任何改变都不会被显示，直到调用 play 方法开始转换。

（17）第 28 行，在页面中有 img 标志的位置中显示指定的图像。

（18）第 29 行，开始转换。

（19）第 30 行，设置定时器，隔 5 秒钟调用一次函数 playImg()，达到循环的目的。

（20）第 33 行，在页面加载时调用 Scroll()、playImg()函数，显示效果。

13.7 上机练习

1. 编写一个 HTML 文档，它包括一个按钮，设置该按钮的 value 值为“改变文档的背景色”，单击该按钮时设置文档的背景色为灰色。

2. 编写一个 HTML 文档，在该文档上放置一张图片，当鼠标移动到图片上时，就显示另外一张图片，当鼠标移出时，恢复显示原来的图片。

3. 创建两个页面，一个是用户登录页面，另一个是欢迎页面，使用 Cookie 保存用户名和密码，有效期是一个月。如果用户在一个月内登录页面，就直接显示欢迎页面。

第 14 章 表单对象

【本章要点】

▲表单对象的属性

▲表单元素对象的属性

▲表单控件元素

表单（form）对象是浏览者与网页进行交互的重要手段，通过使用表单中的各种控件，例如文本框、按钮、单选框等，可以实现各种功能。例如，用户可以向文本框输入信息，可以选择单选框的选项来完成各种操作等。

14.1 表单对象与表单元素对象

表单可以收集用户的信息，通常情况下，向网页中插入表单使用的是 form 标记，即创建了一个 form 对象。

只有一个 form 对象并不是一个有用的表单，如果要真正起到交互信息的作用，还必须包含各种表单元素，例如文本框（text）、按钮（button）、单选框（radio）等。这些表单元素包含在表单中，是 form 的子对象，称为表单元素对象。

14.1.1 表单对象的属性

表 14-1、表 14-2、表 14-3 列出了 form 对象的常用属性、方法和事件。

表 14-1 form 对象的常用属性

属　性	描　述
action	表示表单提交时执行的动作，相当于 Form 标记 的 action 属性，它通常是一个服务器端脚本程序的 URL 地址
elements	表单中所有控件元素的数组，表单元素在该数组中的序号就是它在 HTML 源文件中的序号
encoding	表示表单数据的编码类型，相当于 Form 标记的 enctype 属性
length	表示表单中元素的个数
method	表示发送表单的方法，相当于 Form 标记的 method 属性，值为 get 或 post
name	表示表单的名称，相当于 Form 标记的 name 属性
target	表示用来显示表单结果的目标窗口，相当于 Form 标记的 target 属性

表 14-2 form 对象的常用方法

方　法	描　述
submit()	表单提交，相当于表单中的“提交”按钮
reset()	表单中的元素重新设置为默认值，相当于表单中的“重置”按钮

表 14-3 form 对象的常用事件

事　件	描　述
onReset	单击“重置”按钮时触发，执行脚本代码
onSubmit	单击“提交”按钮时触发，执行脚本代码

14.1.2 表单元素对象的属性

由于表单元素的种类很多，因此对应的属性也不尽相同，在这里我们先介绍表单元素对象的共有属性，其他的属性在 14.2 节“表单控件元素”中详细介绍。表 14-4、表 14-5、表 14-6 列出了表单元素对象的共有属性、方法和事件。

表 14-4 表单元素对象的共有属性

属　性	描　述
form	表示对象所在的表单
name	表示对象的名称

表 14-5 表单元素对象的方法

方　法	描　述
blur()	将焦点从对象上移走
focus()	将焦点移到对象上

表 14-6 表单元素对象的事件

事　件	描　述
onBlur	将焦点从对象上移走时触发
onFocus	将焦点移到对象上时触发

14.1.3 访问表单对象

用户可以通过两种方式访问 form 对象：

- 通过 document.forms[]数组。该数组代表了网页中所有的表单，可以使用索引号访问,也可以使用表单的名称来访问。例如,文档中第一个表单的 name 属性为 form1，那么访问的基本语法如下：

※ **基本语法**：document.forms[0] 或 document.forms["form1"]

- 使用表单的名称。

※ **基本语法**：document.form1

14.1.4 访问表单元素对象

访问表单元素对象也有两种方式：

- 直接用名称访问。例如，在表单 form1 中包含一个名称为 username 的文本框，那么访问的基本语法如下：

※ **基本语法**：document.form1.username　　//document 可以省略

- 使用 form 对象的 elements 属性访问。elements 属性是表单中所有元素的数组，可以按照顺序进行访问。例如，如果表单中一次包括一个文本框和一个按钮，那么访问的基本语法如下：

※ **基本语法**：

```
document.elements[0]                    //访问的是文本框
document.elements[1]                    //访问的是按钮
```

14.2 表单控件元素

表单控件元素的种类比较多，包括文本框、按钮、单选框、复选框、下拉列表框、文件域及隐藏域等，下面将一一详细介绍。

14.2.1 文本框

文本框控件包括单行文本框对象、密码框对象和多行文本框对象。如果文本框选择以密码的形式显示时就是密码框对象，以多行文本框的形式显示时就是多行文本框对象，这时的 html 标记使用的是 textarea。表 14-7 列出了文本框对象的常用属性。

文本框对象的常用方法是 select()，表示选中对象中的文本；常用事件是 onChange，当文本框对象的值发生改变时触发。

表 14-7　文本框对象的常用属性

属　性	描　述
defaultValue	表示对象的默认 value 属性
type	表示对象的类型。对于单行文本框，值为 text；对于密码框，值为 password；对于多行文本框，值为 textarea
value	表示对象的值。该值为在文本框中输入的文字

下面是文本框对象的例子。

※ 范例代码　14.1.html

```
<HTML>
<HEAD>
<META HTTP-EQUIV="Content-Type" CONTENT="text/html; charset=gb2312" />
<TITLE>文本框控件</TITLE>
<SCRIPT LANGUAGE="JAVASCRIPT">
function check()
{
  if(document.form1.username.value==""||document.form1.userpass.
value=="")                                    //判断文本框是否输入值
  {
   alert("用户名或密码不能为空！");           //弹出警告窗口
   document.form1.username.focus();          //用户名文本框获得焦点
   }
   else
   document.form1.submit();                  //提交表单到后台
}
</SCRIPT>
</HEAD>
<BODY>
<FORM ID="form1" NAME="form1" METHOD="post" ACTION="check.asp">
  <P> </P>
  <TABLE  WIDTH="264"  HEIGHT="110"  BORDER="0"  ALIGN="CENTER"
CELLPADDING="0" CELLSPACING="0">
    <TR>
      <TD WIDTH="28%">用户名：</TD>
      <TD  WIDTH="72%"><INPUT  NAME="username"  TYPE="text"  ID=
"username" /></TD>
    </TR>
    <TR>
      <TD>密码：</TD>
      <TD><INPUT NAME="userpass" TYPE="PASSWORD" ID="userpass"></TD>
    </TR>
    <TR>
      <TD COLSPAN="2"><DIV ALIGN="CENTER">
        <INPUT TYPE="BUTTON" NAME="Submit" VALUE="登录" onClick=
"check()" >
      </DIV></TD>
    </TR>
    <TR>
      <TD> </TD>
      <TD> </TD>
    </TR>
  </TABLE>
  <P> </P>
</FORM>
</BODY>
</HTML>
```

※ 范例效果图

范例效果如图 14.1 所示。

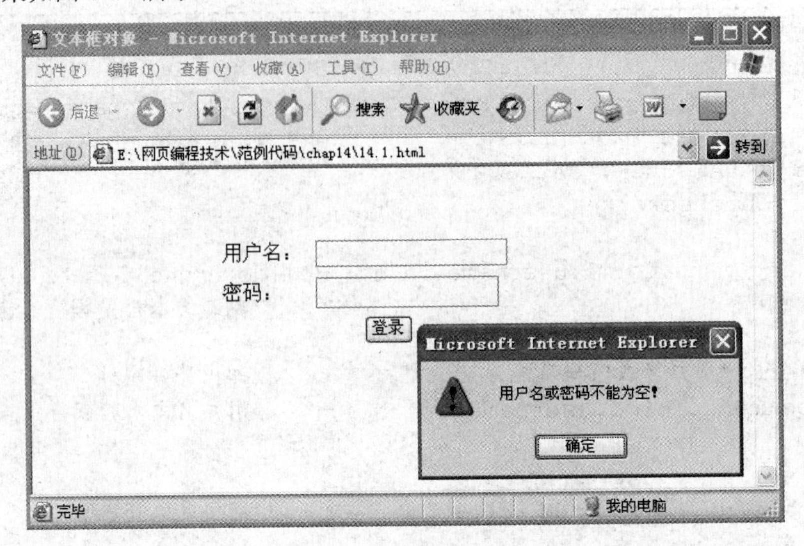

图 14.1　文本框对象

14.2.2　按钮

按钮对象包括普通按钮对象、提交按钮对象和重置按钮对象。如果 input 标记中 type 属性设置为 button，就是普通按钮对象；如果 type 属性设置为 submit，就是提交按钮对象；如果 type 属性设置为 reset，就是重置按钮对象。表 14-8 列出了按钮对象的常用属性。

按钮对象的常用方法是 click()，表示单击按钮；常用事件是 onClick，单击按钮时触发。

表 14-8　按钮对象的常用属性

属　性	描　述
type	表示按钮的类型。对于普通按钮，值为 button；对于提交按钮，值为 submit；对于重置按钮，值为 reset
value	表示按钮显示的值。对应于 input 标记的 value 属性

1. 普通按钮对象（button）

通常用于响应用户的单击事件，使得用户与网页进行交互，达到一定的效果。常见的用法：通过为按钮定义 onClick 事件响应函数，执行 JavaScript 程序，获得交互的效果，在范例代码 14.1.html 页面中使用的就是这种方法。这种方法比较常用，也很方便。

2. 提交按钮对象（submit）

提交按钮是表单的一个重要组成部分，如果没有提交，那么表单就失去了传递信息的意义。在实际应用中，可以采用两种方式提交表单，一种是使用提交按钮，另一种是使用表单的提交方法。在实际应用中，可以为 form 对象指定 onSubmit 事件响应函数，可以在表单提交之前执行一些数据验证的操作，默认情况下，onSubmit 属性值为 true，如果设置为 false，则不执行表单的提交操作。我们可以把范例代码 14.1.html 作一个更改，但执行的效果是一样的。

※ 范例代码 14.2.html

```
<HTML>
<HEAD>
<META HTTP-EQUIV="Content-Type" CONTENT="text/html; charset=gb2312" />
<TITLE>文本框对象</TITLE>
<SCRIPT LANGUAGE="JAVASCRIPT">
function check()
{
  if(document.form1.username.value==""||document.form1.userpass.
value=="")
  {
   alert("用户名或密码不能为空! ");
   document.form1.username.focus();
   return false ;
   }
   else
   return true ;
}
</SCRIPT>
</HEAD>
<BODY>
<FORM ID="form1" NAME="form1" METHOD="post" ACTION="check.asp"
onSubmit="return check()">
  <P> </P>
  <TABLE  WIDTH="264"  HEIGHT="110"  BORDER="0"  ALIGN="CENTER"
CELLPADDING="0" CELLSPACING="0">
    <TR>
      <TD WIDTH="28%">用户名: </TD>
      <TD  WIDTH="72%"><INPUT  NAME="username"  TYPE="text"  ID=
"username" /></TD>
    </TR>
    <TR>
      <TD>密码: </TD>
      <TD><INPUT NAME="userpass" TYPE="PASSWORD" ID="userpass"></TD>
    </TR>
    <TR>
      <TD COLSPAN="2"><DIV ALIGN="CENTER">
        <INPUT NAME="Submit" TYPE="SUBMIT"  VALUE="登录" >
      </DIV></TD>
    </TR>
    <TR>
      <TD> </TD>
      <TD> </TD>
    </TR>
  </TABLE>
  <P> </P>
</FORM>
</BODY>
</HTML>
```

3. 重置按钮对象（reset）

重置按钮用于将表单中的信息恢复为默认状态，方便用户重新填写信息。在实际应用中，可以为 form 对象指定 onReset 事件响应函数，可以在表单重置之前执行一些操作，默认情况下，onReset 属性值为 true，如果设置为 false，则不执行重置操作。重置按钮也可以省略。

14.2.3 单选框

单选框是允许用户在多个选项中只能选择一项的控件。当用户在网页中使用 input 标记，并且设置 type 属性为 radio 时，就创建了单选框对象（radio 对象）。单选框通常情况下成组使用，同一组的单选框必须具有相同的 name 属性，只有在同一组单选框对象中，才能具有选择一项的功能。表 14-9 列出了单选框对象的常用属性。

单选框对象的常用方法是 click()，表示单击单选框；常用事件是 onClick，单击单选框时触发。

表 14-9 radio 对象的属性

属　性	描　述
checked	确定单选框是否被选中，值为 true 或 false
defaultChecked	确认单选框的初始状态是否被选中
type	表示单选框对象的类型。对应于 input 标记中 type 属性值为 radio
value	表示单选框对象的值。对应于 input 标记的 value 属性

下面是单选框对象的例子，用来设置文档的背景颜色。

※ 范例代码 14.3.html

```
<HTML>
<HEAD>
<META HTTP-EQUIV="Content-Type" CONTENT="text/html; charset=gb2312" />
<TITLE>单选框对象</TITLE>
<SCRIPT LANGUAGE="JAVASCRIPT">
<!--
function changebgColor()
{
  for(var i=0;i<form1.color.length;i++)
  {
    if(form1.color[i].checked) //判断单选框是否被选中
    {
      document.bgColor=document.form1.color[i].value; //设置文档的
//背景颜色
      break;
    }
  }
}

//-->
</SCRIPT>
</HEAD>
<BODY>
```

```
<FORM NAME="form1" METHOD="post" ACTION="">
  <TABLE  WIDTH="327"  HEIGHT="172"  BORDER="0"  ALIGN="CENTER"
CELLPADDING="0" CELLSPACING="0">
    <TR>
      <TD WIDTH="327" HEIGHT="172" VALIGN="TOP"><FIELDSET><LEGEND>
请选择背景颜色<BR>
        </LEGEND>
          <LEGEND></LEGEND>
          <LEGEND>
        <INPUT NAME="color" TYPE="radio" VALUE="gray" CHECKED>
        灰色<BR>
        <INPUT TYPE="radio" NAME="color" VALUE="blue">
        蓝色<BR>
        <INPUT TYPE="radio" NAME="color" VALUE="red">
        红色<BR>
        <INPUT TYPE="radio" NAME="color" VALUE="yellow">
        黄色<BR>
            </LEGEND>
      </FIELDSET> 
      <INPUT TYPE="BUTTON" NAME="Submit" VALUE="更改背景色" onClick=
      "changebgColor()">
      <BR>
      <FIELDSET><LEGEND></LEGEND>
      </FIELDSET>
      </TD>
    </TR>
  </TABLE>
  <P> </P>
  <P> </P>
</FORM>
</BODY>
</HTML>
```

※ 范例效果图

范例效果如图 14.2 所示。

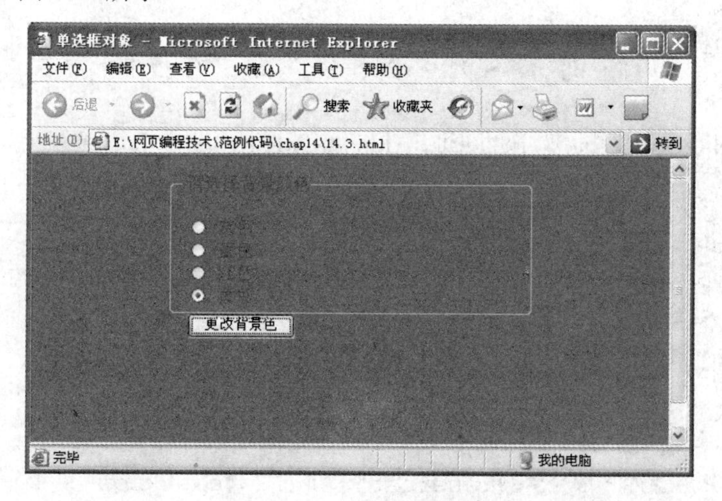

图 14.2　单选框对象

14.2.4 复选框

复选框与单选框相似，也是允许用户进行选择的控件，不同的是允许用户进行多项选择，一个复选框是否被选中不会影响到其他复选框的选择。当用户在网页中使用 input 标记并且设置 type 属性为 checkbox 时，就创建了复选框对象（checkbox 对象）。此对象与单选框对象的属性、方法和事件类似。下面的范例介绍了复选框的使用。

※ 范例代码 14.4.html

```
<HTML>
<HEAD>
<META HTTP-EQUIV="Content-Type" CONTENT="text/html; charset=gb2312" />
<TITLE>复选框对象</TITLE>
<SCRIPT LANGUAGE="JAVASCRIPT">
<!--
function checkAll()
{
  for(var i=0;i<form1.interest.length;i++)
  {
    form1.interest[i].checked=true;    //设置复选框全部被选中
  }
}
function selectCheck()
{
  var str="";
  for(var i=0;i<form1.interest.length;i++)
  {
   if(form1.interest[i].checked)
   str+=form1.interest[i].value+"\n"; //把所选复选框的 value 属性值
                                      //赋给 str
  }
  form1.show.value=str;               //在多行文本框中显示已选的选项
}
//-->
</SCRIPT>
</HEAD>
<BODY>
<FORM NAME="form1" METHOD="post" ACTION="">
  <TABLE  WIDTH="292"  HEIGHT="241"  BORDER="0"  ALIGN="CENTER"
CELLPADDING="0" CELLSPACING="0">
    <TR>
      <TD WIDTH="292" HEIGHT="241" VALIGN="TOP"><FIELDSET><LEGEND>
请选择您的兴趣爱好</LEGEND>
        <P>
          <INPUT  NAME="interest"  TYPE="checkbox"  ID="interest"
VALUE="音乐">
        音乐<BR>
        <INPUT  NAME="interest"  TYPE="checkbox"  ID="interest"
VALUE="美术">
```

```
        美术<BR>
        <INPUT  NAME="interest"  TYPE="checkbox"  ID="interest"
VALUE="读书">
        读书<BR>
        <INPUT  NAME="interest"  TYPE="checkbox"  ID="interest"
VALUE="运动">
        运动<BR>
        <INPUT  NAME="interest"  TYPE="checkbox"  ID="interest"
VALUE="其他">
        其他<BR>
        <INPUT TYPE="BUTTON" NAME="Submit3" VALUE="全选" onClick=
"checkAll()">
        <INPUT  NAME="Submit"  TYPE="BUTTON"  VALUE=" 提 交 "
onClick="selectCheck()">
        <INPUT TYPE="RESET" NAME="Submit2" VALUE="重置">
        </P>
        <P>单击提交按钮，显示已经选择的兴趣</P>
        <P>
          <TEXTAREA NAME="show" COLS="30" ROWS="6" ID="show">
          </TEXTAREA>
      </FIELDSET>       </TD>
    </TR>
  </TABLE>
</FORM>
</BODY>
</HTML>
```

※ 范例效果图

范例效果如图 14.3 所示。

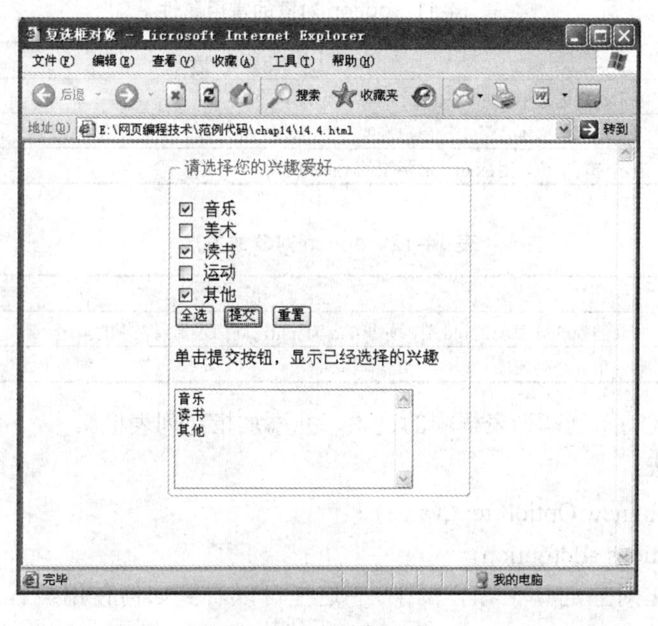

图 14.3　复选框对象

14.2.5 下拉列表框

下拉列表框也可以叫做下拉菜单，显示多个选项供用户选择。根据设计人员的需要，可以允许用户选择一项或者进行多项选择。当用户在表单中使用了 select 标记时，即创建了下拉列表框对象（select 对象）。通常情况下，下拉列表框使用 select 和 option 两个标记共同完成，select 定义列表框的特性，而 option 标记定义各个具体的选项。

屏幕上闲置的空间比较小，就可以选择下拉列表框。另外，可以通过程序动态添加和删除列表框中的选项，运用比较灵活。

1. select 对象

表 14-10 列出了下拉列表框对象的常用属性，onChange 是该对象的常用事件，当从列表框上移开焦点并且选项发生变化时触发。

表 14-10　select 对象的常用属性

属　性	描　述
type	选择列表的类型，当定义 select 标记时定义了 mutiple 属性后，值为 select-multiple，否则值为 select-one
length	列表项的个数。如果设置为 0，可以清空列表框
multiple	指定是否选择多个选项
size	指定列表框中显示的项数，即高度，如果设为 1，列表框以菜单形式显示
options	表示列表框中选项的数组
selectedIndex	表示列表框中被选项的索引，如果选中多项，则是第一个被选中项的索引

2. option 对象

当用户在 select 标记符中使用了 option 标记时，即创建了 option 对象，表示列表框中具体的选项。表 14-11、表 14-12 列出了 option 对象的常用属性和方法。

表 14-11　option 对象的常用属性

属　性	描　述
selected	表示选项的选中状态，true 或 false
text	表示选项的文本，显示给用户看的
value	表示选项的值，对应 option 标记的 value 属性

表 14-12　option 对象的方法

方　法	描　述
add(new,old)	将新的 option 添加到 old 前，如果 old 为 null，则插入到列表项的末尾
remove(n)	删除第 n 个列表项

使用编程方式动态创建列表框中的选项，并添加指定列表框。

※ **基本语法**：

```
var option=new Option(text,value);
select.options.add(option);
```

下面是列表框对象的一个综合例子，在这里可以看到如何使用编程方式添加列表项。

※ 范例代码　14.5.html

```
…
<SCRIPT LANGUAGE="JavaScript">
<!--
function add()
{
  var option1=new Option("计算机系","d1");
  var option2=new Option("艺术设计系","d2");
  var option3=new Option("服装系","d3");
  for(var i=1;i<4;i++)
  eval("form1.select1.options.add(option"+i+")");
                                        //向第一个列表框添加列表项
}
function change()
{
  if(form1.select1.selectedIndex==1)
                                        //判断是否选中第二个列表项,即计算机系
  {
   form1.select2.options.length=0; //清空列表项
   var option1=new Option("网络技术专业","f1");
   var option2=new Option("多媒体技术专业","f2");
   var option3=new Option("软件技术专业","f3");
   for(var i=1;i<4;i++)
   eval("form1.select2.options.add(option"+i+")");
  }
  else if(form1.select1.selectedIndex==2)
  {
   form1.select2.options.length=0;
   var option1=new Option("室内设计专业","f1");
   var option2=new Option("室内装潢专业","f2");
   var option3=new Option("环境艺术设计专业","f3");
   for(var i=1;i<4;i++)
   eval("form1.select2.options.add(option"+i+")");
  }
  else if(form1.select1.selectedIndex==3)
  {
   form1.select2.options.length=0;
   var option1=new Option("服装设计专业","f1");
   var option2=new Option("陈列展示专业","f2");
   var option3=new Option("模特专业","f3");
   for(var i=1;i<4;i++)
   eval("form1.select2.options.add(option"+i+")");
  }
  else
  {
  form1.select2.options.length=0;
  }
}
…
```

```
    <BODY onLoad="add()" >                    //加载函数
  …
        <SELECT  NAME="select1"  onChange="change()">  <!-- 使 用
onChange 事件调用函数-->
        <OPTION VALUE="0">请选择系部</OPTION>
      </SELECT>
        请选择专业:
        <SELECT NAME="select2" ID="select2">
      </SELECT>
  …
```

※ 范例效果图

范例效果如图 14.4 所示。

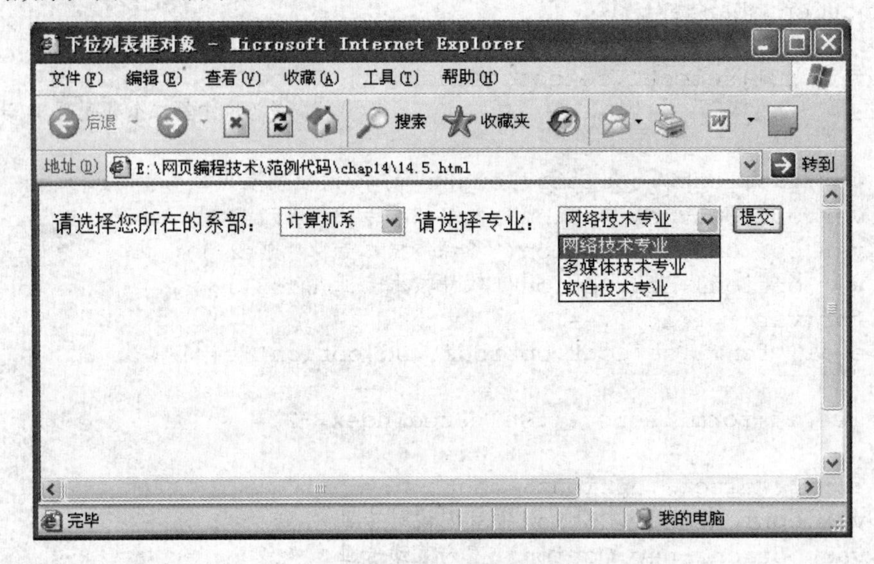

图 14.4　下拉列表框对象

> 注意：在本例中，使用代码 form1.select2.options.length=0 的目的是防止当选择不同的系部时，专业列表项叠加在一起，因此不能够省略。

14.2.6　文件域

文件域控件允许用户上传图片或者文件，由一个文本框和一个浏览按钮组成。当用户在表单中使用了 input 标记并设置 type 属性为 file 时，即创建了文件域对象（file 对象）。在实际应用中，当要把图片或文件提交到后台处理之前，通常情况下，会做一些预处理，例如判断文件的格式、让用户先预览一下图片等操作，就需要使用文件域对象。

表 14-13 列出了文件域对象的常用属性，onChange 是该对象的常用事件，当文件域中文本框的值发生变化时触发。

表 14-13　file 对象的常用属性

属　性	描　述
type	表示文件域的类型，对应于 input 标记的 type 属性，值为 file
value	表示文件域中文本框的值，即要上传文件的路径

下面是文件域对象的一个例子，主要实现的功能是当图片提交到后台前，先让用户预览一下图片。

※ 范例代码　14.6.html

```
<HTML>
<HEAD>
<META  HTTP-EQUIV="Content-Type"  CONTENT="text/html;  charset=
gb2312">
<TITLE>文件域对象</TITLE>
<SCRIPT LANGUAGE="JAVASCRIPT">
<!--
function viewmypic(mypic,imgfile)
{
  if (imgfile.value)                    //判断是否选择了要上传的图片
  {
    mypic.src=imgfile.value;            //设置图片显示的路径
    mypic.style.display="";             //显示图片
    mypic.border=1;                     //设置图片边框
  }
}
//-->
</SCRIPT>
</HEAD>
<BODY>
<CENTER>
<FORM NAME="form1">
<INPUT NAME="imgfile" TYPE="file" ID="imgfile" SIZE="40" onChange=
"viewmypic(showimg,this.form.imgfile);" /> <!--当选择的图片发生变化时
触发事件并调用函数-->
<BR />
</FORM>
<IMG  NAME="showimg"  ID="showimg"  SRC=""  STYLE="display:none;"
ALT="预览图片" />
<BR /> <!--默认情况下隐藏图片控件-->
</CENTER>
</BODY>
</HTML>
```

※ 范例效果图

范例效果如图 14.5 所示。

图 14.5　文件域对象

14.2.7　隐藏域

隐藏域不在网页中显示，用于存储一些内容，随着其他表单数据一起提交。当用户在表单中使用了 input 标记并且设置 type 属性为 hidden 时，即创建了隐藏域对象（hidden 对象）。表 14-14 列出了隐藏域对象的常用属性。

表 14-14　hidden 对象的常用属性

属　性	描　述
type	表示隐藏域的类型，对应于 input 标记的 type 属性，值为 hidden
value	表示隐藏域的值，对应 input 标记的 value 属性

14.3　页面实例——表单应用综合实例

本案例是一个表单验证的综合实例，主要验证用户输入的内容是否为空，两次输入的密码是否一致，E-mail 地址是否正确等。如果验证都通过，则弹出一个窗口，显示用户输入的具体内容。

※ 范例效果图

范例效果如图 14.6 所示。

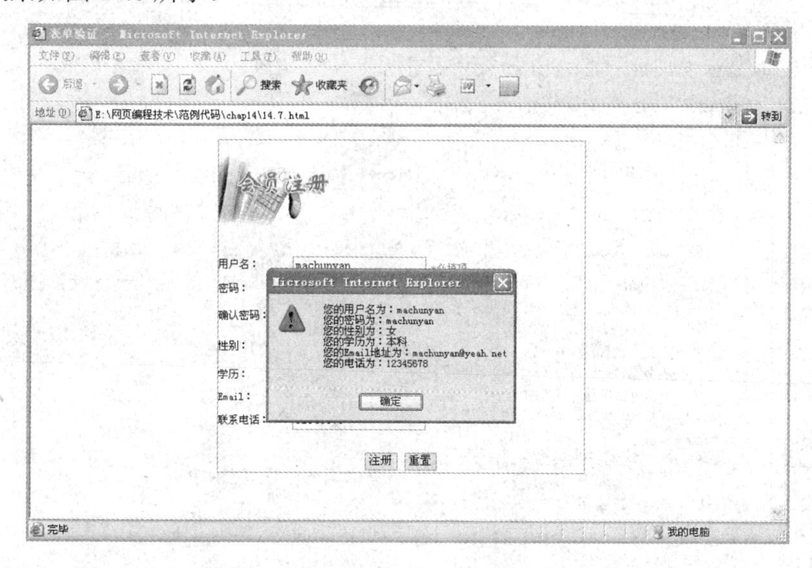

图 14.6　表单验证综合案例

※ 范例代码　14.7.html

```
…
1 <SCRIPT LANGUAGE="JAVASCRIPT">
2 <!--
3 function check()
4 {
5 if(document.form1.username.value==""||document.form1.userpas
s.value==""||document.form1.conpass.value==""||document.form1.ema
il.value=="")
6  {
7   alert("必填项不能为空！");
8   document.form1.username.focus();
9   return;
10   }
11  else if(document.form1.email.value.indexOf("@")==-1
&&document.form1.email.value.indexOf(".")==-1)
12  {
13   alert("邮件地址不正确！");
14   document.form1.email.focus();
15   return;
16   }
17   else if(!isNum(document.form1.phone.value))
18   {
19    alert("联系电话必须为数字！");
20    document.form1.phone.focus();
21    return;
22   }
```

```
23 var str="";
24 for(var i=0;i<form1.sex.length;i++)
25 {
26  if(form1.sex(i).checked)
27  str=form1.sex(i).value;
28 }
29  alert("您的用户名为: "+document.form1.username.value+"\n 您的密码为: "+document.form1.userpass.value+"\n 您的性别为: "+str+"\n 您的学历 为 : "+document.form1.select.value+"\n 您 的 Email 地 址 为 : "+document.form1.email.value+"\n 您的电话为: "+document.form1.phone.value);
30 }
31 function isNum(elem)
32 {
33 var strValid="0123456789";
34 var result=true
35 for(var i=0;i<elem.length;i++)
36 {
37   var strChar=elem.charAt(i);
38    if(strValid.indexOf(strChar)==-1)
39    {
40     result=false;
41     break;
42    }
43 }
44 return result;
45 }
46 function checkPass()
47 {
48   if(document.form1.userpass.value!=document.form1.conpass.value)
49 {
50      alert("两次密码不一致! ");
51      document.form1.conpass.focus();
52      document.form1.conpass.select();
53 }
54 }
55 //-->
56 </SCRIPT>
…
57     <TD BGCOLOR="#FFFFFF"><INPUT NAME="conpass" TYPE="PASSWORD" ID="conpass"  onChange="checkPass()">
…
58     <TD COLSPAN="2" ALIGN="CENTER" BGCOLOR="#FFFFFF"><INPUT NAME="Submit" TYPE="BUTTON" CLASS="btn" VALUE="注册" onClick="check()">
…
```

※ 代码分析

（1）第 3～30 行，定义函数 check()，验证用户在表单中输入的信息是否符合要求。

（2）第 5 行，判断表单中的必填项是否输入了信息。

（3）第 7 行，弹出警告框。

（4）第 8 行，用户名文本框获得焦点。

（5）第 9 行，程序返回。

（6）第 11 行，判断用户输入的 E-mail 地址是否包含“@”和“.”，用来判断地址是否正确。

（7）第 17 行，调用 isNum(elem)函数，判断用户输入的电话号码是否是数字。

（8）第 24～28 行，把用户选择的性别赋给 str。

（9）第 29 行，弹出用户输入的具体信息。

（10）第 31～45 行，定义函数 isNum(elem)，用来判断字符串 elem 是否是数字。

（11）第 33 行，定义一个用来验证的字符串。

（12）第 35 行，对 elem 字符串进行遍历。

（13）第 37 行，把 elem 字符串拆分为字母。

（14）第 38 行，判断用来验证的字符串中是否包含用户输入的每个字母，使用 indexOf 函数完成，如果不包含，返回值为-1。

（15）第 41 行，停止循环。

（16）第 44 行，返回变量 result，值为 true 或 false。

（17）第 46～54 行，定义函数 checkPass()，判断两次输入的密码是否一致。

（18）第 48 行，判断两个文本框的值是否相等。

（19）第 52 行，选中文本框的值。

（20）第 57 行，使用 onChange 事件调用 checkPass()函数。

（21）第 58 行，使用 onClick 事件调用 check()函数。

14.4 上机练习

1．编写一个 HTML 文档，它包含一个表单，在表单中定义了单行文本框、复选框、文件域，定义这些输入域时要指定名称，当提交时弹出一个警告窗口显示用户输入的值。

2．编写一个用户注册的 HTML 文档，当用户提交注册表单时检查用户是否输入了信息、两次输入的密码是否一致、E-mail 格式是否正确等。如果格式都正确，把用户输入的信息显示在警告窗口中。

第 15 章 其他对象

【本章要点】

▲history 对象的方法

▲location 对象的属性

▲navigator 对象的属性

▲screen 对象的属性

15.1 历史（history）对象

history 对象是 window 对象的一个属性，它包含了最近访问过的网址列表，可以说它是另外一种特殊的链接对象，使用户可以跟踪窗口中曾经使用过的 URL。在代码中，history 对象最常用的方法是前进和后退，其功能类似于浏览器中的“前进”和“后退”按钮。

15.1.1 history 对象的属性

表 15-1 列出了 history 对象的常用属性。

表 15-1 history 对象的常用属性

属 性	描 述
current	窗口中当前所显示文档的 url
lengh	返回当前 history 中保存的 URL 个数，即最近访问过的页面数
next	表示历史表中的下一个 url
provious	表示历史表中的上一个 url

注意：在 IE 浏览器中，不支持 history 对象的 current、next 和 previous 属性。

15.1.2 history 对象的方法

表 15-2 列出了 history 对象的常用方法。

表 15-2 history 对象的常用方法

方 法	描 述
back()	返回到用户刚刚访问过的页面，相当于单击浏览器上的“后退”按钮
forword()	前进到历史列表中的下一个页面，相当于单击浏览器上的“前进”按钮
go(n)	跳转到相当于当前页面的第 n 个页面。如果 n 是负数表示后退，如果 n 是正数表示前进。go(-1)的功能相当于 back()

下面的例子使用了 history 对象的方法，实现了“前进”和“后退”按钮的功能。

※ 范例代码 15.1.html

```
    <HTML>
    <HEAD>
    …
    </HEAD>
    <BODY>
    …
    <input type="button" name="Submit" value="后退" onclick="history.
back()" />
    <input type="button" name="Submit2" value="前进"  onclick="history.
forward()"/>
    …
    </BODY>
    </HTML>
```

※ 范例效果图

范例效果如图 15.1 所示。

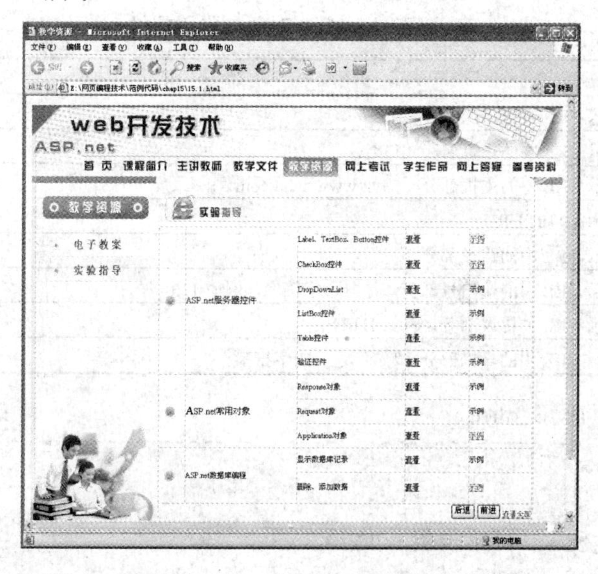

图 15.1 history 对象

单击页面中的“后退”按钮，就会进入前一页面；单击页面中的“前进”按钮，就会进入下一页面。

在网页设计过程中，有时会实现这样的功能，即禁止使用浏览器中的“后退”按钮，这个功能的实现就需要使用 history 对象。具体方法是：在我们不想让用户返回的页面中加入 JavaScript 代码，用来产生单击“前进”按钮的效果，这样也就抵消了用户单击“后退”按钮所产生的动作，用于实现该功能的 JavaScript 代码如下：

※ 范例代码 15.2.html

```
<HTML>
<HEAD>
<META HTTP-EQUIV="Content-Type" CONTENT="text/html; charset=gb2312" />
<TITLE>防止使用后退按钮</TITLE>
</HEAD>
<BODY onLoad="window.history.forward(1);">
<H1>禁止使用后退按钮</H1>
<P>  </P>
</BODY>
</HTML>
```

15.2 网址（location）对象

location 对象是当前网页的 URL 地址，可以使用 location 对象来让浏览器打开某个网页。

15.2.1 location 对象的属性

表 15-3 列出了 location 对象的常用属性。

表 15-3 location 对象的常用属性

属　性	描　述
hash	表示 URL 中锚点的名称
host	表示 URL 中的主机名和端口号
hostname	表示 URL 中的主机部分，例如 www.sohu.com
href	表示完整的 URL
pathname	表示 URL 中的路径部分
port	表示 URL 中的端口号部分，是一个字符串，例如 1234
protocol	表示 URL 的协议部分，例如 HTTP:
search	表示 URL 中的查询部分，“？”之后的字符串

※ 范例代码 15.3.html

```
<HTML>
<HEAD>
<TITLE>location 对象示例</TITLE>
</HEAD>
<BODY>
<DIV ALIGN="CENTER">
  <H1>location 对象的属性
```

```
    </H1>
    <P>   </P>
    <P ALIGN="LEFT">
      <SCRIPT LANGUAGE = JavaScript TYPE="text/javascript">
  <!--
  document.write("完整的URL: "+location.href+"<br>");
  document.write("路径部分: "+location.pathname+"<br>");
  document.write("端口号: "+location.port+"<br>");
  document.write("协议: "+location.protocol);
  //-->
    </SCRIPT>
      </P>
  </DIV>
  </BODY>
  </HTML>
```

※ 范例效果图

范例效果如图 15.2 所示。

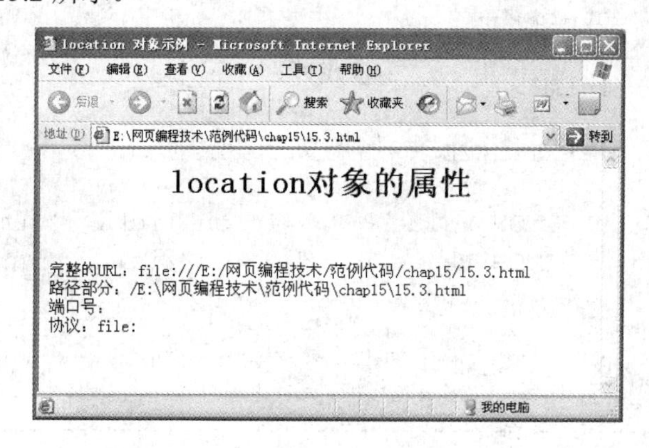

图 15.2　location 对象的属性

15.2.2　location 对象的方法

location 对象的方法主要有两个，具体如下：

- reload(force)：重新从缓冲区或浏览器上读取页面并在浏览器中显示。force 是可选参数，当值为 true 时，表示强制完成加载，即使没有变化也是如此。
- replace(url)：浏览器中装入由 url 指定的网页，并在历史列表中代替上一个网页的位置，使用户不能使用“后退”按钮返回前一文档。

> 注意：replace(url)与 href 属性的区别是：使用 replace(url)方法加载页面时，用户不能使用浏览器的“后退”按钮。

下面的例子使用了 replace(url)方法和 href 属性打开一个新的网页，可以看到两者的差别。

※ 范例代码 15.4.html

```
<HTML>
<HEAD>
<TITLE>location 对象示例</TITLE>
<SCRIPT LANGUAGE = JavaScript TYPE="text/javascript">
<!--
function jump1()
{
  window.location = document.form1.uname.value;
  // 使用 location、window.location 和 location.href 的效果都一样。
}
function jump2()
{
  window.location.replace(document.form1.uname.value);
}
//-->
</SCRIPT>
</HEAD>
<BODY>
<DIV align=center>
<H1>请输入一个 Internet 地址……</H1>
<FORM NAME = form1>
<BR>
<INPUT TYPE = TEXT NAME = "uname " SIZE = 60>
<BR><BR>
<INPUT TYPE = BUTTON Value = "跳转" onClick = "jump1()">
<INPUT TYPE = BUTTON Value = "替换" onClick = "jump2()">
</FORM>
</DIV>
</BODY>
</HTML>
```

※ 范例效果图

当单击“replace”按钮时，显示的效果如图 15.3 所示，浏览器中不可以使用“后退”按钮。

图 15.3 location 对象

运行效果如图 15.4 所示。

图 15.4 运行效果

15.3 浏览器信息（navigator）对象

虽然现在的各种浏览器都与标准兼容，但总存在一些差异，为了让 Web 页面兼容常用的浏览器，首先需要知道页面当前在哪一个浏览器中运行。navigator 对象用于获得与浏览器相关的信息，通过它可以判断现在使用的是什么浏览器、浏览器的版本号、是否支持 Java 等，根据这些浏览器的信息，你就可以决定如何编写代码了。

15.3.1 navigator 对象的属性

表 15-4 列出了 navigator 对象的常用属性。

表 15-4 navigator 对象的属性

属　性	描　述
appCodeName	浏览器的代码名称
appName	浏览器的实际名称
appVersion	浏览器的版本号和平台信息
cookieEnabled	说明浏览器是否打开了 Cookie
platform	浏览器运行的操作系统平台
systemLanguage	给出操作系统给出的默认语言
userAgent	给出浏览器在 http 请求中使用的用户代理首部的值，通常是 appCodeName 属性值加“/”，再加上 appVersion 的值

下面的例子检测浏览器的名称、版本号、操作系统平台、浏览器用户代理等。

※ 范例代码 15.5.html

```
<HTML>
<HEAD>
  <TITLE>使用 navigator 对象</TITLE>
</HEAD>
<BODY>
<H2 align=center>显示浏览器信息</H2>
<SCRIPT LANGUAGE = JavaScript TYPE="text/javascript">
<!--
  document.write("浏览器名称: "+navigator.appName+"<BR>")
  document.write("浏览器版本号: "+navigator.appVersion+"<BR>")
  document.write("操作系统平台: "+navigator.platform+"<BR>")
  document.write("用户代理: "+navigator.userAgent+"<BR>")
-->
</SCRIPT>
</BODY>
</HTML>
```

※ 范例效果图

范例效果如图 15.5 所示。

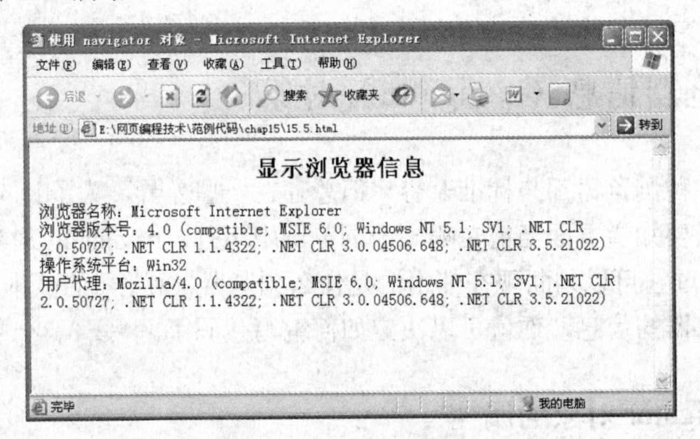

图 15.5 navigator 对象

下面的例子使用 navigator 对象来检测你的浏览器并提示。

※ 范例代码 15.6.html

```
<HTML>
<HEAD>
  <TITLE>使用 navigator 对象</TITLE>
<SCRIPT LANGUAGE="JAVASCRIPT">
<!--
function myBrowser()
{
var bname=navigator.appName
var bversion=navigator.appVersion
var version=parseFloat(bversion)
```

```
    if ((bname=="Netscape"||bname=="Microsoft Internet Explorer") &&
(version>=4))
      {
      alert("您的浏览器比较先进！ ");
      }
    else
      {
      alert("该升级您的浏览器了！ ")
      }
    }
    -->
    </SCRIPT>
    </HEAD>
    <BODY onLoad="myBrowser()">
    </BODY>
    </HTML>
```

※ 范例效果图

范例效果如图 15.6 所示。

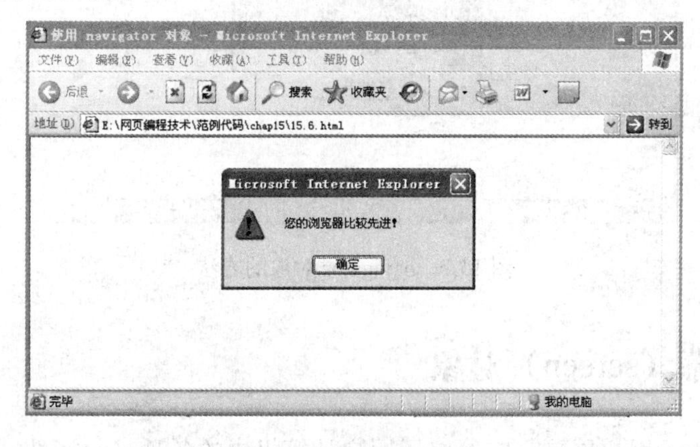

图 15.6 navigator 对象

15.3.2 navigator 对象的方法

javaEnabled()是 navigator 对象的常用方法，判断浏览器是否支持 Java，如果支持返回 true，否则返回 false。

※ 范例代码 15.7.html

```
    <HTML>
    <HEAD>
      <TITLE>使用 navigator 对象</TITLE>
    <SCRIPT LANGUAGE="JAVASCRIPT">
    <!--
    function myBrowser()
    {
```

```
  if(navigator.javaEnabled())
  alert("您的浏览器支持Java! ");
  else
   alert("您的浏览器不支持Java! ");
 }
 -->
 </SCRIPT>
 </HEAD>
 <BODY onLoad="myBrowser()">
 </BODY>
 </HTML>
```

※ 范例效果图

范例效果如图 15.7 所示。

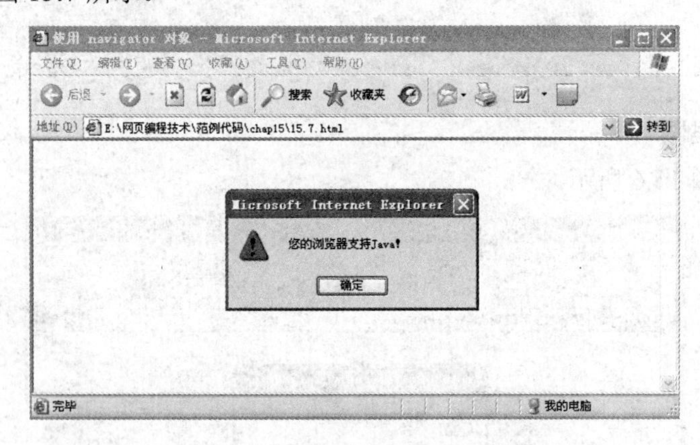

图 15.7 navigator 对象的方法

15.4 屏幕（screen）对象

screen 对象表示用户屏幕，它给出了用户计算机中的各种显示特性，包括屏幕像素宽度、高度、可用屏幕区域大小等。在设计一些对显示有特殊要求的网页时，就需要使用 screen 对象了。例如，根据用户屏幕的大小调整页面上图像显示空间的大小等。

表 15-5 列出了 screen 对象的常用属性。

表 15-5 screen 对象的常用属性

属性	描述
availHeight	屏幕的可用高度，单位是像素
availWidth	屏幕的可用宽度，单位是像素
height	屏幕的高度，单位是像素
width	屏幕的宽度，单位是像素
colorDepth	屏幕的颜色深度，即用户在“显示属性”对话框的“设置”选项卡中设置的颜色位数

※ 范例代码　15.8.html

```
<HTML>
<HEAD>
  <TITLE>使用 screen 对象</TITLE>
</HEAD>
<BODY>
<H2 align=center>显示屏幕信息……</H2>
<SCRIPT language = JavaScript TYPE="text/javascript">
<!--
  document.write("屏幕允许高度: "+window.screen.availHeight+"<BR>")
  document.write("屏幕允许宽度: "+screen.availWidth+"<BR>")
  document.write("颜色深度: "+screen.colorDepth+"<BR>")
  document.write("屏幕高度: "+screen.height+"<BR>")
  document.write("屏幕宽度: "+screen.width+"<BR>")
-->
</SCRIPT>
</BODY>
</HTML>
```

※ 范例效果图

范例效果如图 15.8 所示。

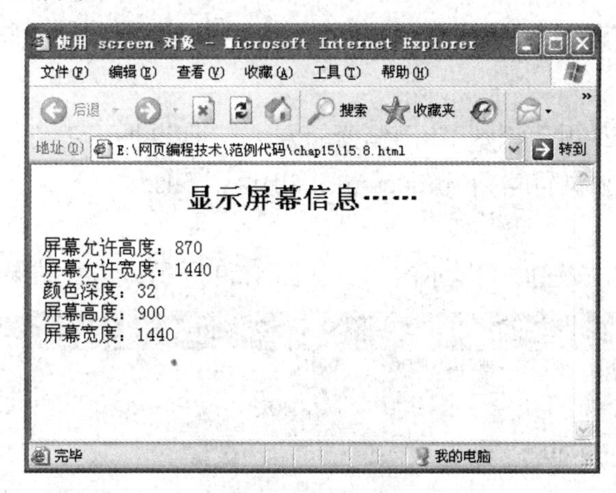

图 15.8　显示屏幕信息

下面的例子运用 screen 对象实现了全屏显示网页的效果。

※ 范例代码　15.9.html

```
<HTML>
<HEAD>
<META  HTTP-EQUIV="Content-Type"  CONTENT="text/html;  charset=
gb2312" />
<TITLE>screen 对象</TITLE>
<SCRIPT LANGUAGE="JavaScript">
```

```
<!--
function windowopen()
{
var target="http:        //www.dlpu.edu.cn"
newwindow=window.open("","","scrollbars")
if (document.all)        //可以用于判断是哪个浏览器
{
newwindow.moveTo(0,0)
newwindow.resizeTo(screen.width,screen.height)
}
newwindow.location=target
}
//-->
</SCRIPT>
</HEAD>
<BODY>
<form>
<input type="button" onClick="windowopen()" value="全屏显示" name=
"button">
</form>
</BODY>
</HTML>
```

※ 代码分析

if (document.all)一种用于识别 IE 浏览器的方法，可以判断兼容性，IE 下 if(document.all)返回 true，FireFox(火狐浏览器)下 if(document.all)返回 false。

※ 范例效果图

单击“全屏显示”按钮时，显示的网页如图 15.9 所示，运行结果如图 15.10 所示。

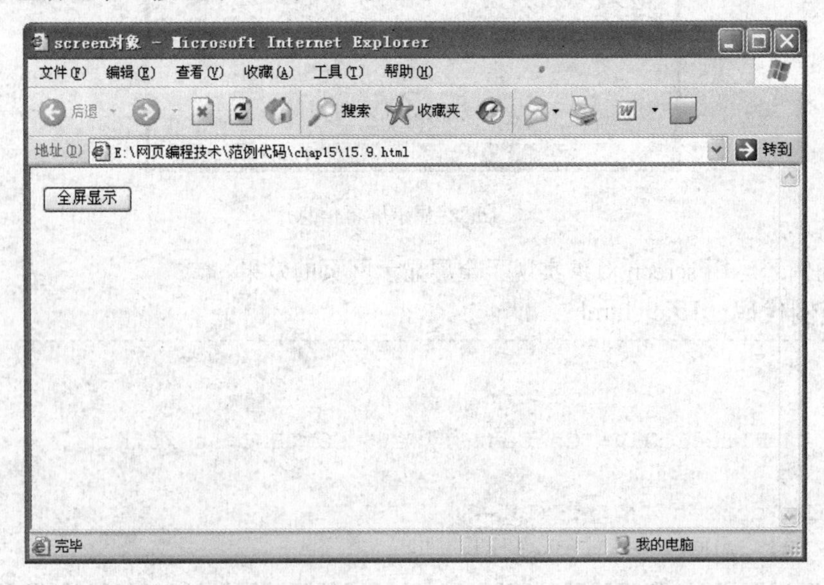

图 15.9 screen 对象

图 15.10　运行效果

15.5　页面实例——获取屏幕宽度及操作

本案例主要使用了 screen 对象和 location 对象，根据显示器屏幕的宽度，有选择性的显示不同的主页面。

※　范例效果图

范例效果如图 15.11 所示。

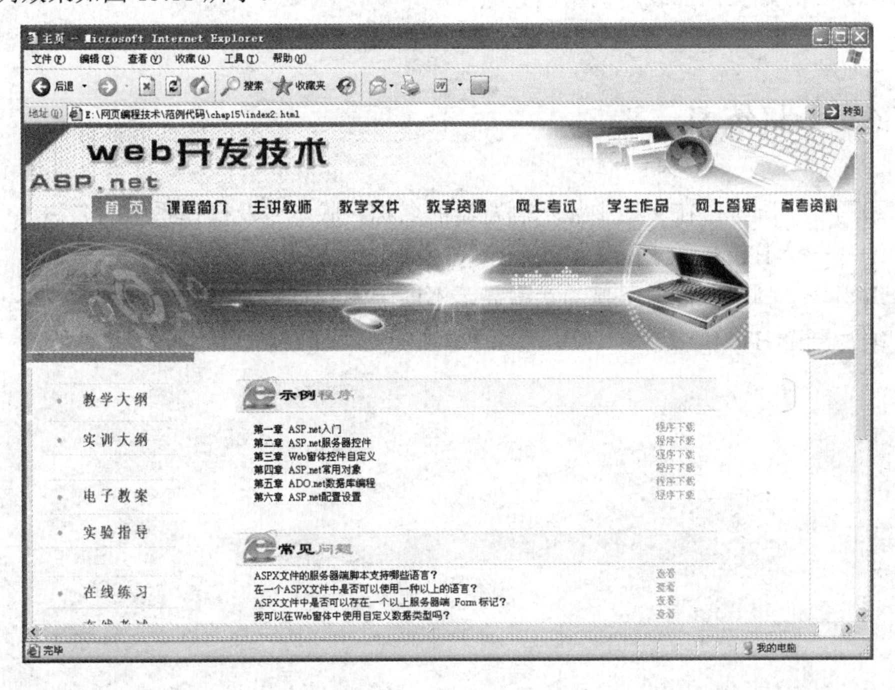

图 15.11　范例效果图

※ 范例代码　15.10.html

```
…
1 <SCRIPT  LANGUAGE="JavaScript">
2 <!--
3 function  redirectPage()  {
4 var  url800x600  =  "index1.html";
5 var  url1024x768  =  "index2.html";
6 if  (screen.width  <=  800  )
7 window.location.href=  url800x600;
8 else  if  ((screen.width  >=  1024)  )
9 window.location.href=  url1024x768;
10 }
11 //-->
12</script>
13 <body background="kcjj/images/dian.gif" onload=redirectPage()">
…
```

※ 代码分析

（1）第 3 行，定义函数 redirectPage()。

（2）第 4 行，第 5 行定义变量并将其赋值。

（3）第 6 行，判断屏幕的宽度是否大于 800px。

（4）第 7 行，加载指定的页面。

（5）第 8 行，判断屏幕的宽度是否大于 1024px。

（6）第 9 行，加载指定的页面。

（7）第 13 行，页面加载时调用函数执行。

15.6　上机练习

1．编写一个脚本，在文档中显示浏览器的名称、版本号及操作系统的名称。

2．编写一个 HTML 文档，禁止使用浏览器中的“后退”按钮。

3．编写一个脚本，根据屏幕的宽度显示不同版本的页面。

4．编写一个 HTML 文档，使用不同的方法实现页面跳转。

第16章 正则表达式

【本章要点】

▲理解正则表达式的概念

▲正则表达式的元字符

▲常用的正则表达式

正则表达式在英文中称为 Regular Expression，简称为 RegExp。最早由数学家 Stephen Kleene 于 1956 年提出，他发表了一篇题目是《神经网事件的表示法》的论文，利用称为正则集合的数学符号来描述此模型，引入了正则表达式的概念。正则表达式并非一门专用语言，但它可用于在一个文件或字符里查找和替换文本。许多程序中都是用了正则表达式，包括 UNIX 平台下的众多应用程序，许多开发工具和语言中都使用了正则表达式，比如 JavaScript、Java、.NET、C#、PHP、XML 等。

16.1 正则表达式简介

正则表达式通常缩写成“RegExp”，也可以缩写成 RegEx、RegExps 等。在计算机科学中，是指一个用来描述或者匹配一系列符合某个句法规则的字符串的单个字符串。在很多文本编辑器或其他工具里，正则表达式通常被用来检索或替换那些符合某个模式的文本内容。正则表达式这个概念最初是由 UNIX 中的工具软件（例如 sed 和 grep）普及开发的。

16.1.1 正则表达式概述

正则表达式语言是一种专门用于字符串处理的语言。您可能很熟悉 DOS 表达式中的*字符表示任意子字符串（例如，DOS 命令 Dir Re*会列出所有名称以 Re 开头的文件）。正则表达式使用与*类似的许多序列来表示“任意一个字符”、“一个单词”、“一个可选的字符”等。

正则表达式的作用如下：

- 提供更强大的字符串处理能力；
- 测试字符串内的模式，例如，能测试输入字符串，以查看字符串内是否出现电话号码模式或身份证号码模式，即数据验证；
- 替换文本，能使用正则表达式来识别文件中的特定文本，完全删除该文本或用其他文本替换它；
- 基于模式匹配从字符串中提取子字符串；
- 能查找文件内或输入域内特定的文本。

16.1.2 正则表达式定义

正则表达式（Regular Expression）描述了一种字符串匹配的模式，可以用来检查一个字符串是否含有某种子串、将匹配的子串做替换或者从某个串中取出符合某个条件的子串等。正则表达式是由普通字符（如字符 a 到 z）以及特殊字符（称为元字符）组成的文字模式。正则表达式作为一个模板，将某个字符模式与所搜索的字符串进行匹配，例如，可以编写一个正则表达式，用来查找所有以 0 开头，后面跟着 2～3 个数字，然后是一个连字号“-”，最后是 7 或 8 位数字的字符串（像 0411-1234567 或 021-87654321）。

16.2 正则表达式的常用元字符

所谓元字符就是指那些在正则表达式中具有特殊意义的专用字符，可以用来规定其前导字符（即位于元字符前面的字符）在目标对象中的出现模式。例如元字符*用来匹配一个或多个的前一字符；而元字符 . 用来匹配一个任意的一个字符。表 16-1 列出了正则表达式中常用的元字符。

表 16-1 正则表达式中常用的元字符

元字符	描 述
.	匹配除换行符以外的任意字符
+	规定其前导字符必须在目标对象中连续出现一次或多次。例/fo+/，表示在字母 f 后面连续出现一个或多个字母 o 的字符串相匹配，如 fool、football
*	规定其前导字符必须在目标对象中出现零次或连续多次。例/eg*/，表示在字母 e 后面连续出现零个或多个字母 g 的字符串相匹配，如 easy、ego、egg
?	规定其前导对象必须在目标对象中连续出现零次或一次。例/Wil?/，表示在字母 i 后面连续出现零个或一个字母 l 的字符串相匹配，如 Win、Wilson
^	匹配字符串的开始
$	匹配字符串的结束
\s	用于匹配单个空格符，包括 tab 键和换行符
\S	用于匹配除单个空格符之外的所有字符
\d	用于匹配从 0～9 的数字
\w	用于匹配字母，数字或下画线字符
\W	用于匹配所有与\w 不匹配的字符
{n}	重复 n 次。例/b{3}/，匹配的字符可以是 bbb、bbbc
{n,}	重复 n 次或更多次。例/b{3,}/，匹配的字符可以是 bbb、bbbb
{n,m}	重复 n 到 m 次。例/b{2,4}/，匹配的字符可以是 bb、bbb、bbbb

16.3　正则表达式对象

通过正则表达式对象，我们可以非常方便地对各种数据进行合法性的校验。

16.3.1　RegExp 对象

JavaScript 提供了 RegExp 对象来完成有关正则表达式的操作和功能，每一条正则表达式模式对应一个 RegExp 实例。使用构造函数创建正则表达式的基本语法为：

※ 基本语法：var expname=new RegExp("pattern" [,"flags"])

其中，expname 是变量名，用于保存新创建的正则表达式；pattern 是一个字符串，指定了正则表达式的模式或其他正则表达式；flags 是零个或多个可选项，具体值如下：

- i：忽略大小写，即进行字符串匹配时，不区分大小写。
- g：全局匹配，查找所有匹配而非在找到第一个匹配后停止。
- m：进行多行匹配。

下面的例子有助于了解 RegExp 对象。

```
var exp1=new RegExp("欧洲");        //创建正则表达式
var exp2=new RegExp("love","ig"); //创建正则表达式，全局匹配，不区分大小写
```

1．RegExp 对象的属性

表 16-2 列出了 RegExp 对象的常用属性。

表 16-2　RegExp 对象的常用属性

属　性	描　述
global	RegExp 对象是否具有标志 g
ignoreCase	RegExp 对象是否具有标志 i
lastIndex	选用 g 选项后，该属性指明执行 exec()或 test()方法后最后一次匹配字符串后面第一个字符的位置
multiline	RegExp 对象是否具有标志 m
source	正则表达式的源文本，即除斜杠和选项字符外整个正则表达式

2．RegExp 对象的方法

（1）test(string)方法：测试字符串 string 是否包含了匹配该正则表达式的子串，如果包含，返回 true，否则返回 false。例如：

```
var myString="春风吹又生";
var myReg=new RegExp("春风");  //构造函数方法创建正则表达式
myReg.test(myString);          //在 myString 字符串中搜索模式/春风/
```

上面的例子还可以使用文字量正则表达式的 test()方法。

```
  var myReg=/春风/;
myReg.test(myString);
```

※ 范例代码　16.1.html

```
<HTML>
<HEAD>
<META HTTP-EQUIV="Content-Type" CONTENT="text/html; charset=gb2312" />
<TITLE>使用构造函数创建正则表达式并测试</TITLE>
<SCRIPT LANGUAGE="JAVASCRIPT">
<!--
var myString="春风吹又生";
var myReg=new RegExp("春风");
if(myReg.test(myString))
 alert("匹配成功");
else
 alert("匹配失败");
//-->
</SCRIPT>
</HEAD>
<BODY>
</BODY>
</HTML>
```

※ 范例效果图

范例效果如图 16.1 所示。

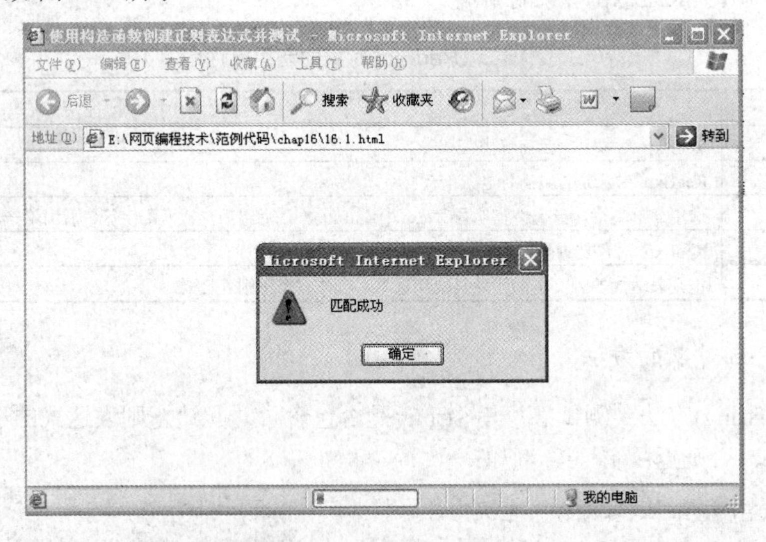

图 16.1　test()方法的应用

（2）exec(string)方法：在字符串 string 中进行匹配搜索，并将结果保存在一个数组中返回，如果没有找到匹配的子串，就返回 null。该方法返回的数组对象有两个扩展属性，一个是 index，它给出了匹配字符串的开始位置，另一个是 input，它给出了被搜索的字符串。

※ 范例代码 16.2.html

```
<HTML>
<HEAD>
<META HTTP-EQUIV="Content-Type" CONTENT="text/html; charset=gb2312" />
<TITLE>exec()方法应用</TITLE>
<SCRIPT LANGUAGE="JAVASCRIPT">
<!--
var myString="春风吹断了杨柳";
var myReg=new RegExp("春风");
var array=myReg.exec(myString)
if(array)
{
  alert("返回数组的值为: "+array+"\n 匹配子串的开始位置为: "+array.
index);
}
//-->
</SCRIPT>
</HEAD>
<BODY>
</BODY>
</HTML>
```

※ 范例效果图

范例效果如图 16.2 所示。

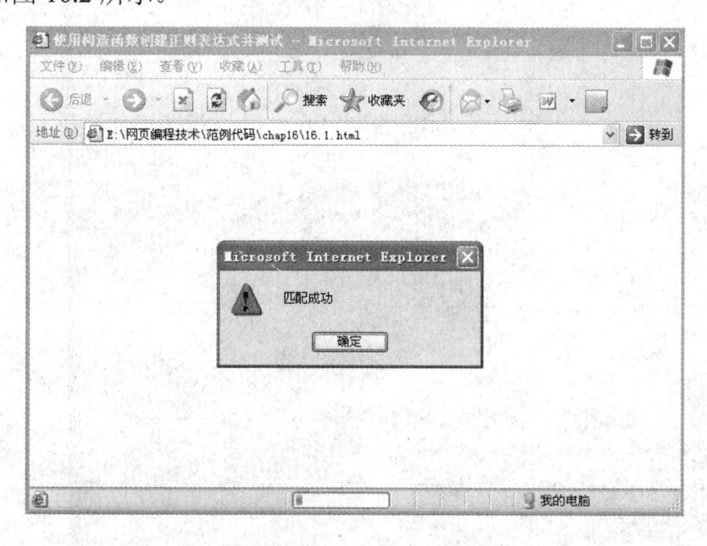

图 16.2 exec()方法的应用

16.3.2 String 对象

在程序中除了可以使用正则表达式对象进行字符串的测试和匹配外，还可以使用 String 对象提供的方法来完成这些功能，可能效率更高。有关 String 对象的内容在第 11 章中已经介绍过了，这里就不再赘述。

16.4 常用的正则表达式

正则表达式用于字符串处理、表单验证等场合，实用高效。现介绍一些常用的正则表达式。

16.4.1 检测字符串是否为数字

若要满足条件，只能是数字并且可以重复，因此正则表达式是：/^[0-9]+$/，其中+代表可以出现一次或多次，使用^表示字符串开始的位置，$表示字符串结束的位置，使用^和$的目的是要求进行完整的匹配，而不是匹配其中的一部分。

※ 范例代码 16.3.html

```
<HTML>
<HEAD>
<META HTTP-EQUIV="Content-Type" CONTENT="text/html; charset=gb2312" />
<TITLE>检测是否为数字</TITLE>
<SCRIPT LANGUAGE="JAVASCRIPT">
<!--
function check()
{
 var reg=/^[0-9]+$/;
 var str=document.form1.num;
 if(reg.test(str.value)==false)
 {
 alert("请输入数字！");
 str.focus();
 return false;
 }
 else
 {
 alert("检测成功！");
 return true;
 }
}
//-->
</SCRIPT>
</HEAD>
<BODY>
<FORM NAME="form1" METHOD="post" ACTION="">
  <P>请输入数字:
    <INPUT NAME="num" TYPE="text" ID="num">
</P>
  <P>
    <INPUT TYPE="BUTTON" NAME="Submit" VALUE="检测" onClick="return
check()">
    <INPUT TYPE="RESET" NAME="Submit2" VALUE="重置">
</P>
</FORM>
</BODY>
</HTML>
```

※ 范例效果图

范例效果如图 16.3 所示。

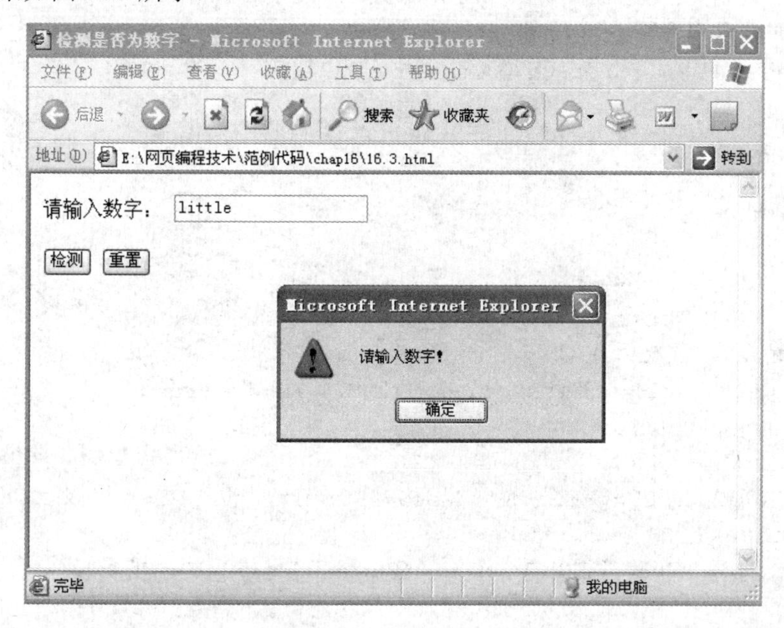

图 16.3　检测数字

16.4.2　检测字符串是否为英文字母

若要满足条件，只能是英文字母，由 A 到 Z 或 a 到 z 的组合，因此正则表达式是：/^[A-Za-z]+$/。

如果确定字符串的个数，可以加一个范围{n,m}，例如，检测字符串是否为 4 位到 8 位的英文字母，其正则表达式就是：/^[A-Za-z]{4,8}$/

※ 范例代码　16.4.html

```
<HTML>
<HEAD>
<META HTTP-EQUIV="Content-Type" CONTENT="text/html; charset=gb2312" />
<TITLE>检测是否为英文</TITLE>
<SCRIPT LANGUAGE="JAVASCRIPT">
<!--
function check()
{
 var reg=/^[A-Za-z]{4,8}$/;
 var str=document.form1.chara;
 if(reg.test(str.value)==false)
 {
 alert("请输入 4~8 位英文！");
 str.focus();
 return false;
 }
```

```
        else
        {
        alert("检测成功！ ");
        return true;
        }
    }
    //-->
    </SCRIPT>
    </HEAD>
    <BODY>
    <FORM NAME="form1" METHOD="post" ACTION="">
      <P>请输入 4～8 位英文:
        <INPUT NAME="chara" TYPE="text" ID="chara">
    </P>
      <P>
        <INPUT TYPE="BUTTON" NAME="Submit" VALUE="检测" onClick=
"return check()">
        <INPUT TYPE="RESET" NAME="Submit2" VALUE="重置">
    </P>
    </FORM>
    </BODY>
    </HTML>
```

※ 范例效果图

范例效果如图 16.4 所示。

图 16.4　检测英文

16.4.3 检测字符串是否为中文

unicode 编码，一种全世界语言都包括的一种编码，中文的范围是\u4e00-\u9fa5，\u 是表示 unicode，4e00 是十六进制。因此正则表达式是：/^[\u4e00-\u9fa5]+$/

※ 范例代码 16.5.html

```
<HTML>
<HEAD>
<META HTTP-EQUIV="Content-Type" CONTENT="text/html; charset=gb2312" />
<TITLE>检测是否为中文</TITLE>
<SCRIPT LANGUAGE="JAVASCRIPT">
<!--
function check()
{
 var reg=/^[\u4e00-\u9fa5]+$/;
 var str=document.form1.chara;
 if(reg.test(str.value)==false)
 {
 alert("请输入中文！");
 str.focus();
 return false;
 }
 else
 {
 alert("检测成功！");
 return true;
 }
}
//-->
</SCRIPT>
</HEAD>
<BODY>
<FORM NAME="form1" METHOD="post" ACTION="">
  <P>请输入中文:
    <INPUT NAME="chara" TYPE="text" ID="chara">
</P>
  <P>
    <INPUT  TYPE="BUTTON"  NAME="Submit"  VALUE=" 检 测 "  onClick=
"return check()">
    <INPUT TYPE="RESET" NAME="Submit2" VALUE="重置">
</P>
</FORM>
</BODY>
</HTML>
```

※ 范例效果图

范例效果如图 16.5 所示。

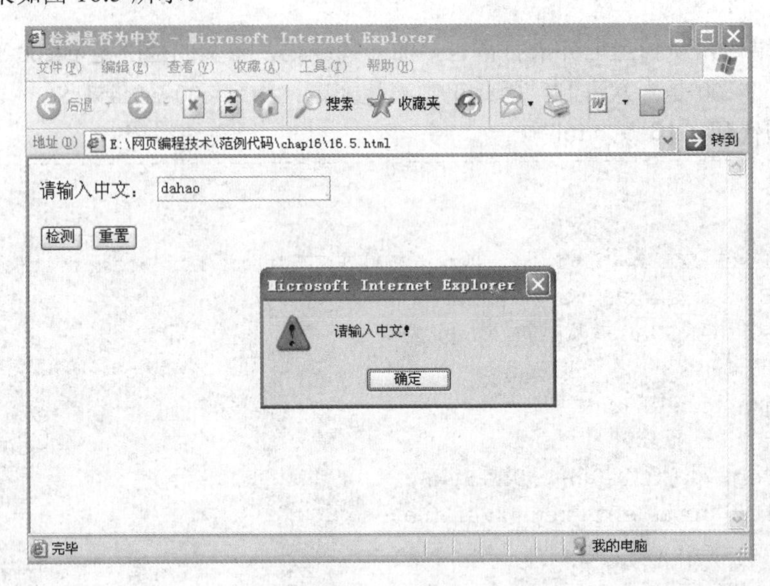

图 16.5　检测中文

16.4.4　检测邮政编码

我国的邮政编码是由 6 位数字组成的，因此正则表达式是：/^\d{6}$/，其中\d 代表一个数字，等价于[0-9]，{6}指定前一个元符号重复的次数。

※ 范例代码　16.6.html

```
<HTML>
<HEAD>
<META HTTP-EQUIV="Content-Type" CONTENT="text/html; charset=gb2312" />
<TITLE>检测邮政编码</TITLE>
<SCRIPT LANGUAGE="JAVASCRIPT">
<!--
function check()
{
 var reg= /^\d{6}$/;
 var str=document.form1.chara;
 if(reg.test(str.value)==false)
 {
 alert("请输入正确的邮政编码！");
 str.focus();
 return false;
 }
 else
 {
 alert("检测成功！");
 return true;
```

```
    }
  }
  //-->
  </SCRIPT>
  </HEAD>
  <BODY>
  <FORM NAME="form1" METHOD="post" ACTION="">
    <P>请输入邮政编码:
      <INPUT NAME="chara" TYPE="text" ID="chara">
  </P>
    <P>
      <INPUT  TYPE="BUTTON"  NAME="Submit"  VALUE="检测"  onClick=
"return check()">
      <INPUT TYPE="RESET" NAME="Submit2" VALUE="重置">
  </P>
  </FORM>
  </BODY>
  </HTML>
```

※ 范例效果图

范例效果如图 16.6 所示。

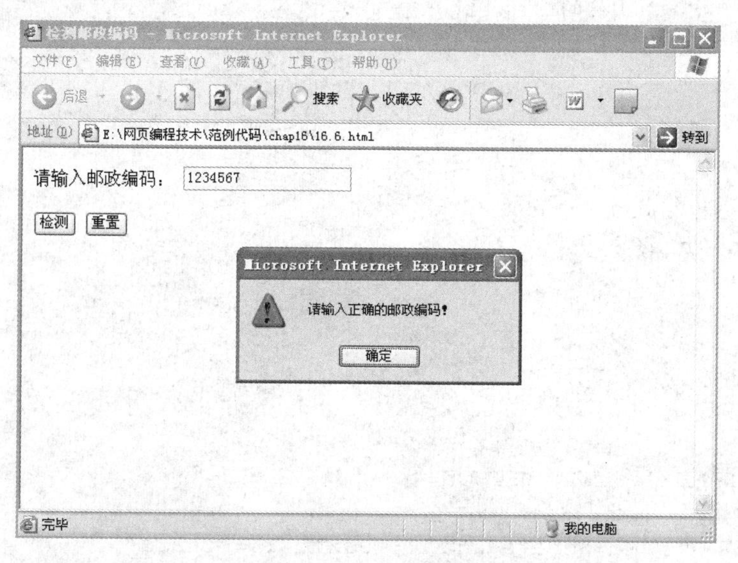

图 16.6　检测邮政编码

16.4.5　检测电子邮件地址

邮件地址的构成有这样一些特点，首先，在用户名和地址之间有一个@；其次，在地址和域名之间有一个圆点符号。正则表达式并不是唯一的，每种都有自己的解释，这里介绍一种检测电子邮件地址的正则表达式，供大家参考。

/^\w+([-+.']\w+)*@\w+([-.]\w+)*\.\w+([-.]\w+)*$/

具体解释如下：

- \w+：\w 表示单词字符，包括所有的字母，所有的数字，左右的下画线，+表示这个单词字符出现一次或多次,但最少出现一次。
- ([-+.']\w+)*：[]里面的内容表示组合类，只能是这四个字符中的其中的一个，两个括号表示分组，就是把括号里面的看做一个整体，*的意思是说明括号里面的内容出现零次或者多次，这部分是用户名。
- \w+([-.]\w+)*：表示服务器的名称。例如 sohu、yahoo 等。
- \w+([-.]\w+)*：表示域名。例如 cn、com、org 等。

※ **范例代码 16.7.html**

```
<HTML>
<HEAD>
<META HTTP-EQUIV="Content-Type" CONTENT="text/html; charset=gb2312" />
<TITLE>检测电子邮件地址</TITLE>
<SCRIPT LANGUAGE="JAVASCRIPT">
<!--
function check()
{
 var reg=/^\w+([-+.']\w+)*@\w+([-.]\w+)*\.\w+([-.]\w+)*$/;
 var str=document.form1.chara;
 if(reg.test(str.value)==false)
 {
 alert("请输入正确的E-mail! ");
 str.focus();
 return false;
 }
 else
 {
 alert("检测成功! ");
 return true;
 }
}
//-->
</SCRIPT>
</HEAD>
<BODY>
<FORM NAME="form1" METHOD="post" ACTION="">
  <P>请输入 E-mail 地址:
    <INPUT NAME="chara" TYPE="text" ID="chara">
</P>
  <P>
    <INPUT TYPE="BUTTON" NAME="Submit" VALUE="检测" onClick=
"return check()">
    <INPUT TYPE="RESET" NAME="Submit2" VALUE="重置">
</P>
</FORM>
</BODY>
</HTML>
```

※ 范例效果图

范例效果如图 16.7 所示。

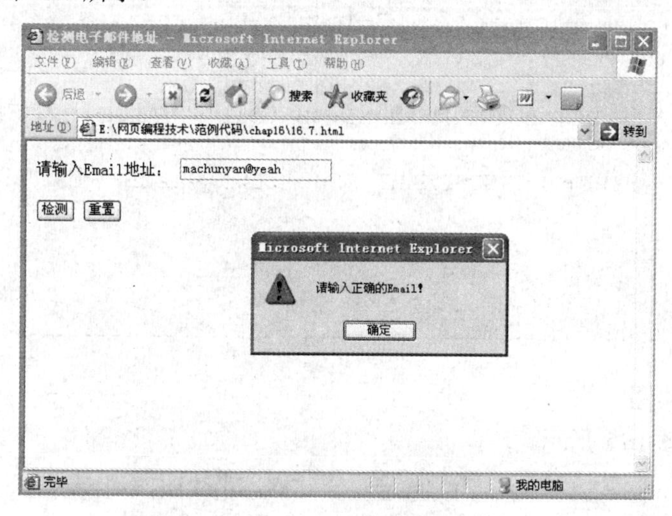

图 16.7　检测邮件地址

16.4.6　检测身份证号码

我国的身份证号码分为 15 位或 18 位，其中 18 位身份号码中最后一位可以是数字，也可以是字母 X，因此正则表达式可以这样写：/^\d{17}[\d|X]|\d{15}$/。

※ 范例代码　16.8.html

```
<HTML>
<HEAD>
<META HTTP-EQUIV="Content-Type" CONTENT="text/html; charset=gb2312" />
<TITLE>检测身份证号码</TITLE>
<SCRIPT LANGUAGE="JAVASCRIPT">
<!--
function check()
{
 var reg=/^\d{17}[\d|X]|\d{15}$/;
 var str=document.form1.chara;
 if(reg.test(str.value)==false)
 {
 alert("请输入正确的身份证号码！");
 str.focus();
 return false;
 }
 else
 {
 alert("检测成功！");
 return true;
 }
}
//-->
</SCRIPT>
</HEAD>
<BODY>
```

```
<FORM NAME="form1" METHOD="post" ACTION="">
  <P>请输入身份证号码:
    <INPUT NAME="chara" TYPE="text" ID="chara">
</P>
  <P>
    <INPUT TYPE="BUTTON" NAME="Submit" VALUE="检测" onClick=
"return check()">
    <INPUT TYPE="RESET" NAME="Submit2" VALUE="重置">
</P>
</FORM>
</BODY>
</HTML>
```

※ 范例效果图

范例效果如图 16.8 所示。

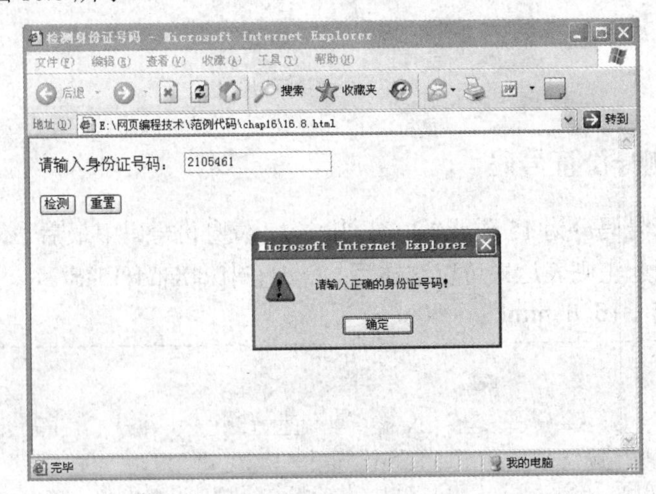

图 16.8 检测身份证号码

16.4.7 检测国内电话号码

我国的电话号码前面的区号通常为 3～4 位，之后会跟一个“-”，然后是 7～8 位的数字，因此正则表达式可以这样写：/^\d{3,4}-\d{7,8}/。

※ 范例代码 16.9.html

```
<HTML>
<HEAD>
<META HTTP-EQUIV="Content-Type" CONTENT="text/html; charset=gb2312" />
<TITLE>检测电话号码</TITLE>
<SCRIPT LANGUAGE="JAVASCRIPT">
<!--
function check()
{
 var reg=/^\d{3,4}-\d{7,8}/;
 var str=document.form1.chara;
```

```
    if(reg.test(str.value)==false)
    {
    alert("请输入正确的电话号码！");
    str.focus();
    return false;
    }
    else
    {
    alert("检测成功！");
    return true;
    }
   }
   //-->
   </SCRIPT>
   </HEAD>
   <BODY>
   <FORM NAME="form1" METHOD="post" ACTION="">
     <P>请输入电话号码:
       <INPUT NAME="chara" TYPE="text" ID="chara">
   </P>
     <P>
       <INPUT    TYPE="BUTTON"    NAME="Submit"    VALUE="  检  测  "
onClick="return check()">
       <INPUT TYPE="RESET" NAME="Submit2" VALUE="重置">
   </P>
   </FORM>
   </BODY>
   </HTML>
```

※ 范例效果图

范例效果如图 16.9 所示。

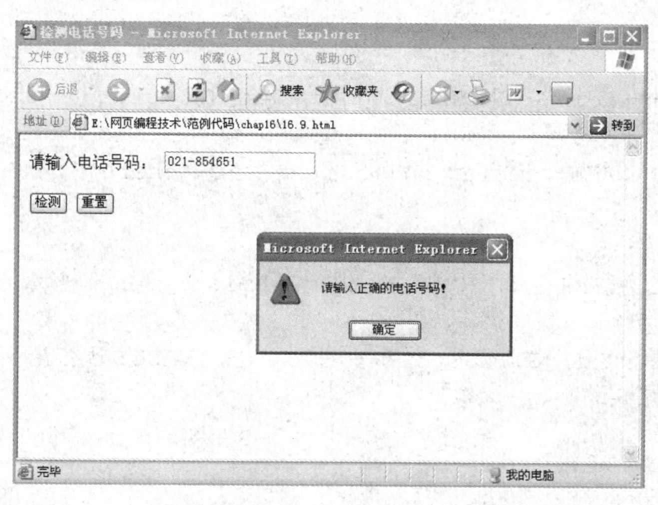

图 16.9　检测电话号码

16.4.8 检测手机号码

忽略前面的0，支持130-139，150-159，忽略前面的0后，判断它是11位的，因此正则表达式可以这样写：/^0*(13|15)\d{9}$/。

※ 范例代码 16.10.html

```
<HTML>
<HEAD>
<META HTTP-EQUIV="Content-Type" CONTENT="text/html; charset=gb2312" />
<TITLE>检测手机号码</TITLE>
<SCRIPT LANGUAGE="JAVASCRIPT">
<!--
function check()
{
 var reg=/^0*(13|15)\d{9}$/;
 var str=document.form1.chara;
 if(reg.test(str.value)==false)
 {
 alert("请输入正确的手机号码！");
 str.focus();
 return false;
 }
 else
 {
 alert("检测成功！");
 return true;
 }
}
//-->
</SCRIPT>
</HEAD>
<BODY>
<FORM NAME="form1" METHOD="post" ACTION="">
  <P>请输入手机号码:
    <INPUT NAME="chara" TYPE="text" ID="chara">
</P>
  <P>
    <INPUT TYPE="BUTTON" NAME="Submit" VALUE="检测" onClick=
"return check()">
    <INPUT TYPE="RESET" NAME="Submit2" VALUE="重置">
</P>
</FORM>
</BODY>
</HTML>
```

※ 范例效果图

范例效果如图 16.10 所示。

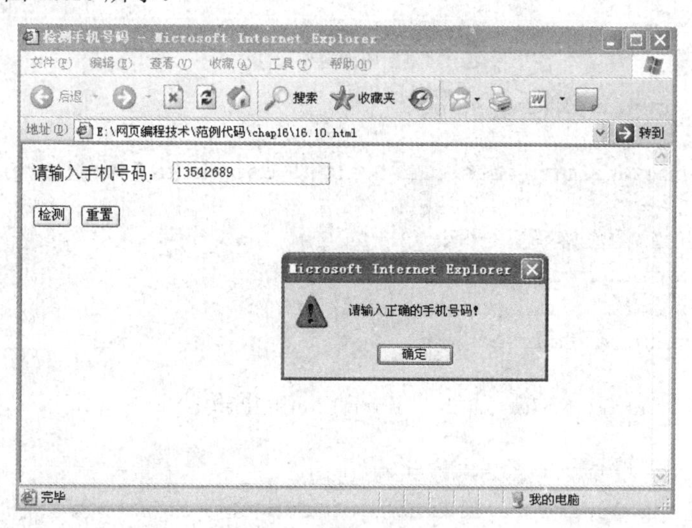

图 16.10　检测手机号码

16.5　页面实例——正则表达式应用综合案例

本案例使用正则表达式来验证表单各项是否符合要求，是前面介绍的常用正则表达式的具体应用。

※ 范例效果图

范例效果如图 16.11 所示。

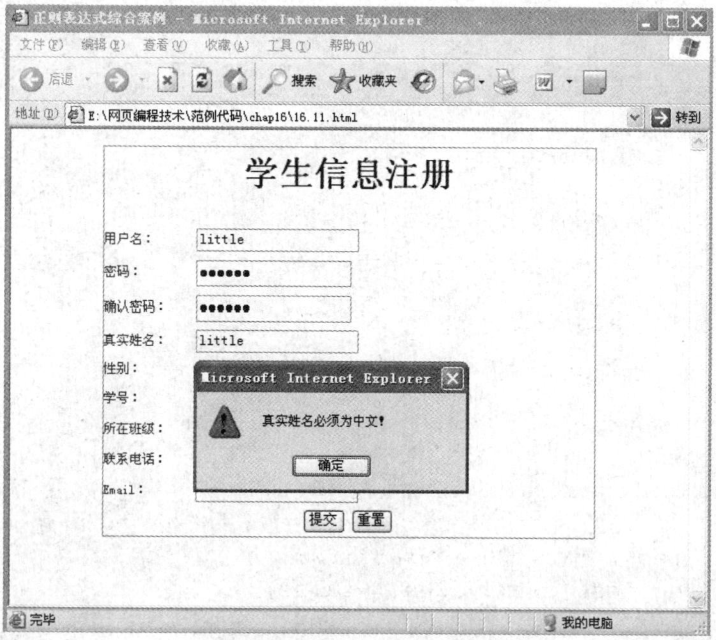

图 16.11　正则表达式综合案例

※ 范例代码 16.11.html

```
…
1 <SCRIPT LANGUAGE="JAVASCRIPT">
2 <!--
3 function check()
4 {
5  if(document.form1.userpass.value!=document.form1.conpass.value)
6  {
7   alert("两次密码不一致！");
8   document.form1.conpass.focus();
9   document.form1.conpass.select();
10      return false;
11   }
12   if(!checkCh(document.form1.realname))
13   {
14    alert("真实姓名必须为中文！");
15    document.form1.realname.focus();
16    return false;
17    }
18    else if(!isNum(document.form1.phone))
19    {
20     alert("联系电话格式不正确！");
21     document.form1.phone.focus();
22     return false;
23    }
24    else if(!checkMail(document.form1.email))
25    {
26     alert("Email格式不正确！");
27     document.form1.email.focus();
28     return false;
29    }
30    return true;
31  }
32 function isNum(elem)
33 {
34   var reg=/^\d{3,4}-\d{7,8}/;
35   if(reg.test(elem.value)==false)
36   {
37   return false;
38   }
39   else
40   return true;
41 }
42 function checkCh(elem)
43 {
44   var reg=/^[\u4e00-\u9fa5]+$/;
45   if(reg.test(elem.value)==false)
46   {
47   return false;
```

```
48  }
49  else
50  return true;
51 }
52 function checkMail(elem)
53 {
54  var reg=/^\w+([-+.']\w+)*@\w+([-.]\w+)*\.\w+([-.]\w+)*$/;
55 if(reg.test(elem.value)==false)
56 {
57 return false;
58 }
59 else
60 return true;
61 }
62 //-->
63 </SCRIPT>
</HEAD>
<BODY>
<FORM NAME="form1" METHOD="post" ACTION="">
  <P><SPAN CLASS="pp">
    <LABEL></LABEL>
  </SPAN></P>
  <TABLE  WIDTH="461"  HEIGHT="358"  BORDER="0"  ALIGN="CENTER"
CELLPADDING="0" CELLSPACING="0">
    <TR>
      <TD COLSPAN="2" ALIGN="CENTER"><H1>学生信息注册</H1></TD>
    </TR>
    <TR>
      <TD WIDTH="75"><SPAN CLASS="pp">用户名: </SPAN></TD>
      <TD WIDTH="323"><SPAN CLASS="pp">
        <INPUT NAME="username" TYPE="text" ID="username" />
      </SPAN></TD>
    </TR>
    <TR>
      <TD><SPAN CLASS="pp">密码: </SPAN></TD>
      <TD><SPAN CLASS="pp">
        <INPUT NAME="userpass" TYPE="password" ID="userpass" />
      </SPAN></TD>
    </TR>
    <TR>
      <TD><SPAN CLASS="pp">确认密码: </SPAN></TD>
      <TD><SPAN CLASS="pp">
        <INPUT NAME="conpass" TYPE="password" ID="conpass" />
      </SPAN></TD>
    </TR>
    <TR>
      <TD><SPAN CLASS="pp">真实姓名: </SPAN></TD>
      <TD><SPAN CLASS="pp">
```

```
        <INPUT NAME="realname" TYPE="text" ID="realname" />
      </SPAN></TD>
    </TR>
    <TR>
      <TD><SPAN CLASS="pp">性别：</SPAN></TD>
      <TD><SPAN CLASS="pp">
        <LABEL>
        <INPUT  NAME="sex"  TYPE="radio"  VALUE=" 男 "  CHECKED=
"checked" />
        </LABEL>
  男
  <LABEL>
  <INPUT TYPE="radio" NAME="sex" VALUE="女" />
  </LABEL>
  女</SPAN></TD>
    </TR>
    <TR>
      <TD><SPAN CLASS="pp">学号：</SPAN></TD>
      <TD><SPAN CLASS="pp">
        <INPUT NAME="num" TYPE="text" ID="num" />
      </SPAN></TD>
    </TR>
    <TR>
      <TD><SPAN CLASS="pp">所在班级：</SPAN></TD>
      <TD><SPAN CLASS="pp">
        <INPUT NAME="classname" TYPE="text" ID="classname" />
      </SPAN></TD>
    </TR>
    <TR>
      <TD CLASS="pp">联系电话：</TD>
      <TD><INPUT NAME="phone" TYPE="text" ID="phone">
        <SPAN CLASS="pp">例 0411-12345678</SPAN></TD>
    </TR>
    <TR>
      <TD CLASS="pp">Email：</TD>
      <TD><INPUT NAME="email" TYPE="text" ID="email"></TD>
    </TR>
    <TR>
      <TD COLSPAN="2" ALIGN="CENTER"><SPAN CLASS="pp">
  64       <INPUT NAME="submit" TYPE=submit onClick="return check()"
VALUE=提交>
        <INPUT TYPE="reset" NAME="Submit22" VALUE="重置" />
      </SPAN></TD>
    </TR>
   </TABLE>
  </FORM>
  </BODY>
  </HTML>
```

※ 代码分析

（1）第 5 行，判断两次输入的密码是否一致。

（2）第 8 行，确认密码框获得焦点。

（3）第 9 行，确认密码框的文本内容被选中。

（4）第 12 行，判断 checkCh 函数是否返回 false。

（5）第 34 行，创建正则表达式。

（6）第 35 行，判断是否符合正则表达式的要求。

（7）第 64 行，调用 check 函数。

16.6　上机练习

1．编写一个检测电话号码有效性的网页。假设电话号码的格式为：0411XXXXXXXX，其中 X 为任意数字。

2．编写一个检测用户名的网页。要求用户名是 4～8 位英文。

3．编写一个检测日期有效性的网页。日期格式假设为 yyyy-mm-dd。

第 17 章 JavaScript 综合案例

【本章要点】

▲JavaScript 函数的定义

▲JavaScript 函数的调用

▲JavaScript 在 HTML 中的应用

JavaScript 的基本语法以及对象前面已经介绍过了，下面用一个例子来说明在一个网站中 JavaScript 的综合实际应用。由于一个网站的页面有很多，因此本章主要介绍使用 JavaScript 特效比较典型的页面，主要包括页面定位、跑马灯特效、打开新窗口、显示当前时间、表单验证以及图片显示等。

※ 范例效果图

范例效果如图 17.1～17.3 所示。

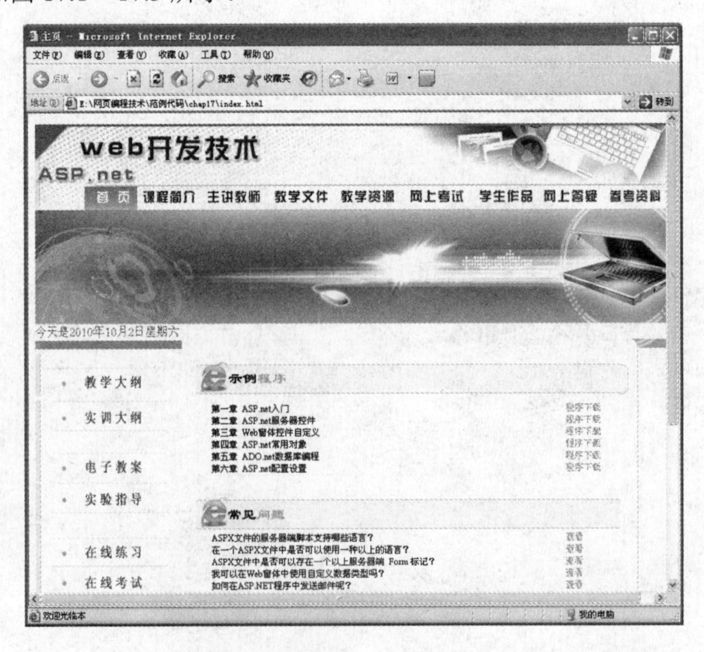

图 17.1　主页

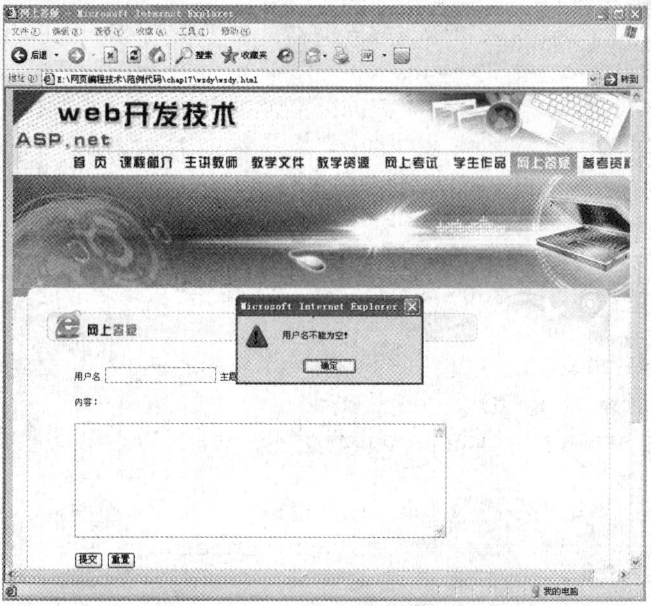

网上答疑 - Microsoft Internet Explorer
文件(F) 编辑(E) 查看(V) 收藏(A) 工具(T) 帮助(H)
后退 搜索 收藏夹
地址(D) E:\网页编程技术\范例代码\chap17\wsdy\wsdy.html 转到
web开发技术
ASP.net
首 页 课程简介 主讲教师 教学文件 教学资源 网上考试 学生作品 网上答疑 参考资料
Microsoft Internet Explorer
用户名不能为空!
确定
网上答疑
用户名
内容：
提交 重置
我的电脑

图 17.2 “网上答疑”页面

图 17.3 “主讲教师”-“教材论文”页面

※ 范例代码 index.html

```
…
1 <script language="javascript">
2 <!--
3 function pos()
4 {
5 top.resizeTo(900,800);
```

```
6 top.moveBy(50,10);
7 }
8 //-->
9 </script>
10 <script language="JavaScript">
11 <!--
12 var msg="欢迎光临本网站！";
13 var interval = 300;
14 seq = 0;
15 function Scroll() {
16 len = msg.length;
17 window.status = msg.substring(0, seq+1);
18 seq++;
19 if ( seq >= len ) { seq = 0 };
20 window.setTimeout("Scroll();", interval );
21 //-->
22 }
23 </script>
24 <script language="javascript">
25 <!--
26 var str;
27 function myopen(str)
28 {
29
window.open(str,"","scrollbars=1,top=500,left=500,width=300,heigh
t=200");
30 }
31 //-->
32 </script>
..
33 <body  onload="pos();Scroll()">
…
34 <td><a href="#" onclick=myopen("zy\\1.html")>查看</a></td>
…
35 <script language="javascript">
36 <!--
37 todayDate = new Date();
38 date = todayDate.getDate();
39 month= todayDate.getMonth() +1;
40 year= todayDate.getYear();
41 document.write("<font color=red size=2>");
42 document.write("今天是")
43 if(navigator.appName == "Netscape")
44 {
45 document.write(1900+year);
46document.write("年");
```

```
47 document.write(month);
48 document.write("月");
49 document.write(date);
50 document.write("日");
51 }
52 if(navigator.appVersion.indexOf("MSIE") != -1)
53 {
54 document.write(year);
55 document.write("年");
56 document.write(month);
57 document.write("月");
58 document.write(date);
59 document.write("日");
60 }
61 if (todayDate.getDay() == 5) document.write("星期五")
62 if (todayDate.getDay() == 6) document.write("星期六")
63 if (todayDate.getDay() == 0) document.write("星期日")
64 if (todayDate.getDay() == 1) document.write("星期一")
65 if (todayDate.getDay() == 2) document.write("星期二")
66 if (todayDate.getDay() == 3) document.write("星期三")
67 if (todayDate.getDay() == 4) document.write("星期四")
68 document.write("</font>");
69 //-->
70 </script>
…
```

※ 代码分析

（1）第1～第9行，定义函数pos()，设定打开页面的大小和位置。

（2）第10～第23行，定义函数Scroll()，设定跑马灯特效。

（3）第12行，声明一个变量。

（4）第13行，声明一个变量，设置一个时间间隔为300毫秒。

（5）第14行，赋给seq初值为0。

（6）第15行，定义函数Scroll()。

（7）第16行，len的值为字符串msg的长度。

（8）第17行，在状态栏上显示字符串msg中包含第一到第seq+1个字符的子串。

（9）第18行，seq每次递加。

（10）第19行，当seq的字符长度大于或等于msg的字符长度时，seq=0。

（11）第20行，每300毫秒调用一次Scroll函数，即每300毫秒显示一个字。

（12）第24～第32行，打开一个新窗口。

（13）第29行，打开一个高200px、宽300px的窗口，位置距离页面部500px，左边500px并且带滚动条。

（14）第33行，当页面加载时调用pos()函数和Scroll()函数。

（15）第34行，当单击查看时，调用myopen()函数。

（16）第35～第70行，显示当前系统时间。

（17）第37行，创建了日期对象。

（18）第38行，getDate()是Date对象的一种方法，其功能是获得日期对象的日期值。

（19）第39行，getMonth()是Date对象的一种方法，其功能是获得当前的日期对象的月份值，由于月份是从0开始的，所以这里要“+1”。

（20）第40行，获得日期对象的年份值。

（21）第41行，添加HTML代码，设置字体颜色为红色，字号为2号。

（22）第42行，输出“今天是”。

（23）第43～第51行，如果是Netscape浏览器，输出今天是某年某月某日，其中年的值要加1900。

（24）第52～第60行，如果是IE浏览器，直接输出今天是某年某月某日。

（25）第61～第67行，getDay()是Date对象的一种方法，其功能是获得当前日期是星期几。document.write输出今天是“星期几”。

（26）第68行，输出结尾HTML标记。

※ 范例代码　wsdy.html

```
…
<IFRAME NAME="main" WIDTH="743" HEIGHT="430" SRC="../liuyan/
liuyan.html" FRAMEBORDER="0"></IFRAME>
…
```

※ 代码分析

设置浮动框架，显示liuyan.html页面的内容。

※ 范例代码　liuyan.html

```
…
1 <script language="javascript">
2 <!--
3 function check()
4 {
5  if(document.form1.username.value=="")
6  {
7   alert("用户名不能为空！");
8   document.form1.username.focus();
9   return;
10   }
11  if(document.form1.title.value=="")
12  {
13   alert("主题不能为空！");
14   document.form1.title.focus();
15   return;
16   }
17   if(document.form1.content.value=="")
```

```
    18  {
    19   alert("内容不能为空！");
    20   document.form1.content.focus();
    21   return;
    22   }
    23  form1.submit();
    24 }
    25 /-->
    26</script>
    …
    27    <input type="button" name="Submit" value="提交" onclick=
"check()"/>
    …
```

※ 代码分析

（1）第 5 行，判断用户名文本框是否为空。

（2）第 7 行，弹出警告窗口。

（3）第 8 行，用户名文本框获得焦点。

（4）第 9 行，程序返回。

（5）第 11～22 行，与前面代码类似。

（6）第 23 行，提交表单到服务器。

> 注意：在本例中，return 语句不能省略，否则如果 3 个文本框的内容都为空，会出现连续弹出 3 个警告框的现象。

※ 范例代码　zjjs.html

```
    …
    1 <td height="56"><a href="jclw.html" target="main" onmouseover=
"MM_swapImage('Image17','','images/jclw.gif',1)"
onmouseout="MM_swapImgRestore()"><img src="images/jclw1.gif" name=
"Image17" width="203" height="56" border="0" id="Image17" /></a>
</td>
    …
    2 <td width="613" align="left" valign="top" bgcolor= "#FFFFFF">
<iframe name="main" width="613" height="578" scrolling= "auto"
src="jbxx.html" frameborder="0"></iframe></td>
    …
```

※ 代码分析

（1）第 1 行，单击左面“教材论文”时，在右半部分的浮动框架中显示 jclw.html 页面的内容。

（2）第2行，设置浮动框架，名字为“main”。

※ 范例代码 jclw.html

```
<html>
<head>
  <meta http-equiv="Content-Type" content="text/html; charset=gb2312" />
  <title></title>
  <script type="text/javascript" src="scripts/showPic.js"></script>
  <style>
  body {
  font-family: "Helvetica","Arial",serif;
  color: #333;
  margin: 1em 10%;
}
h1 {
  color: #333;
  background-color: transparent;
}
a {
  color: #c60;
  background-color: transparent;
  font-weight: bold;
  text-decoration: none;
}
ul {
  padding: 0;
}
li {
  float: left;
  padding: 1em;
  list-style: none;
}
#imagegallery {
  list-style: none;
}

#imagegallery li {
  display: inline;
}
#imagegallery li a img {
  border: 0;
}
</style>
</head>
<body>
<ul id="imagegallery">
    <li><a href="images/1.jpg" title="大连交通大学学报">
```

```
        <img src="images/docu0023.jpg" alt="dalian" />
      </a>   </li>
      <li><a href="images/3.jpg" title="四川师范大学学报"><img src=
"images/sc.jpg" alt="shifan" />      </a> </li>
   </ul>
   </body>
   </html>
```

※ 范例代码 showPic.js

```
 1 function addLoadEvent(func) {
 2  var oldonload = window.onload;
 3  if (typeof window.onload != 'function') {
 4    window.onload = func;
 5   } else {
 6    window.onload = function() {
 7      oldonload();
 8      func();
 9    }
10   }
11 }
12 function insertAfter(newElement,targetElement) {
13   var parent = targetElement.parentNode;
14   if (parent.lastChild == targetElement) {
15     parent.appendChild(newElement);
16   } else {
17
parent.insertBefore(newElement,targetElement.nextSibling);
18   }
19 }
20 function preparePlaceholder() {
21   if (!document.createElement) return false;
22   if (!document.createTextNode) return false;
23   if (!document.getElementById) return false;
24   if (!document.getElementById("imagegallery")) return false;
25   var placeholder = document.createElement("img");
26   placeholder.setAttribute("id","placeholder");
27   placeholder.setAttribute("src","images/placeholder1.gif");
28   placeholder.setAttribute("alt","my image");
29   var description = document.createElement("p");
30   description.setAttribute("id","description");
31   var desctext = document.createTextNode("请选择一张图像");
32   description.appendChild(desctext);
33   var gallery = document.getElementById("imagegallery");
```

```
34  insertAfter(placeholder,gallery);
35  insertAfter(description,placeholder);
36 }
37 function prepareGallery() {
38  if (!document.getElementsByTagName) return false;
39  if (!document.getElementById) return false;
40  if (!document.getElementById("imagegallery")) return false;
41  var gallery = document.getElementById("imagegallery");
42  var links = gallery.getElementsByTagName("a");
43  for ( var i=0; i < links.length; i++) {
44    links[i].onclick = function() {
45      return showPic(this);
46    }
47    links[i].onkeypress = links[i].onclick;
48  }
49 }
50 function showPic(whichpic) {
51  if (!document.getElementById("placeholder")) return true;
52  var source = whichpic.getAttribute("href");
53  var placeholder = document.getElementById("placeholder");
54  placeholder.setAttribute("src",source);
55  if (!document.getElementById("description")) return false;
56  if (whichpic.getAttribute("title")) {
57    var text = whichpic.getAttribute("title");
58  } else {
59    var text = "";
60  }
61  var description = document.getElementById("description");
62  if (description.firstChild.nodeType == 3) {
63    description.firstChild.nodeValue = text;
64  }
65  return false;
66 }
67 addLoadEvent(preparePlaceholder);
68 addLoadEvent(prepareGallery);
```

※ 代码分析

（1）第 2 行，把现有的 window.onload 事件处理函数的值存入变量 oldonload。

（2）第 3 行，判断是否通过 window.onload 事件调用函数。

（3）第 4 行，调用新函数。

（4）第 6～8 行，保留原来的函数，调用新函数。

（5）第 12 行，设置 insertAfter 函数，功能是插入后续图片。

（6）第 14～15 行，如果最后的节点是目标元素，则直接添加。

（7）第 17 行，如果不是，则插入在目标元素的下一个兄弟节点的前面，也就是目标元素的后面。

（8）第 20 行，设置 preparePlaceHoder 函数，功能是制作大图片的轮替显示位置等信息。

（9）第 25 行，创建 img 节点元素。

（10）第 26～28 行，设置子元素，包括 id、src、alt 等。

（11）第 29 行，创建段落节点元素。

（12）第 31 行，创建文本节点。

（13）第 32 行，把文本节点加入到段落节点中作为子节点。

（14）第 34～35 行，调用 insertAfter 函数。

（15）第 37 行，设置 prepareGallery 函数，功能是单击图片后调用 showPic 函数。

（16）第 41 行，html 页面中 id 号为 imagegallery 的位置。

（17）第 42 行，找到 a 标记。

（18）第 44～45 行，单击链接调用 showPic 函数。

（19）第 50 行，设置 showPic 函数，功能是在 PlaceHolder 位置上显示大图片。

（20）第 52 行，获取当前单击元素的属性 href 的值。

（21）第 53 行，获取目标对象。

（22）第 54 行，设置目标对象的属性 src。setAttribute 完成两步操作，即先创建属性然后赋值，如果属性存在则覆盖属性的值。

（23）第 57 行，获取当前单击元素的属性 title 的值。

（24）第 61 行，获取目标对象。

（25）第 62 行，判断节点是否是文本节点。

（26）第 63 行，设置文本节点的值。

（27）第 67～68 行，页面加载函数。

参 考 文 献

[1] 胡崧．网页设计技术伴侣 HTML CSS JavaScript 范例应用．北京：中国青年出版社，2006.

[2] 吴以欣，陈小宁．JavaScript 脚本程序设计．北京：人民邮电出版社，2005.

[3] 胡孟杰，郑延斌，岳明，等．JavaScript 动态网页开发案例指导．北京：电子工业出版社，2009.

[4] 孙强，李晓娜，黄艳．JavaScript 从入门到精通．北京：清华大学出版社，2008.

[5] 史晓燕，苏萍．网页设计基础——HTML，CSS 和 JavaScript．北京：清华大学出版社，2006.

[6] 张长富，黄中敏．JavaScript 动态网页编程实例手册．北京：海洋出版社，2006.

[7] 赵丰年．JavaScript 实例教程．北京：电子工业出版社，2001.

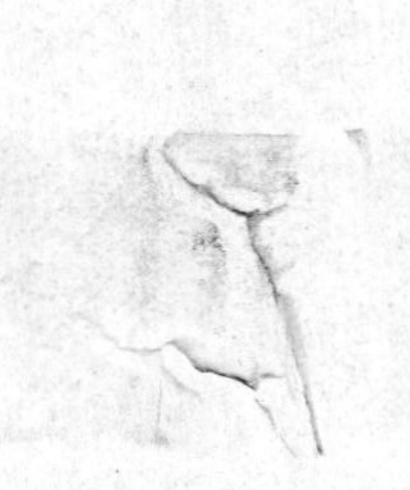